电路板组装技术与应用

林定皓　著

乔书晓　王雪涛　审

科　学　出　版　社

北　京

内 容 简 介

本书是“PCB先进制造技术”丛书之一。本书基于电子产品制造与代工行业的相关经验与数据，试图厘清电路板组装前、组装中、组装后出现的问题及责任。

本书共17章，结合笔者积累的工作经验与技术资料，分别介绍了来料检验、表面处理、焊接技术、压接技术、表面贴装技术、免洗工艺、阵列封装焊料凸块制作技术、回流焊温度曲线的优化、无铅组装的影响、电路板组件的可接受性与可靠性，以及常见的组装问题与改善措施。

本书可作为工科院校电子工程、电子信息等专业的教材，也可作为电子制造业、电子装备业的培训用书。

图书在版编目（CIP）数据

电路板组装技术与应用/林定皓著.—北京：科学出版社，2019.11

（PCB先进制造技术）

ISBN 978-7-03-062990-6

Ⅰ.电… Ⅱ.林… Ⅲ.印刷电路板（材料）–组装 Ⅳ.TM215

中国版本图书馆CIP数据核字（2019）第245105号

责任编辑：孙力维 杨 凯／责任制作：魏 谨

责任印制：师艳茹／封面设计：张 凌

北京东方科龙图文有限公司 制作

http：//www.okbook.com.cn

科学出版社 出版

北京东黄城根北街16号

邮政编码：100717

http：//www.sciencep.com

北京九天鸿程印刷有限责任公司 印刷

科学出版社发行 各地新华书店经销

*

2019年11月第 一 版 开本：787 × 1092 1 / 16

2019年11月第一次印刷 印张：16

字数：380 000

定价：148.00元

（如有印装质量问题，我社负责调换）

推荐序

电子信息产业是当前全球创新带动性最强、渗透性最广的领域，而PCB是整个电子信息产业系统的基础。作为“电子产品之母”，PCB的核心支撑与互连作用对整机产品来说非常关键。PCB行业的发展在某种程度上直接反映一个国家或地区电子信息产业的发展程度与技术水准。

经过三次迁移，全球PCB产业的重心已转移至中国。目前，中国已成为全球最大的PCB制造基地和应用市场，同时也是全球最大的PCB出口和进口基地。国内PCB直接从业人数约60万，加上设备、材料等相关配套产业，总从业人数超过70万。

随着5G+ABC+IoT等新技术的蓬勃发展和深入应用，PCB产业也将迎来新一轮的发展机遇和更广阔的发展空间。预期未来PCB技术将继续向高密度、高精度、高集成度、小孔径、细导线、小间距、多层化、高速高频和高可靠性、低成本、轻量薄型等方向演进，这对PCB行业人才提出了更高的要求，人才的系统培训也显得愈发重要。基于PCB行业跨越机械、光学、微电子、电气工程、化学、材料、应用物理等多个学科的特性，业界全面系统介绍PCB技术的专业书籍不多，通俗易懂的入门书籍更是稀缺。

林定皓老师从事PCB行业30年以上，有着非常深厚的技术理论功底及丰富的实践经验。同时，林老师也深度涉足半导体等领域，在技术理解方面有着宽广的视野。这套丛书所涉及的主要内容从基础到进阶，不仅涵盖了PCB行业的基本概念解释和发展趋势分析，还针对PCB制造等多项技术进行了详细介绍和探索。林老师以循序渐进的方式带领读者一步步从认识到操作，力图对每一个主题进行深入细致的阐释，包括对最新问题的理解以及对未来潜在技术的研究。这套丛书图文并茂、通俗易懂，可为从业者及科研人员提供全面系统的参考，是不可多得的入门书籍和专业利器。

感谢林定皓老师分享的宝贵经验和技术知识，同时特别感谢大族激光为这套丛书出版所做的努力。期待该丛书协助从业者夯实理论基础，提升实践技能，也帮助更多非业界人士全面深入地了解PCB，吸引越来越多的人参与进来，助力PCB产业破浪前行。最后，祝愿中国PCB产业乘势而上，坚定向高质量发展方向迈进。

中国电子电路行业协会理事长

由镭

序

电路板的主要功能是承载电子元件并提供电气互连，部分采用内埋元件、立体结构等满足需求。多数电路板业者不了解客户如何使用电路板，进一步解决组装问题也就无从谈起了。多年来存在的电子成品故障争议，不少源自业者不以用户眼光看待电路板。尤其是组装不良，一旦发生就混杂了电路板及组装双重影响因素，若业者对电子组装欠缺理解，就很难厘清问题。

以产业立场而言，问题无法厘清是双输局面，仅靠理赔无法解决根本问题。组装工艺的多元化、无铅工艺的导入、元件的微型化等，都使得组装情形更为复杂。单一产品承载更多元件，必然会出现更多的组装、焊接问题。对业者而言，厘清问题、争取双赢是努力的方向。

笔者过去曾编写过不少相关技术的书籍，版本不一，难免出现内容交叉。本书内容重在技术陈述，以实务说明为要点。由于编写结构很难完全跳出业界前辈的论述框架，所以笔者以帮助读者了解相关知识为主要目的，不避讳各种数据的引用。在网络技术高度发达的今日，编写过程也确实让笔者受益良多。

技术的进步从不停歇，限于篇幅与笔者的眼界，本书内容难免有不尽如人意之处，尚祈读者见谅。多年来，笔者每每有作品出版，总能获得读者的响应与指正。笔者能持续进步并修正既有错误，全仰仗读者的热心支持。成书之际，请行业同仁、读者不吝指正，以利改进。

景硕科技

林定皓

目　录

第 15 章　无铅组装的影响

第 16 章　电路板组件的可接受性

第 17 章　电路板组件的可靠性

第1章

电子元件与组装技术概述

涉及用电产品，英文陈述中常常会用到“Electrical”（电气）与“Electronic”（电子）。随着电子产业的发展，电气与电子的界限日渐模糊。例如，智能家电就是两者整合后的产品。电气产品与电子产品乍看没有太大差异，但实质上两者各自有着清晰的定义。电气产品倾向于提供动力与机械功能，电子产品则以信息、数据处理为主。面对目前的综合性产品需求，电路板业者若对电子组装技术不熟悉，将无法应对日趋复杂的市场态势。近年来，材料、工艺、法规的更新速度加快，如何迎接变局考验着业者的警觉性与专业性。

1.1 电子元件的类型

电子元件的类型众多，不同电气特性、封装结构的设计，要搭配不同的组装方法。按照组装方式，电子元件可分为两大类：通孔元件、表面贴装元件（SMC）。传统电子元件多为通孔元件，但为了实现高密度化、轻量化，多数已发展为表面贴装元件。目前表面贴装元件的应用比例已非常高，只有部分元件受限于成本、材料、功能、结构等因素，还停留在通孔元件模式。

■ 通孔元件

通孔元件通过将引脚穿过基板形成电气与机械连接。典型的通孔元件如图 1.1 所示。

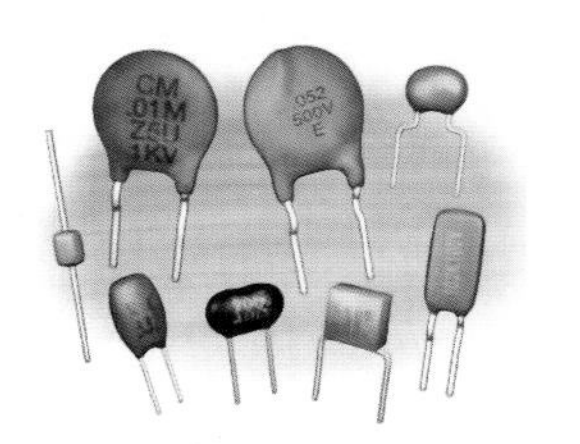

图 1.1 典型的通孔元件（来源：IPC）

■ 表面贴装元件

表面贴装元件通过将引脚黏附于板面形成连接，引脚并不穿过基板。典型的表面贴装元件如图 1.2 所示。

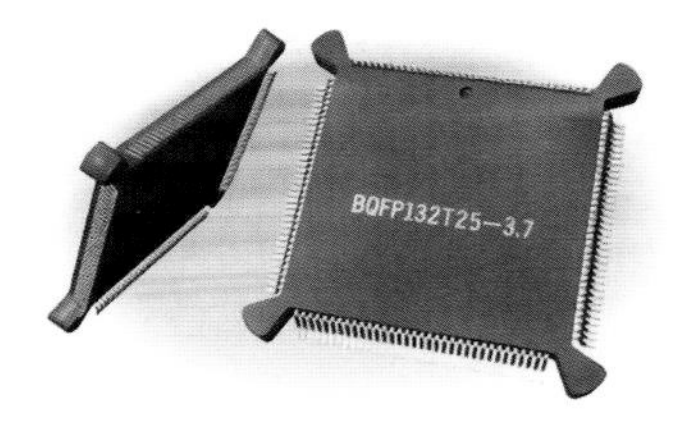

图 1.2 典型的表面贴装元件（来源：IPC）

1.2 表面贴装技术

20 世纪 60 年代表面贴装技术（SMT）的出现，让电路板双面组装逐渐成形，促进了电子工业的变革。虽然该技术初期发展较缓慢，但多年后得以普及。通孔组装结构的密度低，无法满足密集引脚元件的组装需求。密集引脚通孔元件需要更多通孔，也会导致成本增加并阻碍高密度化，因此业者倾向于采用 SMT 设计。

市售表面贴装器件（SMD）的种类繁多，如 PLCC、SOIC 等，如图 1.3 所示。

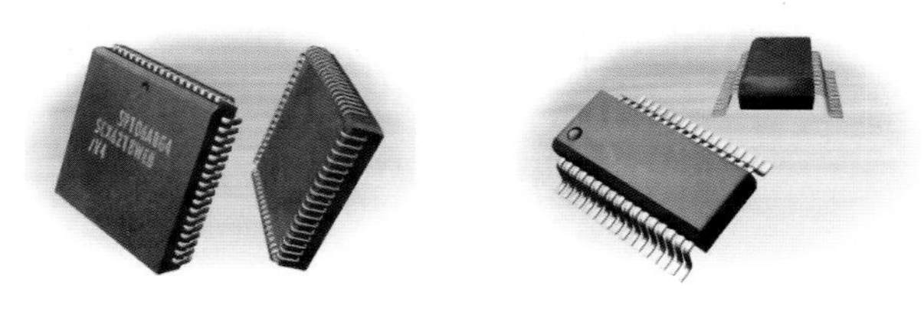

图 1.3 典型的 PLCC、SOIC（来源：IPC）

电路板组装结构如图 1.4 所示。相比于传统通孔元件组装，SMT 具有高度自动化、高密度、小型、轻量、低成本、高性能等优势。

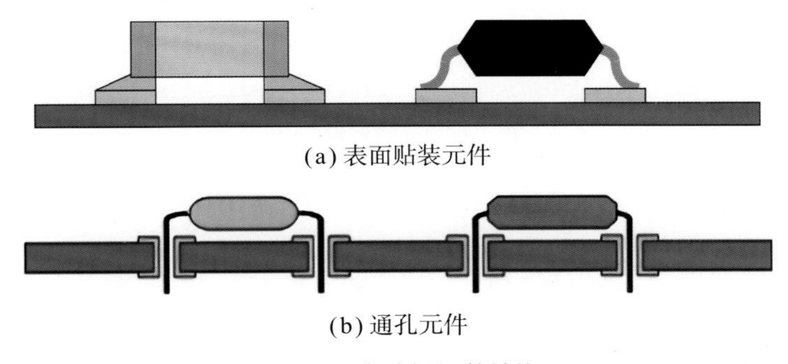

(a) 表面贴装元件

(b) 通孔元件

图 1.4 电路板组装结构

多数电子组装都可获得表面贴装元件，如电容、电阻、电感器、三极管、二极管、集成电路、连接器等。为了设计、生产方便，业者多采用这类元件。不过，表面贴装元件受限于外形尺寸，功率多数不会超过 2W。下面针对几种常用的表面贴装元件进行简介。

颗粒式电阻

颗粒式电阻如图 1.5 所示。它主要由陶瓷基板和金属端子组成，接合端面通常以钯银制作。业者将厚膜电阻膏印刷在陶瓷基板上，然后烧结为成品，最后在表面覆盖一层玻璃保护层。钯银端面通常还会先覆盖镍阻挡层，以阻挡银迁移。最后在表面覆盖焊料层，以提供可焊性。

颗粒式电容

常用的颗粒式电容为多层或单层陶瓷电容，采用陶瓷介质分隔多层贵重金属电极的结构，如图 1.6 所示。每对相邻电极形成一个电容层，各电容层的叠加电容量就是总电容量。不同特性的电容，所用的介质材料也不同。

◎ 温度稳定性好、低电容量型电容，主要介质材料为氧化钛（TiO_2）

◎ 温度稳定性一般、中等电容量型电容，主要介质材料为钛酸钡（$BaTiO_3$），某些类型含有铁质添加剂

◎ 一般用途、热稳定性差的电容，主要采用高电容量材料制作

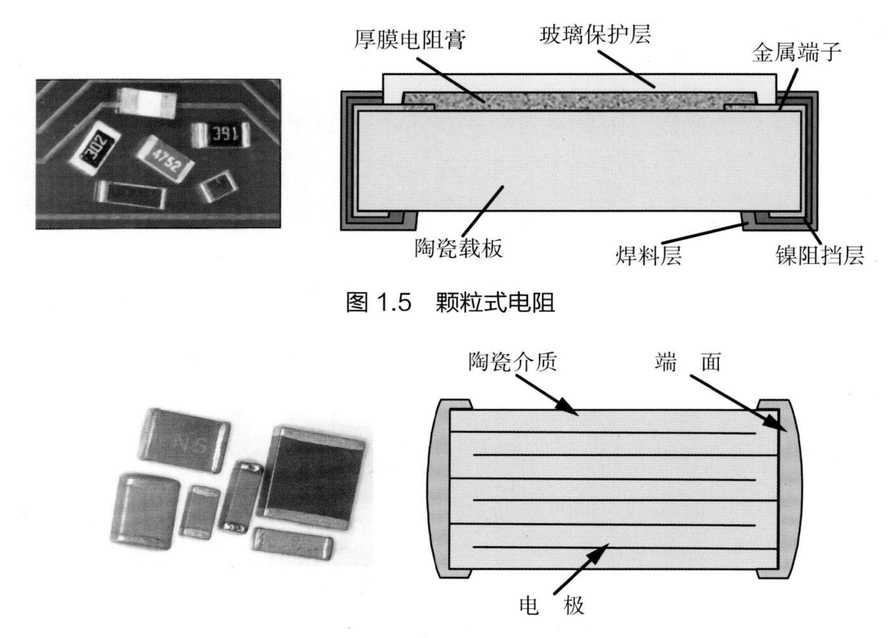

图 1.5 颗粒式电阻

图 1.6 多层陶瓷电容

▍颗粒式电感

颗粒式电感器以陶瓷或纯铁为核心材料，四周缠绕漆包线，如图 1.7 所示。颗粒式元件常用环氧树脂封装，以便于自动组装。

图 1.7 颗粒式电感

▍表面贴装器件

表面贴装器件（SMD）有多种封装类型，普遍使用的类型包括小外形引脚封装（SOP）、薄小外形引脚封装（TSOP）、塑料引脚芯片载体（PLCC）封装、无引脚陶瓷芯片载体（LCCC）封装、方形扁平封装（QFP）、球栅阵列（BGA）封装等。IC 封装的焊点结构有 5 种主要类型，如图 1.8 所示。

金属引脚结构的好处是，组装后的产品在工作过程中的应力较小，但细节距组装不易，返工、检查和引脚成形也存在一定困难。

由于 LCCC 封装材料和电路板材料的热膨胀系数并不匹配，焊点可靠性常出问题，其下方间隙残留的助焊剂清洗不净也会给焊点可靠性带来负面影响。

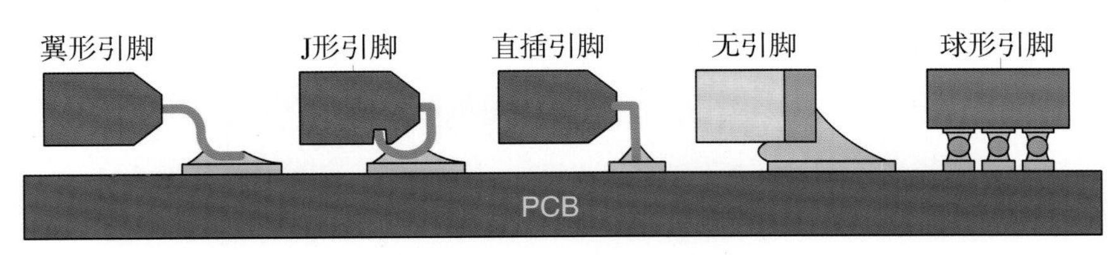

图 1.8 IC 封装的焊点结构

1.3 元件组装技术

通孔元件组装技术

通孔元件组装较为粗放，允许公差较大。部分元件依赖夹具、套件、机械手进行局部安装，但由于元件类型多样且多为散装件，引脚容易因碰撞而变形，因此也有相当比例的元件依赖手工安装。图 1.9 所示为通孔元件的安装情况。

图 1.9 通孔元件的安装情况（来源：IPC）

元件安装完成后要进行缺件确认，然后进行波峰焊，如图 1.10 所示。经过波峰焊，通孔会被熔融焊锡填满，达到导通与固定的目的。

图 1.10 典型通孔元件的波峰焊

表面贴装技术

表面贴装元件可通过锡膏回流焊、波峰焊或导电胶固化等技术组装到电路板上。导电胶固化用得不多，主要用于挠性板或热敏感元件的组装。选用何种组装技术，一般依据电路板布局及是否搭配通孔元件而定。常见的电路板组装形式有以下三种。

（1）电路板两面只贴装 SMD，通常采用锡膏回流焊，尤其是需要安装细节距元件时。第二面进行回流焊时，第一面已经完成组装的元件可能会因焊料熔融而脱离。对于多数小元件，焊料表面张力足以保持元件留在原位。对于较重的元件，则可考虑采用波峰焊工艺或用黏合剂进行固定。

助焊剂的腐蚀性决定了焊接后是否需要清洗，可选择在第一次或每两次焊接后进行清洗。根据经验，助焊剂多次受热后会变得较难清洗，因此选择焊接工艺与助焊剂时要评估清洗难度。

（2）电路板一面有 SMD 与通孔元件，另一面只有颗粒式元件。这种情况下，通常先进行 SMD 回流焊，随后进行通孔元件、颗粒式元件波峰焊。由于使用了波峰焊、回流焊两种工艺，因此组装、测试与返工都更复杂，需要更多的作业空间与人力。

（3）电路板一面有 SMD 而另一面只有小颗粒元件，但并没有单面混用现象。若混入了较大的 SMD，可先做 SMD 回流焊。也有人先用黏合剂贴附小颗粒元件，之后进行波峰焊，这是融合传统通孔技术与表面贴装技术的做法。

1.4 焊接技术

▌波峰焊

波峰焊依赖焊料流动，长期用于通孔元件组装。大致流程是，先以喷涂或发泡的方式涂覆助焊剂，然后在固定高度的流动焊料波上进行焊接。但是，这种工艺不适合 SMD 焊接，因为它会在电路板底部产生扰流，导致阴影效应，进而影响焊料填充状态及焊接效果。

波峰焊的常见问题是，元件引脚尾部可能会出现填充不足现象，且强大热冲击可能会导致元件损伤。为了减轻阴影效应，某些设备采用双峰导流设计，确保所有引脚润湿，并将多余焊料除去，以减少桥连。在波峰焊前做适当预热，可降低热冲击和元件损伤的风险。

▌回流焊

回流焊使用焊料颗粒与助焊剂混合而成的锡膏进行焊接。锡膏类似阻焊，印刷时能产生流变，方便涂覆。锡膏常以钢网印刷或点涂方式进行涂覆，之后做 SMD 贴片。锡膏的黏性可暂时固定元件，使其在焊接前保持在应有位置。电路板做 SMD 贴片后经过回流炉，加热至焊料液化温度以上，产生回流焊效果。

助焊剂会在一定温度下发生反应，将参与反应的物质，如焊料颗粒、引脚、焊盘等表面的氧化物去除、活化，最后形成完整焊点。常用回流焊方式有红外线回流焊、气相回流焊、热风回流焊、热传导回流焊、激光回流焊等。

1.5 组装技术的发展趋势

为了让消费者以较低的价格买到具有更多功能的产品，多数厂商都在不断追求微型化与低成本化。在这个背景下，大型系统更注重速度、安全性、功能性等，但多数便携式产品更注重微型化。出于安全性和可靠性的考虑，某些产品会部分采用非焊接方式组装。

▌产品数据处理速度的变化

计算机及相关电子设备的数据处理速度及芯片复杂度均逐年增长。图 1.11 所示为芯片上的晶体管数量增长趋势。

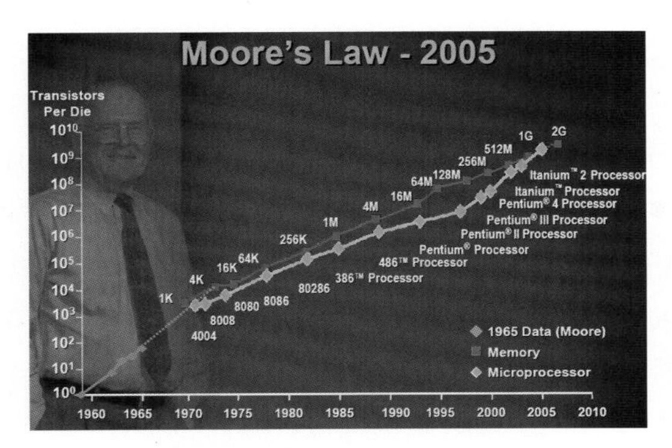

图 1.11　芯片上的晶体管数量增长趋势（来源：www.ieee.org）

低端电子产品如笔记本电脑、个人计算机、工作站、游戏机等，高端电子产品如超级计算机、通信设备、交换机、基站等，指令处理速度每 5 年约增长 5 倍，组装密度、复杂度也随之快速提升。此外，电子封装形式也发生了较大变化，模块化、小型堆叠封装应运而生，系统级封装（SiP）需求明显增长。图 1.12 所示为多芯片堆叠封装。

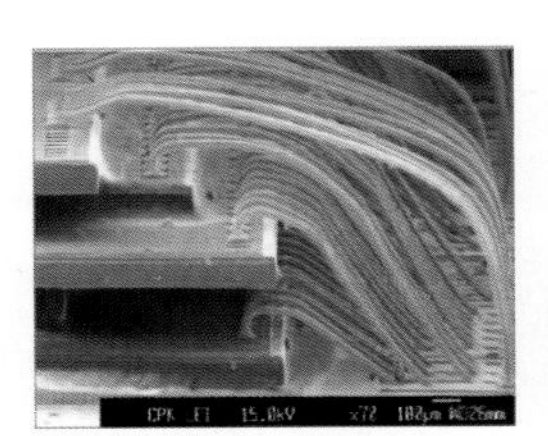
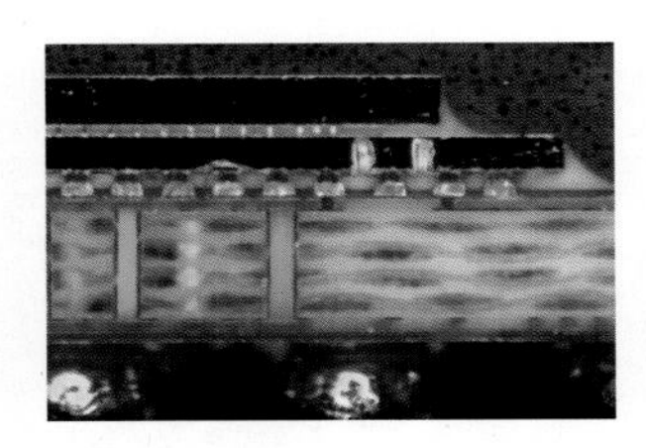

图 1.12　多芯片堆叠封装

封装形式与引脚数

随着芯片功能的复杂化，引脚数必然会增长。图 1.13 所示为电子封装技术的发展趋势。从早期的通孔封装，到后来的各种新型封装，引脚数几乎增长了近百倍。引脚数的增长直接驱动封装技术发展，也促使微型化产品快速成长。

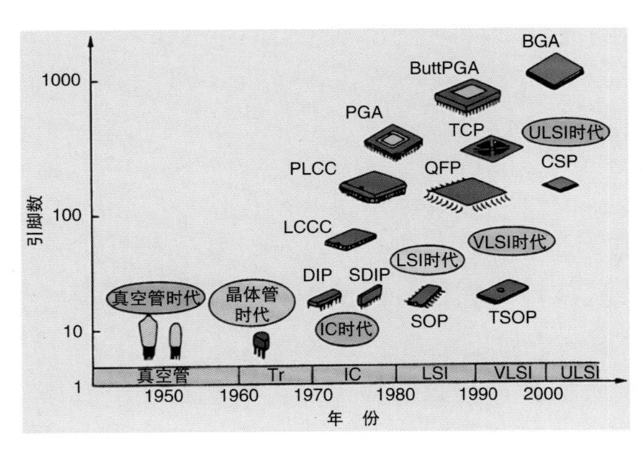

图 1.13　电子封装技术的发展趋势

产品轻便化、微型化是电子产业的共同目标，这对消费类电子产品，如数码相机、笔记本电脑、摄像机、智能手机、掌上游戏机等来说至关重要。微型化不仅驱动产品进步，也提升了功能与逻辑的复杂性。要想把更多功能纳入便携式产品，高密度封装与组装是必由之路。

▌面阵列封装

面阵列封装的引脚分布在器件下方，接点由焊料、凸块或金属平面构成，以焊接、贴合、压接等方式实现连接。可以预见，用于表面贴装的球栅阵列（BGA）封装、芯片级封装（CSP）、格栅阵列（LGA）封装、针栅阵列（PGA）封装等，是未来数十年的主要电子封装类型。BGA 可满足更高引脚数需求，会进一步微型化。CSP 是一种微小封装，其封装尺寸边长不大于芯片的 1.2 倍，封装面积不大于芯片面积的 1.5 倍。

封装载板可以是陶瓷载板、塑料载板或挠性板。根据设计，芯片与载体的接合方式有键合、载带自动键合（TAB）、凸块连接、焊接、导电胶连接等方式。目前主流 CSP 节距为 0.5mm，也有极少数更小节距的封装。

▌倒装芯片技术

传统封装技术是将芯片面向上进行键合，而倒装芯片技术是让芯片面向下，如图 1.14 所示。倒装芯片技术的封装效率（封装面积与芯片面积之比）较高，可大幅减小封装尺寸。

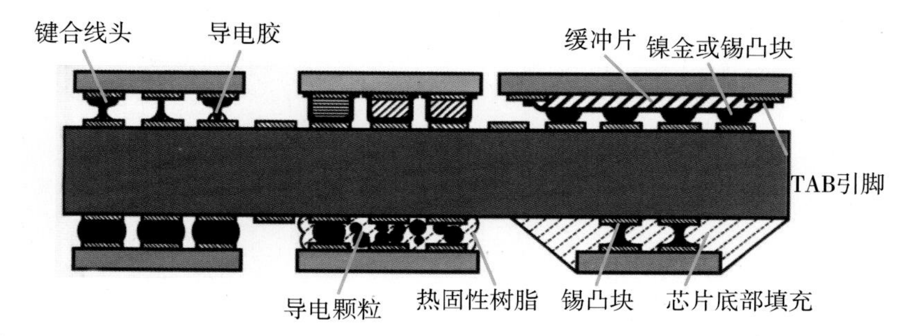

图 1.14 倒装芯片技术（来源：John Lau，Flip Chip Technologies）

用于倒装芯片的凸块，有镀金属凸块、金柱、金属柱加聚合物、铜柱、焊料凸块、聚合物凸块等形式。倒装技术在高引脚数封装，如 CPU、MPU、GPU、ASIC 等方面的应用非常普遍，在模块封装、堆叠封装方面的应用也有进展。

1.6 小 结

表面贴装技术让电子产品实现了轻、薄、短、小、高密度、个性化、廉价，成就了便携式电子产品。与传统波峰焊相比，回流焊具有高产率、高可靠性、作业简单、自动化程度高等优势，已经成为主流的电路板组装技术。

阵列封装提供高引脚密度连接，解决了周边引脚封装引脚密度低下的问题。在相同引脚数下，阵列封装的尺寸更小。阵列封装证实了表面贴装技术的可延伸性，CSP、倒装芯片技术加速了表面贴装技术的普及。目前，电路板组装与芯片封装间的界限越来越模糊，有兴趣了解产业变化的人应加以关注。

即便面对这些变化，我们仍然要认识到通孔元件组装在特定领域的必要性，这也是了解电路板组装时不可忽视的部分。

第 2 章

电路板的来料检验

电子组装的来料检验，主要集中在电子元件及电路板方面。检验方式及标准随产品需求及元件特性而异，各类元件的功能与结构差异颇大，很难完整陈述，本章只讨论电路板的来料检验。

到目前为止，没有一项标准可满足所有电路板和的检验需求。每种电路板都有特定的应用需求，从这个角度看也确实难以统一标准。和电子元件一样，业者对电路板制造能力的期待也随时间而变，但适应组装需求是前提。系统制造者对电路板生产商的依赖性不断加大，距离的增加、语言及文化差异等都要列入考虑。为了顺利交付，在电路板设计、制造及检验等方面都要建立规则。

2.1 建立检验标准

在电路板设计、制造之前，用户与制造者之间必须建立共识，检验标准要获得双方的认可。

基本规则

建立检验标准的第一步是就一些基本认知达成一致，包括但不限于以下几点。

（1）统一使用英制或公制尺寸，避免单位转换。电路板可能会在甲地设计、乙地制造却在丙地组装，这几乎是行业常态。

（2）内容描述最好沿用《电子电路互连与封装术语及定义》（IPC-T-50）通用术语与定义，该文件几乎包含所有的设计与检验术语。术语超出范围时必须加以注释。

（3）签订采购合同。

（4）在主要图纸上反映客户具体需求并获得双方认可。

（5）利用辅助文件延伸与厘清客户特定需求。

（6）确定客户要求的最终性能规范（《刚性印制板鉴定与性能规范》，IPC-6012）。

（7）当客户提出投诉时，可参考检验标准（《印制板的可接受性》《电子组件的可接受性》，IPC-A-600 系列）检讨。

在任何交易发生前，都应该进行初步讨论，厘清基本步骤并评估可制造性，避免发生不必要的误会或导致制造困难。

检验是必要的

早期电路板是用廉价材料制作的，多为单面板或通孔双面板，组装过程中发现缺陷时可直接抛弃。但随着设计日渐复杂化，多层、刚挠结合或高密度结构屡见不鲜，直接抛弃的做法已不可取。与成品相比，未组装前的电路板成本显得微不足道，其价值会随着组装进度逐步升高，同时受电路板类型与设计复杂度、元件数量与类型、能否随机更换元件等因素的影响。是否值得检验，要视电路板的附加价值而定。

2.2 建立质量保证共识

质量保证通常被认定为非常花钱的工作，但可减少返工、改善客户关系、降低整体检验成本。电路板厂在制作电路板前，应先与客户商定接收与拒收规范，以建立良好的互动关系。

共识的形成

买卖双方可接受的目视检验标准（如 IPC-A-600 系列）、目标质量规范，都应该依据等级分类确定。建立双方认可的接收原则，并将文件列入执行合同中，有助于产品共识的建立及顺利生产。

建立质量保证环境

质量保证可由采购或外包单位执行，重要的是定义清楚责任人及项目，确保相关单位使用相同的文件、标准与测量方法。如电路板制造能力，5mil① 以下线宽 / 线距已经非常普遍，目视检验有困难，许多公司采用自动光学检测系统进行检验。对此，后续检验与接收也应使用相同的检验设备和方法。

检验设备校正与管理良好，才能有效完成检验工作，如微切片检验、化学分析、尺寸测量及电气性能测试、环境测试等。这一原则对于电路板制造者或组装者同样适用。

质量保证的实现方法

◎ 检讨制造者提供的数据是否符合设计要求

◎ 检讨数据后，进行抽样检验

◎ 完整检验应针对所有设计需求，不排除进行破坏性测试

在何处检验？如何执行？这些是经济性问题，要综合考虑设备成本、维护成本、工作量、到达检验设备的时间、工作周期、人员资质等。

2.3 附连测试板的设计与应用

附连测试板常用于破坏性测试，如剥离强度、阻燃性、热应力及可焊性等测试，测试结果可作为最终电路板成品质量指标。在电路板成形范围外设置附连测试板，有利于进行微切片分析，以监控制程状况、厘清问题。

有人认为，位于成形范围外的附连测试板，由于电镀厚度大，并不能反映实际线路情况。也有人认为，在不破坏实际线路的前提下可降低质量保证成本，没必要为轻微的厚度差异进行破坏性测试。这些附连测试板能提供批次间的工艺控制情况，并间接提供全板制造质量情况。

有人主张用附连测试板来测试多层或刚挠结合板的可焊性，在电路板内部设计电源

---

① $1mil=10^{-3}in=2.54\times10^{-5}m$。

与接地层，并在层间设计通孔连接。连接结构要尽量接近实际产品，以免过度散热使得测试结果与实际产品差异过大。用附连测试板进行可焊性模拟，可评估真实产品的可焊性。若能将附连测试板设置在电路板中间区域，测试结果将更接近真实情况。用附连测试板评估电路板的可接受性，已成为独立的议题，满足设计需要且能实现经济有效的测试是好附连测试板设计的标准。

2.4 可接受性标准

电路板是否符合可接受性标准，在管理上要经过物料评审委员会（Material Review Board，MRB）的确认。可接受性标准应由各家公司依据电路板需要面对的环境特性来制定。IPC 依据最终产品的应用领域、类型等因素，将电子产品分为三级，见表 2.1。

表 2.1 电子产品的分级

第一级 （一般电子产品）	包含消费性电子产品、部分计算机及周边产品等并不重要的应用，允许外观有小瑕疵，主要需求是电路板功能完整
第二级 （专用电子产品）	包含通信设备、精密机械、高效能仪器与需要长寿命的设备，期待能不间断工作，但不允许出现严重宕机，接受小外观瑕疵
第三级 （高可靠性电子产品）	必须持续工作或不允许出现宕机的产品，或者需要设备必须及时工作（如生命维持系统、战斗控制系统）的产品

每个等级的产品又可根据可接受性标准分为三类：

◎ 达成目标规格

◎ 符合接收条件

◎ 不符合接收条件

若不如此细分，也可只分为达成目标规格与不符合接收条件两种类型。常用的可接受性参考标准，以 IPC-A-600 系列较具代表性。

2.5 物料评审委员会

物料评审委员会常由质量、产品、设计单位中较有代表性的成员组成，其职能是在短时间内提出有效、正确的问题改善方案。MRB 的典型职责如下：

◎ 检讨问题电路板或材料，判定其与质量及设计的相关性

◎ 检讨异常电路板对产品设计功能的影响

◎ 适时授权维修或返工有问题的产品

◎ 拥有判定导致异常的原因的权力与责任

◎ 授权处理报废批量产品

2.6 目视检验

目视检验的缺点是放大倍率较低，而树脂胶渣及镀覆孔质量等的检验需要使用倍率达 50 ~ 500 的检测工具。因此，根据实际需求，应明确定义检验工具的倍率。受光照度不足、轮廓不清等的影响，高倍率目视检验可能会出现误判。也有人认为，目视检验特性难以进行明确的定义。较有效的目视检验定义，应列表说明并搭配图片对照。

在所有检验方法中，表面目视检验的成本是最低的。电路板的裸眼目视检验，常采取 100% 全检或特定比例抽样检验，抽样率应根据可承受的风险来制定。适合目视检验的缺陷主要有以下三类：

◎ 表面缺陷

◎ 基材缺陷

◎ 其他缺陷

▌表面缺陷

表面缺陷包括凹陷、划伤、表面粗糙、空洞、针孔、外来夹杂物及标记缺损等。凹陷、划伤及表面粗糙常常是手工操作导致的，不严重时会被认定为外观缺陷，多数不会影响或局部影响产品功能。但是，表面缺陷出现在板边接触区或组装区时，会不利于产品功能实现，如图 2.1 所示。

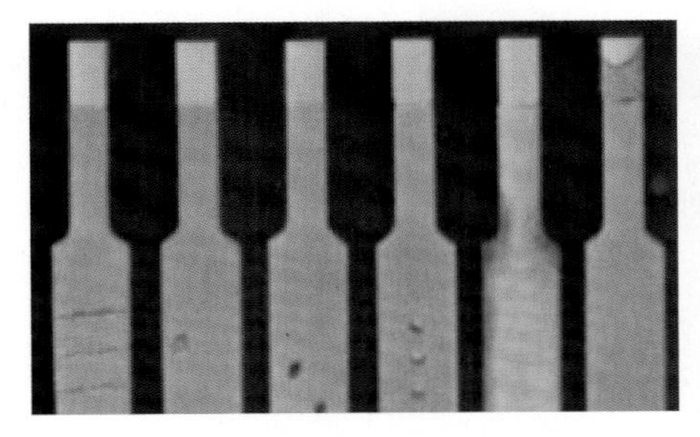

图 2.1　板边接触区出现凹陷、针孔、划伤等缺陷（来源：IPC）

空洞、针孔、外来夹杂物属于同类缺陷，空洞或针孔都会导致有效导体宽度减小、载流量下降，也会影响其他电气性能，如电感、阻抗等。镀覆孔的孔壁空洞会降低导电性、增大电阻、降低通孔焊料填充性。镀覆孔的大空洞可能会导致组装时发生孔壁断裂，因为焊接高温产生的 Z 轴应力会损伤电镀区域。孔内空洞缺陷及可接受性标准如图 2.2 所示。

焊盘空洞也不利于可焊性，针孔或空洞可能会损伤表面金属电镀。典型的焊盘表面缺陷见表 2.2。

▌基材缺陷

典型的基材缺陷有白斑、微裂纹、起泡、显布纹、露织物、纤维断裂、晕圈等，如图 2.3 所示。

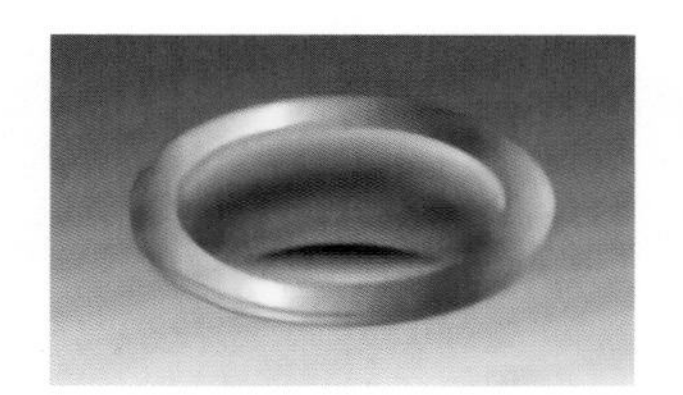

(a) 可接受：无空洞

(b) 可接受：孔内空洞不多于1个

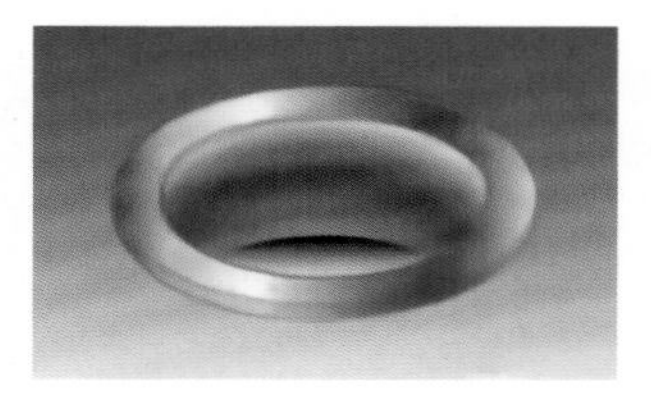

(c) 可接受：孔内空洞不多于3个

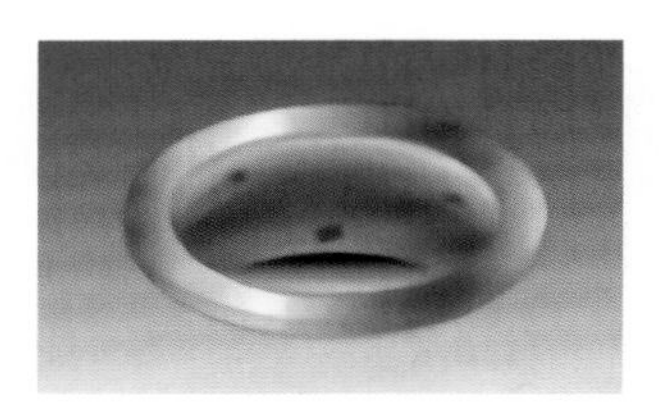

(d) 不可接受：孔内空洞多于3个

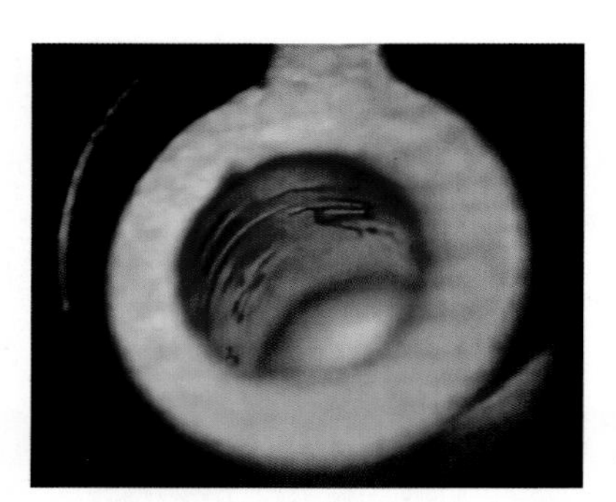

(e) 大空洞导致的孔壁断裂

图 2.2 孔内空洞缺陷及可接受性标准

表 2.2 典型的焊盘表面缺陷

凹 陷	导电膜上出现一个平缓的凹陷，但是厚度没有明显减小
麻 点	凹陷出现在导体上但是没有穿透整个导体
划 伤	轻微的表面印记或磨痕
空 洞	局部区域缺少应有的材料
外来夹杂物	外来的金属或非金属颗粒，存在于导体层、电镀层或基材内。导线内的异物会影响电镀结合力；基材中的金属异物会降低材料的绝缘性能，且若未保证最小的间距就应被拒收
标记缺损	型号、版本、制造时间标记缺损通常被认定为非严重缺陷。但是，同型号下有不同版本时，标记缺损或局部模糊可能会影响产品的组装正确性

这些缺陷对产品的影响颇有争议，IPC 曾经对此进行讨论并尝试给出明确定义，参见表 2.3。

(a) 白 斑

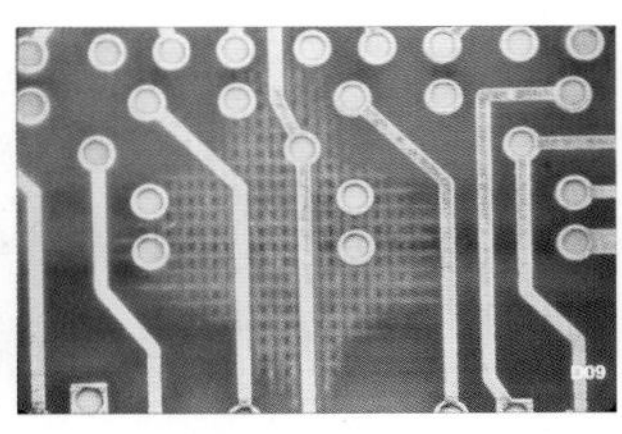

(b) 微裂纹

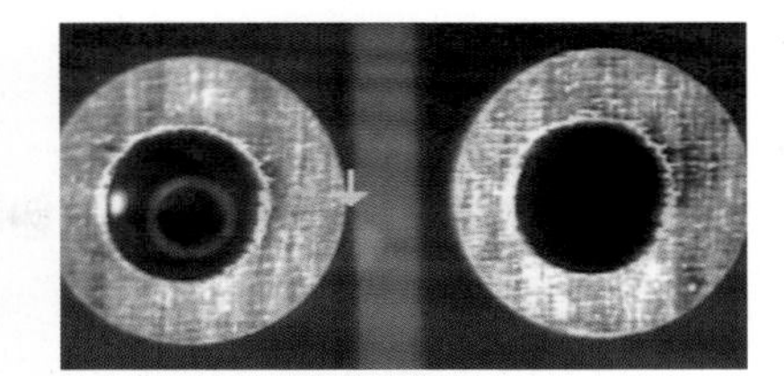

(c) 起 泡

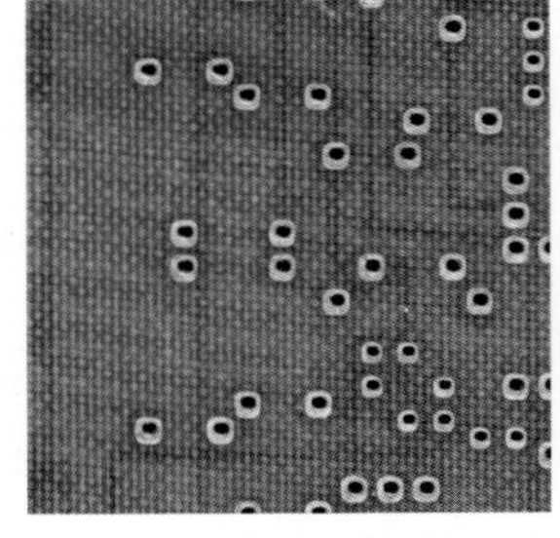

(d) 显布纹/露织物

(e) 纤维断裂

(f) 晕 圈

图 2.3 典型的基材缺陷（来源：IPC）

表 2.3 典型基材缺陷的讨论

白 斑	发生在基材内部的玻璃纤维与树脂分离的现象，常出现在纤维束交叉处，基材表面下呈现不连续的白点或交叉点，外观确实不好，但从经验上看对最终产品功能的影响未必明显。IPC 曾做过长期研究，到 1994 年仍然没获得明显对产品直接产生不利影响的证明
微裂纹	发生在基材内部的玻璃纤维与树脂分离的现象，常出现在纤维束交叉处，基材表面下呈现不连续的白点或交叉点。微裂纹与白斑的最大差异是，表面上看它有轻微折射颜色的不同，但实质上在每个纤维束交叉处都有白斑。连续出现白斑会被定义为材料分离。若白斑或微裂纹出现在高电压应用中，则要重新评估可接受性标准
起 泡	基材任意层间、基材与导电箔或保护性涂层之间的局部膨胀和分离现象，是一种分层的表现形式
分 层	基材内层与层之间、基材与导电箔之间，或任何其他层内的分离现象。起泡与分层被认定为严重缺陷，当电路板任何部分发生分离都会降低绝缘性能及贴装性能。分离区会包藏湿气、制程药液、污染物或产生离子扩散，可能会加速腐蚀及产生其他不利影响。分层或起泡也可能在经历组装焊接后延伸为完全的电路板分离 还有就是镀覆孔的可焊性，在焊接温度下，吸湿导致的水分蒸发而产生的蒸气通过孔壁会形成吹孔，导致暴露的树脂及玻璃纤维在孔壁上同时产生大的空洞，影响焊料填充
显布纹	尽管纤维完整且完全被树脂覆盖，但是材料表面仍可看到明显的玻璃布纹
露织物	纤维未完全被树脂覆盖，玻璃纱暴露程度不一。露织物时常是树脂不足所致，也可能是化学品攻击树脂而形成的。露织物常被认定为严重缺陷，暴露的纤维束会吸湿及在后续工艺中残留化学药液
纤维断裂	基材内增强纤维断裂的现象，可能是机械、切削或是化学攻击所致
晕 圈	机械加工引起的基材表面上下破裂或分层现象，常表现为孔周围或其他部位泛白

胶渣问题

钻孔产生的高温使树脂熔化，造成内层暴露的铜被胶渣遮蔽，会造成电镀孔铜与内部线路绝缘。镀覆孔的胶渣状况如图 2.4 所示，可以通过垂直或水平微切片观察。

(a) 内层铜与镀层之间没有明显胶渣残留

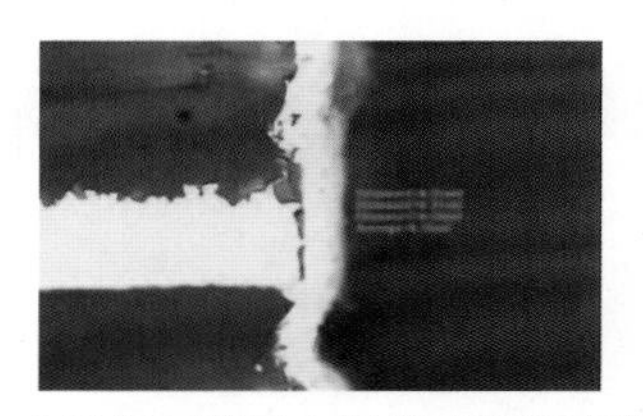

(b) 内层铜与镀层之间有明显胶渣残留

图 2.4 胶渣状况

除胶渣的化学清洁工艺适用于多层板制造，目的是从导体上去除树脂，让孔内导体表面暴露。浓硫酸、铬酸盐、高锰酸盐是业内常用的化学清洁剂。

层间对位精度（X 射线非破坏性检验法）

利用 X 射线非破坏性检验法，观察多层板的层间对位精度。可将多层板水平放置在台面上，通过 X 射线对电路板内部进行成像，以便判读。发现过度偏斜就表示出现了对位偏移，如图 2.5 所示。

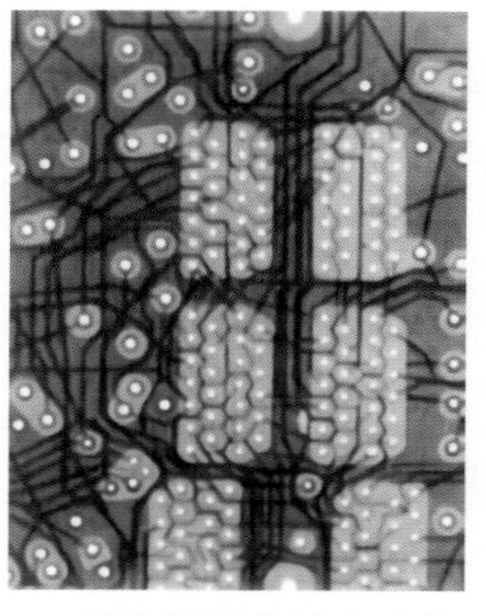

(a) 所有层都能精确对位

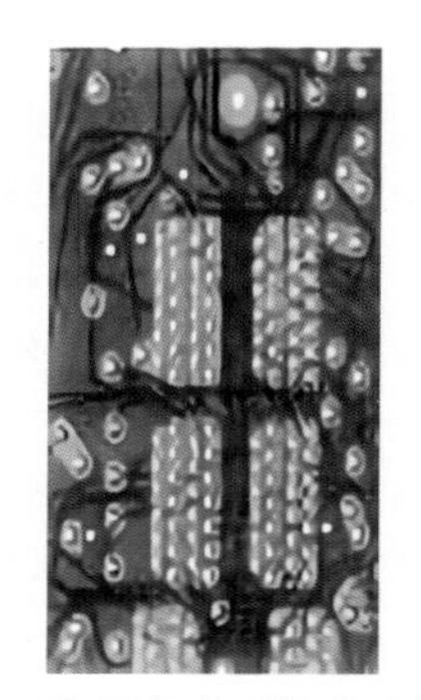

(b) 孔环宽度不足或破坏

图 2.5 层间对位精度

镀覆孔粗糙或结瘤

镀覆孔粗糙是指孔壁不平滑、不均匀，而结瘤是指小硬块或不规则隆起，如图 2.6 所示。镀覆孔粗糙或结瘤会产生一个或数个下述问题：

◎ 减小孔径

◎ 降低引脚插孔能力

◎ 降低焊料填孔能力

◎ 容易产生焊料空洞

◎ 包藏污染物

◎ 成为电镀高应力区

尽管粗糙、结瘤是制造者所不愿看到的，但可接受性标准还是允许其少量存在，而倾向于以“良好而均匀的电镀”来简单描述可接受性。实际检验依赖检验者的判断，结合具体的可接受性标准执行目视检验，尽量保证检验结果的一致性。

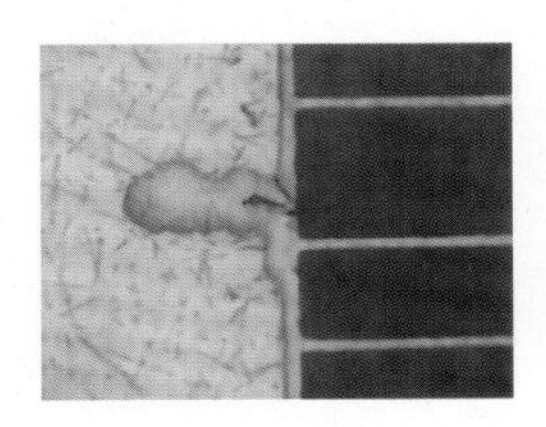
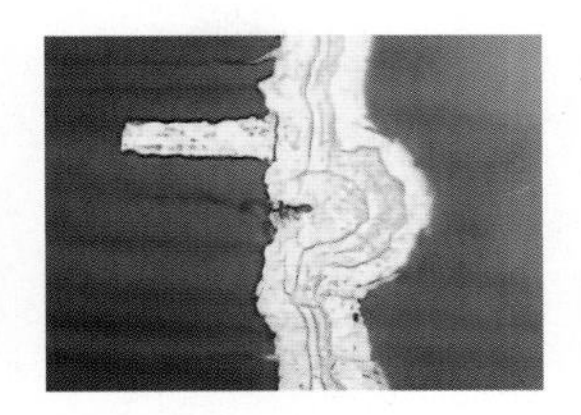

图 2.6 孔内铜瘤包藏污染物

铆钉固定问题

铆钉电路板的可接受性标准，要视铆钉固定状况而定，如图 2.7 所示，其检验内容如下：

◎ 凸缘应以孔为中心均匀分布

◎ 凸缘开裂部分不得进入孔内，以确保焊料填充能力

◎ 铆钉要安装得足够紧

◎ 通过铆钉孔取样及微切片，检验铆钉安装的正确性及变形量

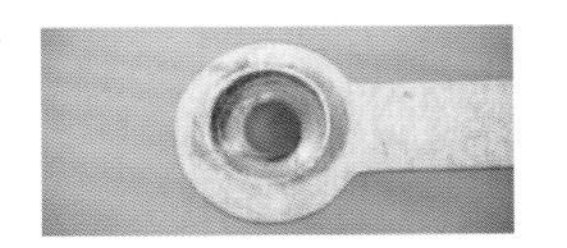

(a) 理想状态：凸缘以孔为中心均匀分布

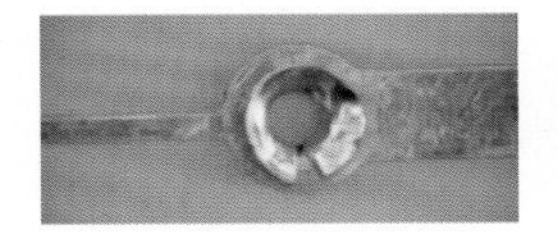

(b) 凸缘不平整或破碎

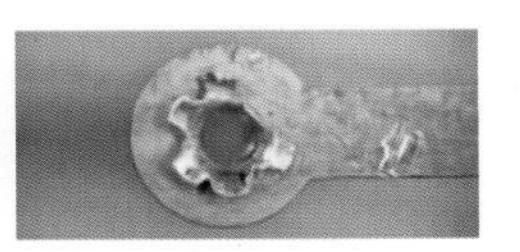

(c) 凸缘裂口进入孔内

图 2.7 铆钉固定状况（来源：IPC）

基材边缘粗糙

基材边缘粗糙问题一般是刀具钝化导致的，常出现在板边、切割边及非镀覆孔（NPTH）边缘，如图 2.8 所示。

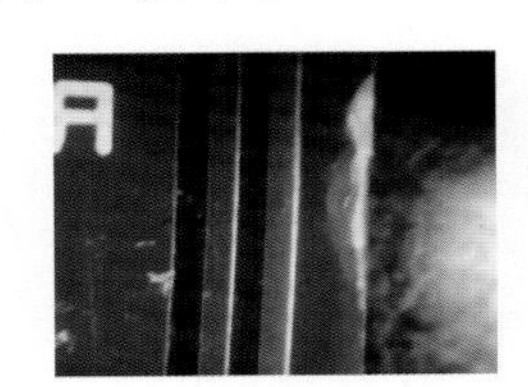

图 2.8 基材边缘粗糙（来源：IPC）

阻焊问题

阻焊是用于选择性保护，让保护区免于被焊料粘连的一种涂覆材料，主要检验内容包括对位精度、褶皱及起泡分层。焊盘对位偏移会降低或抑制焊料填充，而合适的焊料填充量往往是检验标准之一。至于褶皱与起泡分层，往往是焊接过程中吸湿与粘污所致。图 2.9 所示为典型的阻焊外观缺陷。

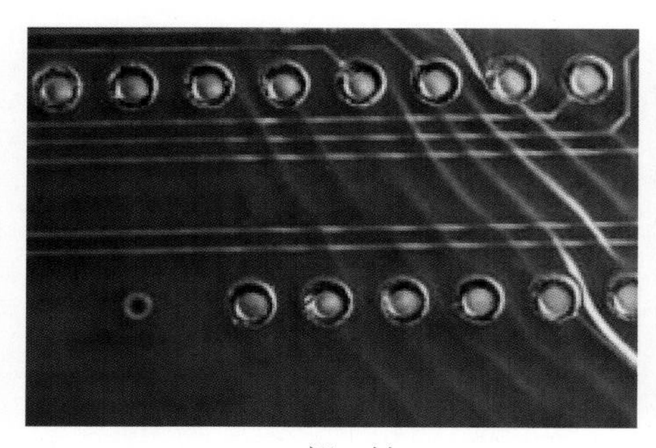
(a) 褶 皱

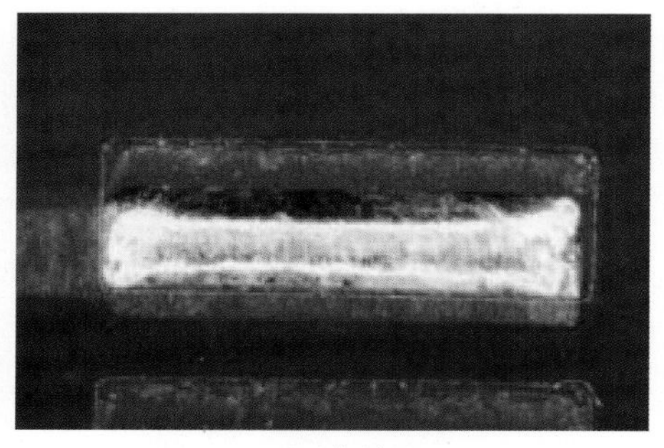
(b) 对位偏移

图 2.9 典型的阻焊外观缺陷（来源：IPC）

目视检验项目分类

根据检验项目是破坏性的还是非破坏的，目视检验项目可按表 2.4 分类。

表 2.4 目视检验项目分类

缺 陷	非破坏性	破坏性的
凹 陷	√	
麻 点	√	
划 伤	√	
空 洞	√	√
夹杂异物	√	
标 记	√	
白 斑	√	
微裂纹	√	
起 泡	√	
分 层	√	
显布纹	√	
露织物	√	
晕 圈	√	
化学清洁		√
层间对位精度（X 射线检测法）	√	
镀覆孔粗糙与结瘤	√	
铆 钉	√	√
基材边缘粗糙	√	√
阻 焊	√	

许多内部影响可通过表面观察或微切片验证，但微切片是破坏性检验方法。有些新技术可通过 X 射线成像实现非破坏性检验，只是设备成本与投资较大，仅适合实验室使用。

2.7 尺寸检验

尺寸检验常使用游标卡尺、测量用显微镜等基础工具，以及比较测量仪、数控测量机、坐标测量机、微欧计、β 反散射测厚仪、手持涡流探针等精密工具。尺寸检验一般会依据接收质量水平制定抽样计划，以达成缺陷率统计控制目标为原则。

2.7.1 孔 环

环绕在孔周围的导电材料被称为孔环，它是电子元件引脚安装或线路连接的基础。孔环宽度随产品设计及制作需求而异，10mil 是标准需求，但多数个人计算机外设产品都已经采用小于 5mil 的孔环宽度，高密度电路板的要求更严格。

部分设计者还会在主要工程图上标示焊盘尺寸与基准面相关数据，通过验证电路板的尺寸及最小孔环宽度，来确认焊盘对位状况，如图 2.10 所示。正反面对位状况是检验的重点，孔偶尔会超越焊盘范围形成偏孔或破环，此时需要参考产品规格书的要求来改善。

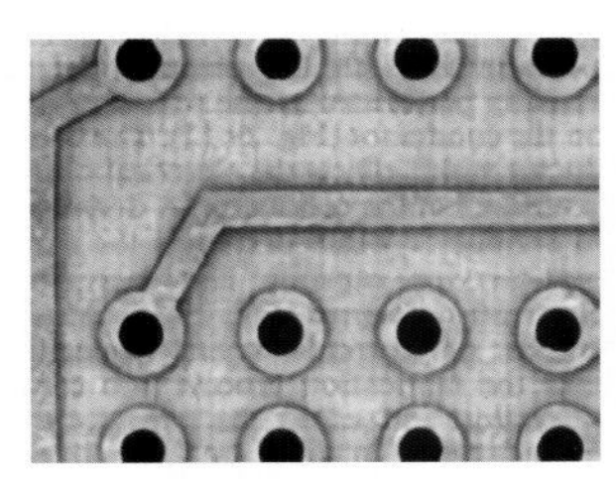

(a) 孔刚好落在焊盘中心

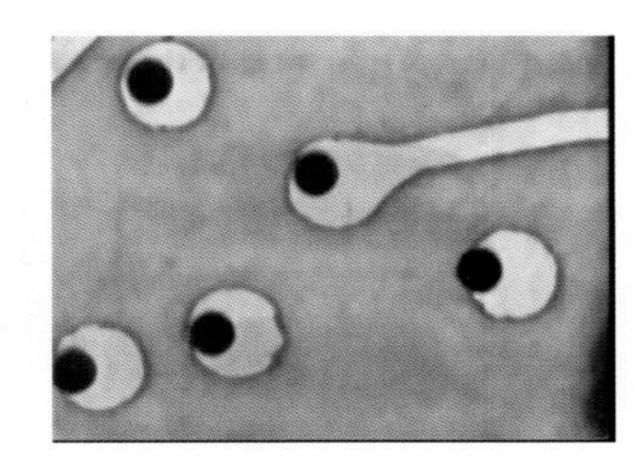

(b) 破 环

图 2.10 焊盘对位状况

2.7.2 线 宽

线宽直接影响产品的电气性能，线宽减小会导致线路载流下降、电阻增大。不同工艺，如全板电镀与图形电镀，会产生明显不同的线宽。

线宽测量通常有两种形式：最小线宽测量，即测量线路最窄处的宽度；垂直观察线宽测量，在直接观察的位置测量宽度。除非特别说明，否则都以垂直观察方式测量线宽。

最小线宽测量通常依赖切片，属于破坏性检验。新型非破坏性检验设备通过测量线路电阻来推算线路截面积，进而得到线宽。最小线宽与垂直观察线宽的差异，会影响线路载流量、电感及电阻。这种差异在细线路上特别明显，在全板电镀线路上更为明显。

IPC-6012 对线路的宽度与边缘粗糙度、缺口、针孔及划伤等都有明确要求，最好在工程数据中进行标示。若没有最小线宽要求，则通常以设计线宽的 80% 为最低标准。若最小宽度需求没出现在数据中，则要及时与客户沟通。

2.7.3 线 距

导体间距就是邻近线路边缘到边缘的距离，包含跨越绝缘材料间的距离在内。线路或焊盘间距会设计成保有恰当绝缘性，间距缩减可能导致漏电或影响电容量。线路断面宽度常不均匀，间距测量应该读取线路导体或焊盘间最接近的点。

2.7.4 孔 径

镀覆孔是起层间导通作用的孔，靠镀层金属连接孔壁。非镀覆孔是孔内不含导体或任何其他导通增强材料的孔。孔径测量的目的是验证孔是否符合图纸要求。

孔径需求常与元件引脚、贴装焊盘有关，必须留有适当的焊料间隙。不安装元件的镀覆孔被称为导通孔。导通孔不需要考虑元件尺寸，电镀完整是唯一要求。

传统孔径检验多以针规探测为主，后来随着光学设备普及，AOI（自动光学检测）大行其道。使用针规探测时要防止损伤孔壁。探针在使用前应进行清洁，防止污染孔壁而影响可焊性。孔内偶尔会出现结瘤，限制探针穿入，加压可将结瘤移除，但会形成电镀孔壁空洞。

2.7.5 板弯与板翘

板弯是指电路板失去平整性，呈现接近圆筒状或球面状曲面，但矩形电路板的四角会落在同一平面上。除了采用光学辅助仪器，也可手工检验板弯，即利用探针确认电路板的平整性，如图 2.11 所示。

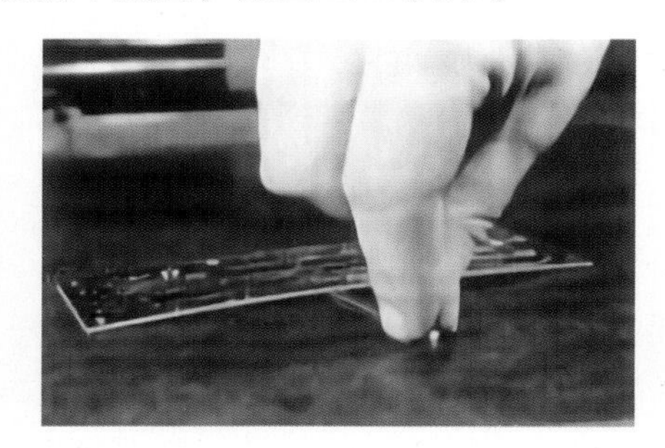

图 2.11 板弯的检验

板翘是指矩形电路板基于对角线的变形，四角并不在同一个平面上。板翘的检验略复杂，使用得也不多，如有需要可查阅 IPC 相关规范。板弯与板翘的可接受性标准用百分比表示，如 1.5% 的板弯与板翘表示 1.5mil/100mil 或 1.5mm/100mm 单位长度变异率。

除非图纸上有标示，否则板弯与板翘的可接受性标准是 1.5% 以下。对于表面贴装技术，板弯与板翘的可接受性标准可能是 0.75%，甚至是 0.5% 以下，以保持元件互连的可靠性。制作或采购之前，要充分考虑后续组装需求。

2.7.6 线路完整性

线路完整性的检验可使用设备比对、底片覆盖对照等方法。使用正片或负片对照比对主要线路是便宜而有效的方法。将对照底片覆盖在制作完成的电路板上，可快速比较出差异。对照底片也可用来检验线宽，并可验证孔环是否符合图纸要求。

2.7.7 外形尺寸

外形尺寸检验的目的是验证电路板尺寸是否符合图纸的要求，是否满足组装需求。外形尺寸过大或过小都会影响组装性，有一定的允许公差限制。外形尺寸测量可选用直尺、游标卡尺或更精密的数字设备，选用工具的精密度视需求而定。

2.7.8 电镀厚度

▌非破坏性检验方法

多个电路板工艺都需要电镀，较重要的包括镀覆孔形成、线路制作及金属表面处理等。电镀厚度要求多数都会标示在成品图上。确认线路或孔内电镀厚度，常是检验电路功能的必要工作。电镀厚度检验常用非破坏性方法，如β反散射法、X射线法、微欧法等。

β反散射法使用放射性同位素放射源及检测器，可在短时间内完成厚度检测，适用于金属和非金属材料、磁性和非磁性材料的厚度检验。β反散射法常用于电镀线路及镀覆孔厚度检验，可用于蚀刻前及电路板成品后的厚度测量。它只能检测表面金属厚度，且读取的厚度是一个平均值。X射线法与之类似，但放射源、感应机构等有所区别。

微欧法利用固定通过四线电阻桥电路的电流及电压测量微小电阻差。进行镀覆孔检验时，将孔内镀层视为圆柱形电阻。这种方法只适用于完成线路蚀刻的电路板，当两种不同的金属叠加在一起时，只能检测出较低电阻金属的厚度。和β反散射法一样，微欧法读取的也是平均值。

▌破坏性微切片法

使用微切片进行镀覆孔表面及孔内电镀金属厚度检测，通常要检测三个不同位置与三个不同孔壁的数据。检测结果可以用个体值或平均值表达。要尽量选择没有空洞的位置取样，同时要尽可能减少研磨偏差。

典型的电路板电镀金属厚度需求如下：

◎ 铜，18μm 以上

◎ 镍，2.54 ~ 8μm

◎ 金，0.05 ~ 2μm

◎ 锡铅，2μm 以上

◎ 铑，0.13 ~ 0.5μm

镀覆孔的垂直切片抛光到孔位正中间，是正确检测的关键。若孔的抛光面超过或不到孔位中心，就会得到错误的电镀厚度读取值。水平切片是另一种建议的微切片法。尽管水平镀覆孔微切片具有较准确的电镀厚度检测值，但不适用于其他质量特性的检验，如空洞、电镀均匀性、结合力、凹蚀、结瘤等。

电镀厚度检测以垂直切片为主。微切片常需搭配适量的微蚀，以暴露铜箔、电镀铜之间的晶界，消除研磨产生的金属延展偏差量。电镀铜厚度的检测要排除原始铜箔厚度，除非要求检测总厚度，否则不会将铜箔厚度列入测量范围。

微切片应依据一定的程序完成。IPC 有相关的程序规定可供遵循，但有些公司在制作技巧方面有特殊附加规定，要引起注意。《电路板制造工艺问题改善指南》一书中也有切片相关内容介绍，有兴趣的读者可自行参考。

2.7.9 凹 蚀

凹蚀是受控制的孔壁非金属材料的移除程序，常用于除胶渣、增加内层导体的暴露面积，使镀覆孔孔铜与内层铜箔之间产生三维界面的结合。凹蚀是某些特殊电路板的关键要求，过度凹蚀会产生过度粗糙的孔壁，导致镀覆孔结构弱化。

典型的凹蚀量为 5 ~ 80μm。凹蚀量常用多层板镀覆孔切片进行测量。常见的孔壁凹蚀如图 2.12 所示。

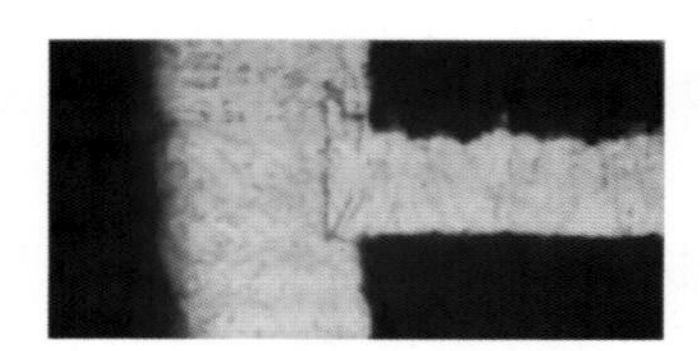

图 2.12　常见的孔壁凹蚀

2.7.10 层间对位精度

电路板的层间对位精度取决于线路位置一致性，或电路板某些线路与理想位置的差距。层间对位精度检验的目的是确认孔与内层线路间的电气连接。内层间对位不良可能导致电气性能缺陷，包括短路、开路、阻抗差异等。两种普遍使用的层间对位精度检验方法为 X 射线法和微切片法。

微切片法通过测量垂直通孔内每个焊盘的中心线最大偏离量来得到对位偏移量，如图 2.13 所示。

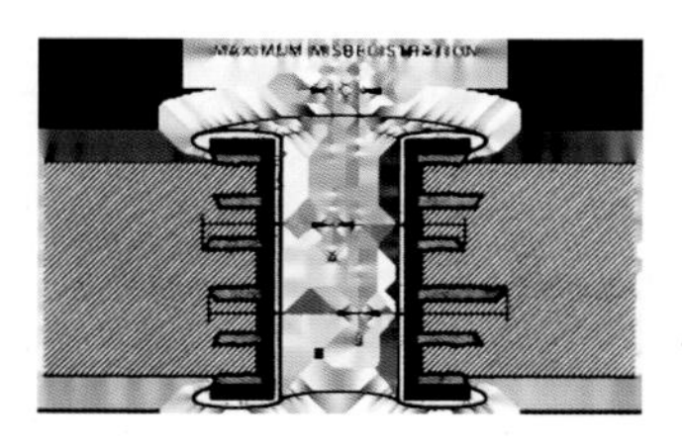

图 2.13　微切片法层间对位精度测量

2.7.11 尺寸检验项目分类

根据检验项目是破坏性的还是非破坏的，尺寸检验项目的分类见表 2.5。

表 2.5 尺寸检验项目的分类

检验项目	非破坏性	破坏性
孔 环	√	
线路与孔的重合度	√	
线宽 / 线距	√	√
孔 环	√	
孔 径	√	
板弯与板翘	√	
线路完整性	√	
外形尺寸	√	
电镀厚度	√	√
凹 蚀		√
层间对位精度		√

2.8 机械性能检验

机械性能检验可以是破坏的或非破坏性的，用以协助确认后续使用过程中的电路板完整性。

2.8.1 电镀结合力（镀层附着力）

电镀结合力检验的常用方法是压敏胶带测试，IPC-TM-650 2.4.1《测试方法手册》和 MIL-P-55110《印制板》中有明确规定，测试方法及使用的胶带类型必须一致。要注意的是，测试完成后应保持测试面无残胶，否则会对成品特性不利。部分厂商出于成本或作业方便方面的原因随意变更测试胶带或测试方法，这种做法有一定的风险，执行前应仔细评估差异与可能的影响。另一种电镀结合力检验方法是在切片准备过程中观察微切片的贴附性，结合力差的镀层会在准备工作过程中出现分离。图 2.14 所示为典型的金手指胶带测试中的镀层脱落。

图 2.14 金手指胶带测试中的镀层脱落

2.8.2 可焊性

可焊性测试的目的是评估电路板焊盘被焊料润湿、与元件形成金属键结的能力。常见的三种可焊性标准见表 2.6。

表 2.6 常见的可焊性标准

润　湿	在基底金属上产生相对均匀、平整、连续的焊料膜
退润湿	熔融焊料被涂覆在基底金属表面后回缩，呈现不规则外形焊料堆，各区分离并覆盖了焊料薄膜，但是基底金属并未暴露
不润湿	熔融焊料未能与金属基底形成金属键结

可焊性检验有许多方法，包括定量的及定性的。但最实用的方法是尝试进行组装焊接、手工焊接、波峰焊等。IPC ANSI/J-STD-003《电路板可焊性测试》给出了建议的可焊性测试方法。

测试样本或产品要先进行一段时间的加速老化。老化时间依据表面处理耐久性而定，可参考原始工程图或采购合同指定的可焊性测试方法。表面处理耐久性大致分为三类，见表 2.7。

表 2.7 表面处理耐久性等级

等级 1	最低水平的表面处理耐久性，制造后 30 天内完成焊接，且可能会最低程度的热环境暴露
等级 2	一般水平的表面处理耐久性，制造完成后可能要储存 6 个月，且可能会中等程度的热或焊接环境暴露
等级 3	最高水平的表面处理耐久性，制造后储存 6 个月以上，且可能会面临更严格的高温或焊接等制程的考验

业者应该选择适当的耐久性等级，因为高等级必然会带来成本增加、交货期延长的风险。

2.8.3 表面处理合金成分

普遍用于电路板制造的表面处理方式有化学镍金、沉银、沉锡、化学镍钯金、电镀硬金等。随着无铅工艺的推广，目前基本淘汰了锡铅工艺。进行表面处理时，沉积厚度与成分应该保持稳定，以免造成后续组装、焊接与生产操作的困扰。

某些特殊的表面处理，如化学铑或化学钯，必须遵照原始工程图纸要求执行。用于分析表面处理合金成分的方法有湿式分析、原子吸收、β 反散射法、X 射线法等。β 反散射法、X 射线法因具有非破坏性而应用较广，但要注意选用合适的设备及方法，以满足精确度要求。

2.8.4 热应力（漂锡）

温度变化会产生应力、应变，严重时会损伤电路板，导致焊接时出现严重故障。热应力测试的目的是评估焊接后的风险，如镀覆孔损伤、镀层或导体分离、分层等故障风险。

测试前，样本要经历以下处理步骤：

◎ 除湿
◎ 放在干燥器陶瓷片上冷却
◎ 助焊剂处理
◎ 漂锡
◎ 放在不沾锡的材料上冷却

完成热应力测试后应目视检查缺陷，进行镀覆孔切片，并用显微镜检查其完整性。也可采用附连测试板设计辅助热应力测试。

2.8.5 剥离强度

剥离强度是指以外力剥离单位宽度导体或薄膜所需的力。剥离强度测试常用于铜箔基材的来料检验，也用于电路板最终导体结合力测试。导体剥离强度测试常在浸锡或回流焊后进行，目的是确认导体与基材具有足够的结合力，能承受组装焊接与成品使用环境的考验。实际的电路板或附连测试板都可用于该测试。

2.8.6 结合强度（端子拉力）

结合强度测试的目的是检验孔内电镀层与基材的结合力。孔内结合不良可能源自不良钻孔、化学沉铜析出、孔清洁不良、基材聚合不良等，影响电路板的功能性。孔内电镀层与基材的结合力，可通过微切片分析进行检验。组装后的产品也应该做端子拉力测试，以验证结合强度。

2.8.7 清洁度（萃取溶剂的电阻值）

电路板制造大量采用湿制程及机械加工，部分化学槽含有金属盐或腐蚀性物质，这些物质的残留可能会降低绝缘电阻、腐蚀金属线路。另一个较常见的问题是导体间金属离子扩散迁移，这常与操作电压（10V 或更低）相关。这类问题只有在湿气、金属污染物、电压这三个条件同时得到满足时才会发生。清洁度测试主要测量电路板清洗液的电阻值，有相关的商用设备。

2.8.8 机械性能检验项目分类

根据检验项目是破坏性的还是非破坏的，机械性能检验项目的分类见表 2.8。

表 2.8 机械性能检验项目分类

项　目	非破坏性的	破坏性的
电镀结合力	√	√
可焊性		√
表面处理合金成分	√	√
热应力（漂锡）		√

续表 2.8

项　目	非破坏性的	破坏性的
剥离强度		√
结合强度（端子拉力）		√
清洁度	√	

2.9 电气性能检验

电气性能检验方法也有破坏性与非破坏性之分，非破坏性检验常在电路板上实施，破坏性检验则会在电路板或附连测试板上实施。

两种普遍的非破坏性电气性能检验方式是绝缘电阻测试和导通性测试。在复杂电路板上，这两种测试通常要 100% 执行，特别是多层板。进行绝缘电阻测试时要防止探针接近电路板时产生火花，简单做法是串联一支探针并让探针接地。为了防止探针在较软的金属面上产生印记，要控制探针接触焊盘的力量和速度。

2.9.1 导通性

导通性测试可采用便宜的万用表，或者较精密设备，如计算机辅助针床测试机。这种测试机可采用事先规划的所有电路板回路进行测试，也可用已知良好板进行比对。比对用的电路板被称为“黄金板”或者标准板。

电路板导通性测试有如下两种方式：以通过 / 不通过测试来验证线路导通性；验证线路导通性并验证测量线路的完整性。后者的结果以电阻值表现。

2.9.2 绝缘电阻

绝缘电阻测试的目的是检验电路板绝缘材料在给定电压下的电阻。在这个电压下，材料间或表面可能会产生漏电流。绝缘电阻测试也可用于工艺污染物残留的评估。

绝缘电阻测试可针对同层间或不同层间的线路来实施。针床配置所有不连通的回路，不允许任何不相关的回路导通。这个测试常见于热冲击前后及热循环测试后，一般采用 40 ～ 500V 直流测试电压，最低绝缘电阻要求为 20 ～ 500MΩ。

绝缘电阻测试可在实际电路板或附连测试板上进行。针对特殊测试需求，如绝缘、低气压、湿气或浸水，要采用特殊的测试设备及方法。

2.9.3 镀覆孔破坏电流

镀覆孔破坏电流测试用来检验镀覆孔中是否有足够厚度的电镀层，以承受相对较高的潜在电流。测试时间及电流的选择取决于采用的是破坏性还是非破坏性方法。IPC-TM-650 2.5.3 建议采用 10A 电流持续 30s，遵循下列步骤进行测试：

◎ 在正负端子间放置一个事先确定阻值的电阻
◎ 设置测试电流为 10A 或任何其他期待值
◎ 从正端子部分去除电阻
◎ 将待测镀覆孔的一端接正端子，另一端接电阻开路端
◎ 以预先规划的时间进行测试

测试可在实际电路板或附连测试板上进行。

2.9.4 介质耐压

介质耐压测试用于检验元件能否在额定电压下工作，能否承受瞬间开关、峰值电压等的过电压考验，以判定所选择的绝缘材料及元件间距是否合适。

《电子和电气元件的试验方法》MIL-STD-202 提供了一种采用三种测试电压（500、1000、5000V）的检验方法，可在实际电路板或附连测试板上进行。在两个绝缘样本或绝缘样本与接地金属面间施加电压，电压以均匀速率逐步增加到目标值。电压在目标值持续 30s，之后以稳定速率下降。在测试过程中进行目视观察，以确认接触点间产生的瞬间过载或破坏情况。视过载程度，该测试可能是破坏性的或非破坏性的。

2.9.5 电气性能检验项目分类

根据检验项目是破坏性的还是非破坏的，电气性能检验项目的分类见表 2.9。

表 2.9 电气性能检验项目分类

项　目	非破坏性的	破坏性的
导通性	√	
绝缘电阻	√	
镀覆孔破坏电流	√	√
介质耐压	√	√

2.10 环境测试

环境测试用于确认电路板在特定环境与机械应力影响下的功能性。环境测试可以在电路板未组装前进行，以验证线路设计的合理性。特定测试偶尔会用于电路板检验，以提前预知故障状态。它是电路板检验程序的一部分，常见于高可靠性产品检验中。通常建议通过两次模拟元件组装热循环预处理，再做正式环境测试，以反映实际电路板面对的组装生产状态。

环境测试可在实际电路板或附连测试板上进行。此处简略地介绍部分业者普遍使用的环境测试。

2.10.1 热冲击

热冲击测试可有效确认电路板的高机械应力区域、极高与极低温度变化下的电路板环境承受能力。这个测试常见于 IPC-6012 产品可接受性标准中，也常用于电路板供应商认证。

热冲击可通过将电路板暴露在较大温差下实现。常采用快速转换电路板环境的方式，从一个较高温度（如 125℃）环境转换到另一个较低温度（如 –65℃）环境，时间常控制在 2min 内。若从第 1 个循环到第 100 个循环间的线路电阻变化超过 10%，就认定为不合格。

热冲击可能会导致镀覆孔铜断裂、分层等。相关的附连测试板设计原则可参考 IPC-TM-650 2.6.7.2 及 MIL-STD-202-107C 等。在热冲击循环中，要持续监控线路电阻变化。

2.10.2 湿热绝缘电阻

湿热绝缘电阻测试主要用来验证高湿与高温差环境对电路板的影响，测试循环条件通常为 90% ~ 98% 的相对湿度、25 ~ 65℃的温度。完成测试循环后，对电路板进行绝缘电阻测试。经过湿热绝缘电阻测试后，测试样本不应出现空洞、剥离、变形或分层。

2.11 小 结

选择电路板检验项目的程序如下：

◎ 检讨电路板将来会面对的作业环境及预期使用寿命

◎ 检讨功能性相关的电气性能与机械性能参数

◎ 在决定采用质量保证计划前，应充分考虑整体组装的单位成本及电路板重要性

◎ 考虑质量保证计划的经济性前，优先考虑功能性

◎ 设计质量保证计划时，抽样计划至少要保证达到 90% 以上的覆盖率

◎ 选择检验项目类型时必须要能够符合最前面的两项需求

◎ 选择的测试方法要能验证电路板的功能性及完整性，可能需要修正或调整测试方法来满足质量保证需求

第 3 章

电路板的表面处理

电子产业发展的早期，插件与焊接是连接元件、电路板与系统的普遍方法，组装工艺以波峰焊为主，表面处理普遍采用热风整平（俗称喷锡，HASL）工艺，金手指表面处理采用电镀镍金工艺。

随着通孔组装向表面贴装的转换，最终产品尺寸和质量大幅减小。表面贴装焊盘需要进行锡膏印刷与贴片，热风整平在SMT发展初期仍能满足组装需求。但是，随着表面贴装元件的进一步小型化，焊盘尺寸也持续缩小，焊盘锡膏印刷都面临着挑战（表面张力的影响），热风整平就逐渐淡出了表面贴装领域。

球栅阵列（BGA）封装、键合、压接组装及接触式按键连接等，都超出了热风整平及电镀镍金的能力范畴。另外，为了满足无铅要求，即便进行热风整平也要采用无铅焊料。鉴于各种原因，一系列新的表面处理工艺被开发出来：

◎ 有机可焊性保护（OSP）

◎ 化学镍金（ENIG）

◎ 化学镍钯金（ENEPIG）

◎ 沉银

◎ 沉锡

表3.1给出了各种表面处理工艺能力的简单比较。不过，似乎只有ENEPIG符合不同组装需求，因此它常被称为通用表面处理。

表3.1 各种表面处理工艺的能力比较

表面处理	共面性	可焊性	金线键合	铝线键合	接触式表面
热风整平	差	好	支 持	不支持	差
有机可焊性保护	好	好	不支持	不支持	差
化学镍金	好	好	不支持	支 持	好
化学镍钯金	好	好	支 持	支 持	好
化学钯	好	好	支 持	不支持	好
沉 银	好	好	支 持	支 持	差
沉 锡	好	好	不支持	不支持	差

3.1 有机可焊性保护（OSP）

有机可焊性保护（OSP）即在铜面形成一层有机保护膜，避免铜面在焊接前发生氧化。苯并三唑和咪唑类是两种广泛使用的OSP材料，都是含氮官能团的有机化合物，都有能力与暴露铜面产生反应，但不会吸附在基材或阻焊上。苯并三唑在铜面上产生单分子层保护膜，直到铜面暴露在超过反应温度的环境下才被破坏。该保护膜会在回流焊环境下挥发。咪唑类则会产生较厚涂层，可承受多次高温组装。

制程简介

典型的 OSP 制程见表 3.2。

表 3.2　典型的 OSP 制程

制程步骤	温度 /℃	时间 /min
清　洁	35 ~ 60	4 ~ 6
微　蚀	25 ~ 35	2 ~ 4
调　整	30 ~ 35	1 ~ 3
OSP	50 ~ 60	1 ~ 2

清洁：处理电路板前先清洁铜面，去除氧化物及多数有机物与无机物残留，确保铜面在后续处理中会被均匀微蚀。清洁好坏直接影响成膜质量。

微蚀：对清洁后的铜面进行微观粗糙化，暴露新鲜铜面，以便铜面与 OSP 溶液均匀复合。此时可使用适量的蚀刻液（如过硫酸钠、硫酸 – 过氧化氢等）。

调整：这是一个选择性步骤，依据供应商要求或建议确定是否执行。

OSP：OSP 溶液的操作温度通常为 50 ~ 60℃，浸泡时间为 1 ~ 2min，可依据供应商建议或实际需求调整。其反应会自行停止。

水洗：去除前制程的化学残留物，可采用一级或二级水洗完成。过度水洗浸泡会导致氧化或产生灰暗、无光泽的表面。药液供应商会提供作业温度、浸泡时间、搅拌及循环量等，供实际生产参考。

业界一般使用标准的水平传动浸泡设备进行 OSP 处理，只需要短暂的浸泡时间。典型的 OSP 处理表面质量状况如图 3.1 所示。

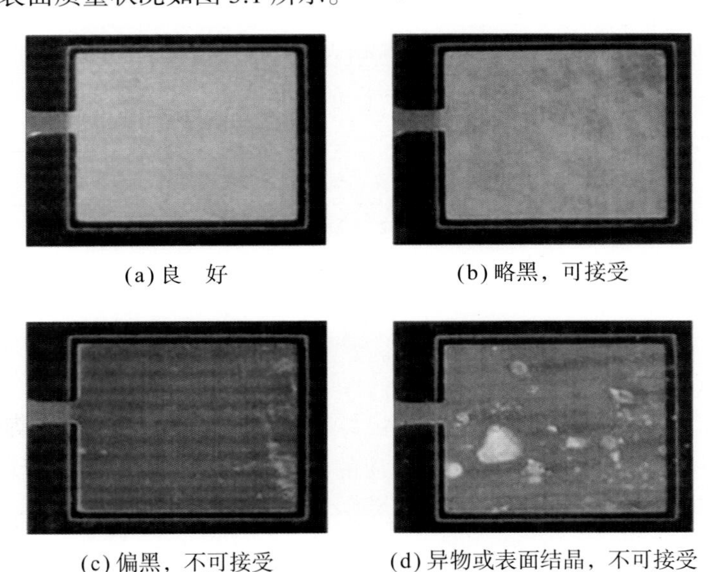

(a) 良　好　　(b) 略黑，可接受

(c) 偏黑，不可接受　　(d) 异物或表面结晶，不可接受

图 3.1　典型的 OSP 处理表面质量状况

应用优势

（1）产品：OSP 膜是一种薄的有机化合物层，沉积在铜面上。苯并三唑膜的厚度要求一般为 100Å[①]，咪唑类膜的厚度要求为 4000Å。

（2）组装：焊接时有机膜会很快溶入锡膏或酸性助焊剂，从而留下清洁的活性铜面，能顺利产生铜锡合金金属。

应用限制

（1）检验：OSP 保护膜透明无色，检验较困难。

（2）电气测试：OSP 膜不导电，当膜厚达到某个值时会影响测试的正确性。多数制造商选择厚膜时，会在 OSP 处理前进行电气测试。

（3）组装：咪唑类膜经历第一次与第二次受热后，可能需要使用较强的助焊剂，这就要求 OSP 组装业者熟悉所需的助焊剂类型及要求。

3.2 化学镍金（ENIG）

一般先沉积 3 ~ 6μm 厚的镍层在铜面上，然后沉积薄层（2 ~ 4μin[②]）的金。镍层是作为阻止金扩散至铜的阻挡层，也是焊接作用层。薄金层的功能是保护镍层，避免储存期间出现镍层氧化或钝化。

制程简介

典型的 ENIG 制程见表 3.3 所示。

表 3.3 典型的 ENIG 制程

制程步骤	温度 /℃	时间 /min
清　洁	35 ~ 60	4 ~ 6
微　蚀	25 ~ 35	2 ~ 4
催　化	室　温	1 ~ 3
化学镍	82 ~ 88	18 ~ 25
化学金	82 ~ 88	6 ~ 12

清洁：去除铜面氧化物及多数有机物与无机物残留，确保铜面在后续处理中被均匀微蚀，以顺利吸附催化剂。

微蚀：对清洁后的铜面进行微观粗糙化，暴露新鲜铜面，以达到均匀催化的效果。

催化：在铜面析出催化剂，以降低反应的活化能，且允许镍均匀沉积至铜面。典型的催化剂有钯和钌。

化学镍：在催化后的铜面沉积所需厚度的镍层。化学镍通过反应中的还原剂（普遍

① 1Å=0.1nm=10^{-10}m。

② 1in=2.54cm。

使用次磷酸钠盐）来维持镍的析出。析出的镍层含有 6% ~ 11% 的磷。镍层厚度适当才能阻隔扩散，防止铜的扩散迁移。同时，镍层作为可焊接表面或者接触式组装表面。镍槽的析出速率高，必须定时补充活性化学成分，以维持平衡。化学镍的操作温度较高，且依赖长时间浸泡得到所需厚度。操作者必须确认材料的兼容性，为 ENIG 选择兼容的阻焊。

化学金：沉积薄而连续的金层。化学析出是置换反应，以金置换表面的镍。当镍层被沉积的金层覆盖后，反应会自我抑制，这层金可保护镍面避免氧化或钝化。沉金也在高温下操作，浸泡时间也较长。

水洗：去除前制程的化学残留物，可采用一级或二级水洗完成。药液供应商会提供作业温度、浸泡时间、搅拌及循环量等，供实际生产参考。

某些时候，设置酸性预浸槽是必要的，这样可减少带入镀槽的水。必要时酸性预浸槽也可用来活化表面。ENIG 工艺需要较长的浸泡时间，不宜采用水平传动设备。典型的 ENIG 板焊盘露铜如图 3.2 所示。

图 3.2　典型的 ENIG 板焊盘露铜

应用优势

（1）ENIG 可形成平整度和共面性良好的表面，可焊接、键合，也是理想的接触式按键组装表面。

（2）ENIG 有优异的焊料润湿能力，金会迅速融入焊料，留下新鲜镍面形成焊点。融入焊料的金量微不足道，不会使焊点脆化，镍与锡会产生锡镍合金接点。

（3）ENIG 与铝线及金线键合工艺兼容。但是，如果金线键合的操作范围过窄，不建议使用，因为金线键合所需的金层厚度超出了 ENIG 所能制作的厚度。ENIG 表面铝线键合良好，因为铝线会与底层镍产生键合力。

（4）ENIG 是理想的接触式组装表面处理方式，镍层的硬度与厚度促使它成为手机、呼叫器及开关器件等应用的优先选择。

应用限制

（1）工艺颇为复杂，需要良好的制程控制。

（2）化学镍的操作温度高，浸泡时间长，材料兼容性要重点考虑。必须持续补充药液，良好的工艺控制是得到期待的厚度及镀层结构的前提。

（3）化学金也需要类似的高温，浸泡 8 ~ 10min 可析出所需厚度。过度浸泡及超出供应商建议范围可能会造成底部镍层腐蚀，腐蚀过度会影响镍层的功能性。

3.3 化学镍钯金（ENEPIG）

先沉积3 ~ 6μm厚的镍层，然后沉积0.05 ~ 0.5μm厚的钯层，最后沉积0.02 ~ 0.1μm厚的金层。钯层可防止镍腐蚀，形成理想的金线键合面。

▌制程简介

典型的ENEPIG制程见表3.4。除了增加钯催化步骤及化学钯处理步骤，其他步骤与ENIG制程类似。

表3.4 典型的ENEPIG制程

制程步骤	温度/℃	时间/min
清　洁	35 ~ 60	4 ~ 6
微　蚀	25 ~ 35	2 ~ 4
催　化	室　温	1 ~ 3
化学镍	82 ~ 88	18 ~ 25
再催化	RT	1 ~ 3
化学钯	50 ~ 60	8 ~ 20
化学金	82 ~ 88	6 ~ 12

清洁：去除铜面氧化物及多数有机物与无机物残留，确保铜面在后续处理中被均匀微蚀，以顺利吸附催化剂。

微蚀：对清洁后的铜面进行微观粗糙化，暴露新鲜铜面，以达到均匀催化的效果。

催化：在铜面析出催化剂，以降低反应的活化能，且允许镍均匀沉积至铜面。典型的催化剂有钯和钌。

化学镍：在催化后的铜面沉积所需厚度的镍层，与ENIG制程类似。

再催化：采用预浸方式活化镍层表面，促进钯层沉积。其作用类似化学镍沉积前的催化，目的是活化镍面。

化学钯：钯槽含有还原剂，如次磷酸盐、重亚硫酸盐。次磷酸盐用于产生磷含量为1% ~ 2%的沉积层，重亚硫酸盐用于产生无磷沉积层。操作温度为50 ~ 60℃，浸泡时间为8 ~ 20min，依需求厚度而定。

化学金：沉积薄而连续的金层。化学析出是置换反应，以金置换表面的镍。当镍层被沉积的金层覆盖后，反应会自我抑制，这层金可保护镍面避免氧化或钝化。沉金也在高温下操作，浸泡时间也较长。

水洗：去除前制程的化学残留物。可采用一级或二级水洗完成。药液供应商会提供作业温度、浸泡时间、搅拌及循环量等，供实际生产参考。

▌应用优势

（1）ENEPIG可提供良好的平整度与共面性，是通用的表面处理工艺。它具备

ENIG 的功能，而适当厚度的钯层可用于金线键合。

（2）焊接时钯和金都会迅速融入焊料，在焊点处形成镍锡合金。键合时，铝线与金线都可连接到钯面。钯层较硬，也可作为接触式按键的接触面。

应用限制

钯金属的价格在 2000 年前后曾经高达每盎司[①]1000 美元以上，当时相同质量的黄金仅价值 280 美元。全球的钯金属来源主要集中在俄罗斯，也有部分在加拿大。另外，ENEPIG 制程较长，需要极好的工艺控制能力。

3.4 沉 银

化学沉银提供一层薄（0.1 ~ 0.4μm 厚）的沉积银层，致密的银层混杂着有机物。这些有机物封闭处理层表面，可延长储存寿命。银层提供了平整而良好的可焊面，可利用水平传动式设备实现高产出作业，其表面也支持铝线及金线键合。

制程简介

典型的沉银制程见表 3.5。

表 3.5 典型的沉银制程

制程步骤	温度 /℃	时间 /min
清 洁	35 ~ 60	4 ~ 6
微 蚀	25 ~ 35	2 ~ 4
预 浸	室 温	0.5 ~ 1
沉 银	35 ~ 45	1 ~ 2

注：对于传动设备，浸泡时间可以适当缩短，具体要咨询设备及药液供应商。

清洁：去除铜面氧化物及多数有机物与无机物残留，确保铜面在后续处理中被均匀微蚀。

微蚀：对清洁后的铜面进行微观粗糙化，暴露新鲜铜面，以实现均匀反应。

预浸：防止污染物被带入化学沉银槽。

沉银：通过浸泡反应沉积薄银层，以银置换焊盘上的铜。沉积过程中需要添加有机添加剂及表面活性剂，以确保沉积均匀性。表面活性剂可保护银面，使其储存时免受湿气伤害。

水洗：去除前制程的化学残留物。可采用一级或二级水洗完成。药液供应商会提供作业温度、浸泡时间、搅拌及循环量等，供实际生产参考。

典型的沉银表面处理质量状况如图 3.3 所示。

① 1oz（盎司）=28.349523g。

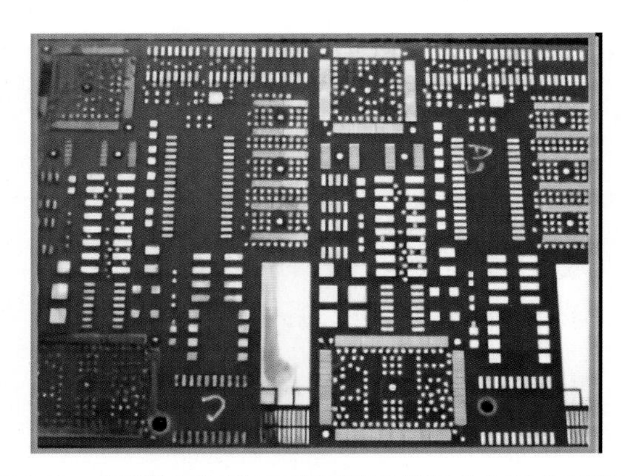

图 3.3 典型的沉银表面处理质量状况（有氧化现象）

▌应用优势

（1）沉银是理想的焊接表面处理工艺，焊接时银会迅速融入焊料，在焊点处形成铜锡合金层，这类似于热风整平与 OSP。但沉银是一种无铅工艺，且能提供良好的共面性，这是热风整平做不到的。不同于 OSP，沉银提供易于检验的表面，适度避免了三次高温处理，电气测试难度也较低。

（2）沉银也可作为铝线键合与金线键合的表面处理工艺。

（3）沉银用于接触式组装表面处理的效果还有待进一步确认。

▌应用限制

（1）沉银工艺的银离子扩散问题一直饱受质疑，因为银会在湿环境与偏压下产生水溶性盐类。沉银层中混杂的有机共析物可以降低这种问题的发生率。

（2）以沉银进行焊接表面处理后，银在焊接过程中会完全融入焊料。

（3）键合后暴露的银面被完全覆盖，因此与环境隔绝。

（4）沉银的最大问题是返工，因为完整剥除银层的难度极高。

（5）有技术文献提出共析的化学银会在焊接时出现有机物气化，进而影响焊接强度，这方面有待进一步观察。

3.5 沉 锡

理论上，沉锡是热风整平的理想替代工艺，主要原因有二：一是平整度与共面性得以改善，二是无铅。然而，锡会与铜快速反应形成铜锡合金层，不利于可焊性的维持。

沉锡有两个方面的问题必须要解决，就是晶粒尺寸及铜锡合金层的形成。锡层晶粒尺寸可以通过研发改善，得到致密无疏孔的镀层。较厚的析出层（1.0μm 厚）可确保焊接锡面无铜，这方面目前有新的白锡工艺可用。白锡工艺利用甲基磺酸、甲基硫酸及硫脲等化学品进行主要反应。

制程简介

典型的沉锡制程见表 3.6。

表 3.6 沉锡制程

制程步骤	温度 /℃	时间 /min
清　洁	35 ~ 60	4 ~ 6
微　蚀	25 ~ 35	2 ~ 4
预　浸	25 ~ 30	1 ~ 2
沉　锡	60 ~ 70	6 ~ 12

注：使用水平传动设备时，浸泡时间可以缩短，具体应咨询设备及药液供应商。

清洁：去除铜面氧化物及多数有机物与无机物残留，确保铜面在后续处理中被均匀微蚀。

微蚀：对清洁后的铜面进行微观粗糙化，暴露新鲜铜面，以实现均匀反应。

预浸：防止污染物被带入化学沉锡槽。

沉锡：虽然也是浸泡反应槽，但锡厚会随浸泡时间延长而持续生长，这是因为铜锡合金层能维持浸泡反应。当整个反应完成后，要有适量的纯锡留在表面，才能维持可焊性稳定。

水洗：去除前制程的化学残留物。可采用一级或二级水洗完成。药液供应商会提供作业温度、浸泡时间、搅拌及循环量等，供实际生产参考。

应用优势

沉锡也会产生标准的铜锡金属间化合物焊点，提供致密均匀的镀层，并具有良好的孔壁润滑性。基于此，该工艺也适用于背板类产品的组装插件表面处理。典型的沉锡表面处理质量状况如图 3.4 所示。

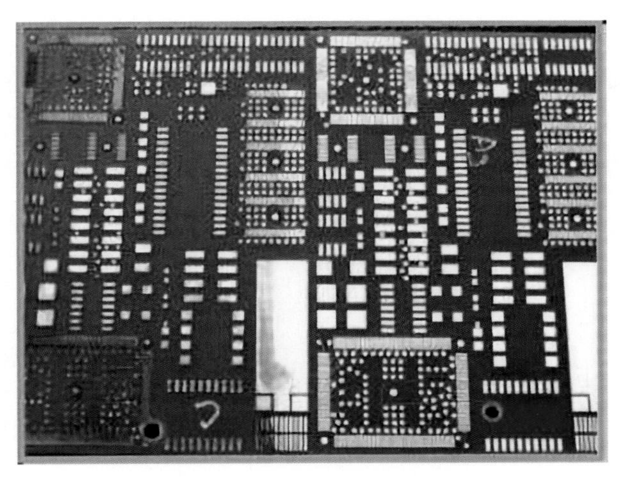

图 3.4 典型的沉锡表面处理质量状况（有氧化现象）

应用限制

（1）必须用硫脲配槽，这在某些地区是不符合环保法规要求的。沉锡槽的主要副产品是铜硫脲，它含有硫脲及其铜盐副产品。因此，业者必须取得废弃物处理许可。

（2）处理后的表面寿命有一定限制（不超过一年），因为铜锡合金层会逐渐生长到达表面，进而导致可焊性降低，特别是在高湿热环境下。

3.6 各种表面处理工艺的成本比较

表 3.7 整理了各种表面处理工艺的成本比较。

表 3.7 各种表面处理工艺的成本比较

制程选择	成本系数	焊料合金	应用类型
热风整平	1.0	铜 锡	逐渐被新工艺取代
OSP	1.2	铜 锡	适合焊接，是否支持多次焊接仍有争议
ENIG	4.0	镍 锡	适用于接触式组装表面，可焊接，需要较好的工艺控制能力
ENEPIG	5.0	镍 锡	通用处理工艺，成本高且制程复杂
沉 银	1.1	铜 锡	低成本的替代方案，可用于金线或铝线键合
沉 锡	1.1	铜 锡	低成本的替代方案，可用于背板插件

3.7 小 结

组装与封装技术仍然在持续发展，它们的共同趋势是接点面积都在快速缩减。对此，许多传统表面处理工艺会面临一系列考验。

环顾目前的表面处理工艺，用于封装载板表面处理时多少会存在一些问题，特别是一些倒装芯片封装应用。目前，产、学、研方面都希望能找出完美的表面处理方案。不过可以肯定的是，相关研讨不会在短期内结束，而目前的表面处理技术也可能在不同应用中陷入困境。

第 4 章

焊料与焊接

焊接是指用熔融焊料润湿焊盘表面，并与元件金属引脚或端子间形成冶金性结合。电子组装焊接用的焊料熔点一般低于 450℃，故被归类为低温焊接。对应的，采用熔点较高的焊料的焊接被归类为硬钎焊。焊接是重要的电子互连技术，在电子工业各种级别的组装中都会用到。

4.1 焊接原理

焊接行为可大致分为三个阶段：润湿、扩散、铺展；基材金属熔解于焊料中；焊盘与焊料形成金属间化合物（IMC）。完成焊接后，金属间化合物的状态还会继续变化。基材金属是指基板上的导电金属，也包含沉金、沉锡、沉银等表面处理金属膜。

▌润湿、扩散、铺展

要进行焊接，首先要将焊料加热到熔融状态，润湿基材金属界面。润湿涉及液体的力平衡，可依据液体表面张力平衡关系（杨氏公式）进行分析，其关系如图 4.1 所示。

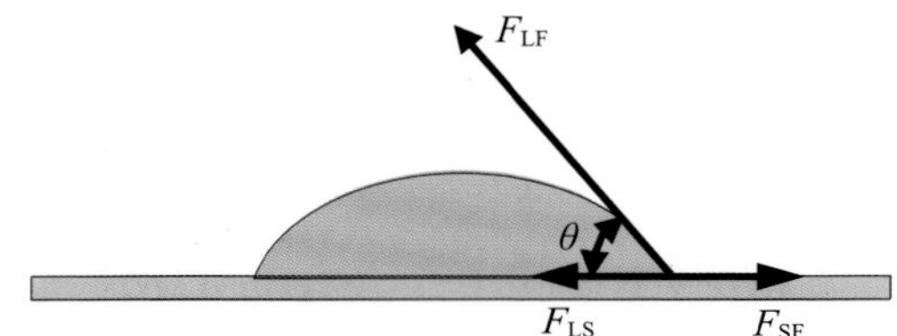

$F_{SF} = F_{LS} + F_{LF} \times \cos\theta$

F_{SF}：金属和助焊剂的界面张力

F_{LS}：熔融焊料和金属的界面张力

F_{LF}：熔融焊料和助焊剂的界面张力

θ：焊料和基板的接触角

图 4.1 液体表面张力平衡关系

当接触角足够小时，两组向量就会达到平衡而在固体金属表面呈现稳定状态。理想的焊点可减少应力集中，产生一个较小的 θ 值，如图 4.2 所示。实际上，较小的接触角代表着较佳的润湿性能，较容易产生良好的焊点。

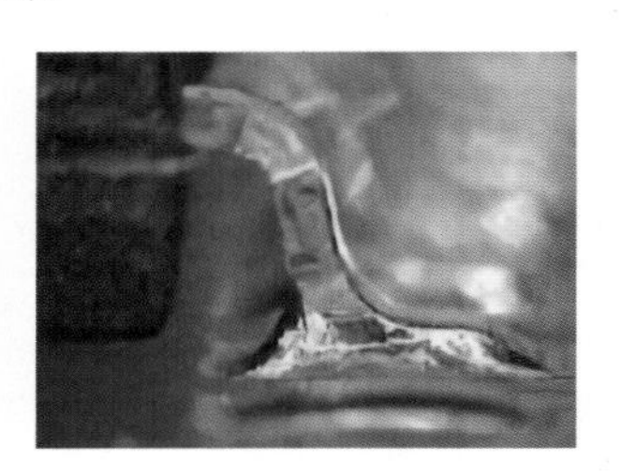

图 4.2 理想的焊点

要获得较小的接触角，可采用不同的物理和化学方法。对于物理方法，可在作业过程中调整焊料的表面张力，使用低表面张力的助焊剂、高表面张力的基板、低表面张力的焊料等。需要注意的是，界面张力平衡只是润湿的要素之一，流体黏度、金属熔解深度、焊料与基材金属间的化学作用等也都有重要影响。

▌基材金属熔于焊料

仅靠金属表面熔化的焊料扩散分布，不足以形成良好的金属键结，否则理论上所有能接触熔融焊料的材料都可以发生键结。要形成良好的键结，焊料与金属必须在界面处产生适当的交互作用。通常，基材金属会部分熔解到焊料中完成键结并产生结合力。

电子组装焊接经常受限于焊料允许作业温度偏低（如 220℃）的限制，且可受热的时间也较短（几秒钟或几分钟），因此焊料与基材金属的互熔必须快速，才有利于批量焊接作业。

以往普遍采用锡铅焊料，可选择的基材金属或金属镀层也较多，如锡、铅、铋、金、银、铜、钯、铂和镍等。一些金属镀层，如 $Sn_{60}Pb_{40}$，以往常被用于焊接表面处理。金属在焊料内的熔解深度是时间和温度的函数。图 4.3 所示为银在锡中的熔解深度变化。

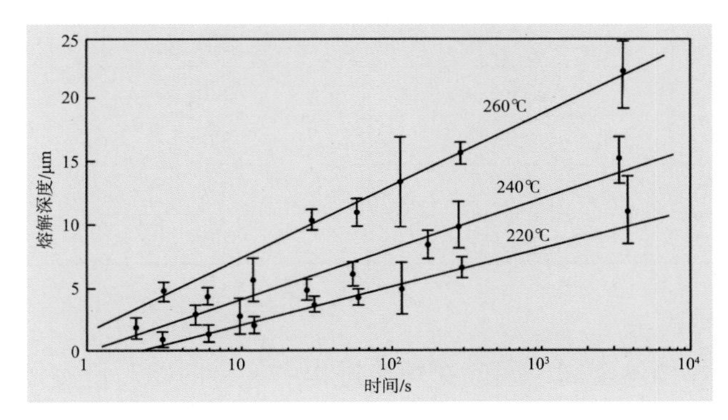

图 4.3　银在锡中的熔解深度是温度与时间的函数

研究表明，许多金属在操作温度下可在几秒内迅速达到平衡。基材金属进入焊料的熔解深度，除了与时间、温度、基材金属有关外，还与焊料合金类别有关。对铜而言，不同焊料有不同的熔解深度，其排序为 $Sn > Sn_{60}Pb_{40} > Sn_{35}Pb_{65} > Sn_{57}Pb_{38}Ag_{5} > Pb_{62}Sn_{33}Ag_{5}$。

另外，通过调整焊料内的金属含量，也可改变焊接作业中基材金属的熔解速率。如添加适量银到锡铅焊料中，可降低基材金属银的熔解速率。一般而言，金属镀层的可润湿性，会随着其在焊料中熔解速率的上升而提升。熔解总量会随着时间和温度的增加而增加，这方面也可以通过作业条件进行调整。

虽然基材金属的熔解速率是形成键结的重要因素，但过高的熔解速率会导致严重的浸析而降低结合力，并引起焊料成分与合金焊料含量变异，造成焊点强度下降。

▌金属间化合物的形成

焊接不仅是基材金属与焊料的物理互熔，也包括金属与焊料成分间的化学反应。这种反应会在焊料与基材金属间形成金属间化合物（IMC），如 Cu_6Sn_5、Cu_3Sn。金属间化合物通常都较脆，主要是因为其结晶结构呈现低对称性，而这也限制了它们的塑性流动。

金属间化合物会增强焊料对基材金属的润湿能力；形成扩散阻挡层，降低基材金属的熔解速率；氧化后导致镀锡表面退润湿等。

4.2　IMC 的影响

从热力学的角度看，只要能量呈现不平衡，整体系统就会朝最低能量与最高熵的方向发展。金属表面能量的不平衡会导致能量释放而有利于焊料扩散，某些液态金属（如锑、镉、锡）和铜材形成 IMC，会大幅提升自由能（润湿性）。

IMC 的形成速率也与时间、温度、基材金属和焊料类型相关。通过减少作业时间和降低作业温度，可减小 IMC 厚度。在低于焊料熔点的温度以下，IMC 会以缓慢速率继续生长。根据实际冶金现象，即使在常温下，多数电子焊接金属也会产生 IMC。关于这一点，采用图形电镀工艺的业者应该有经验。表 4.1 给出了几种焊料经过回流焊后立即形成的 IMC 厚度参考值。

表 4.1 焊料经过回流焊后立即形成的 IMC 厚度

焊 料	IMC 厚度 /μm		
	Cu	Au/Pt	Au/Ni/W
$Sn_{63}Pb_{37}$	2.4	2.0	2.0
$Sn_{62}Pb_{36}Ag_2$	2.1	2.0	2.0
$Pb_{50}In_{50}$	3.5	2.0	< 1.0

阻挡熔解

IMC 的熔点比焊接温度高，因此在焊接过程中保持固态。许多体系的熔融焊料与固体金属间会形成连续的 IMC 层，如图 4.4 所示。

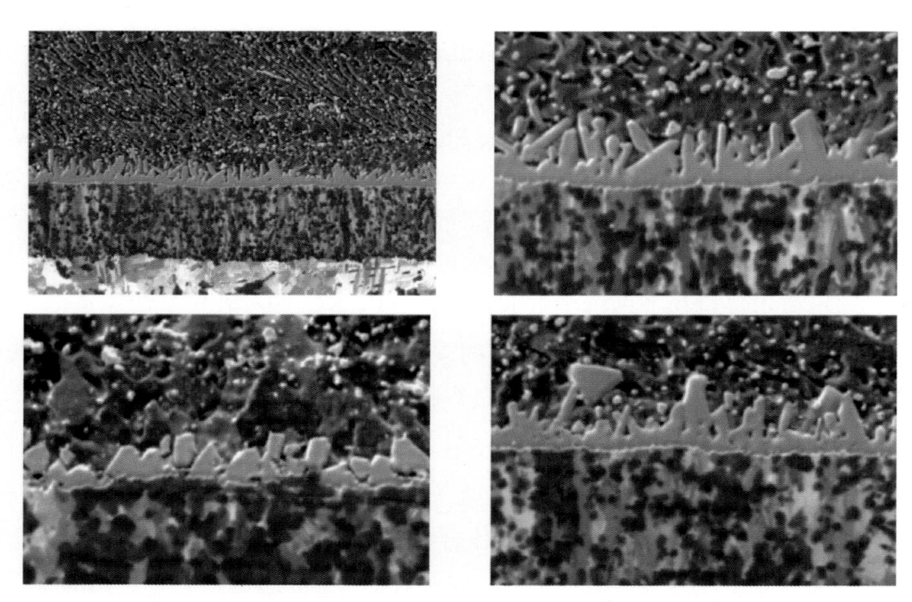

图 4.4 基板上锡铅层与铜层间的 IMC 层（Cu_3Sn 和 Cu_6Sn_5）

IMC 层降低了底层金属原子向焊料扩散的速率，这是因为固态扩散比液态扩散反应慢两个数量级，结果是底层金属融入焊料的速率会降低很多。

并非所有 IMC 都会呈现层状结构，共晶锡铅焊料与铜材形成的金属间化合物 Cu_6Sn_5 就会在焊料内呈现扇形晶粒状结构。扇形晶粒间形成的焊料通道会一直伸展到铜界面，加速铜在焊料内的扩散和熔解。这种现象在铜与无铅焊料间也会发生。

■ 对氧化敏感

虽然 IMC 的形成提升了润湿性，但 IMC 的可焊性比基材金属差。测试发现，其实 IMC 是可以润湿的，但经过储存后会退润湿。氧化是 IMC 储存寿命的潜在杀手，而储存寿命又与焊料层的状态相关。

焊点的可焊性与返工能力相关，在表层没有破损的情况下，IMC 内部仍有可能产生氧化。一旦 IMC 层在焊接中熔化，就会出现润湿困难。焊点润湿性会随原始焊料镀层厚度减小而下降，也会随 IMC 厚度的增大而下降。对于沉锡板，经验上的安全锡厚为 40μin（1.0μm）以上。

4.3 合金相图

典型的锡铅二元合金相图如图 4.5 所示。图中有 A、B、C 三条固相线。在 B 线上，焊料在固相温度达到 183℃时开始熔化，但在未达到 257℃前不会完全转变成液体。也就是说，这种焊料在 183 ~ 257℃之间呈现糊状，必然会扩散不良。要确保适当流动，焊接温度必须比 257℃更高，这可能会导致电子元件损坏，因此这类焊料很难用于一般电子焊接。糊状黏滞温度范围宽是另一个缺点，可能会引发焊接处翘起问题。在波峰焊过程中常见的引脚处焊料微裂翘起如图 4.6 所示。

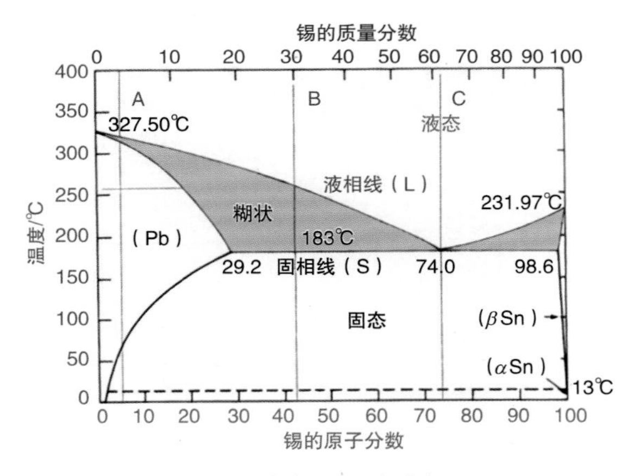

图 4.5 锡铅二元合金相图

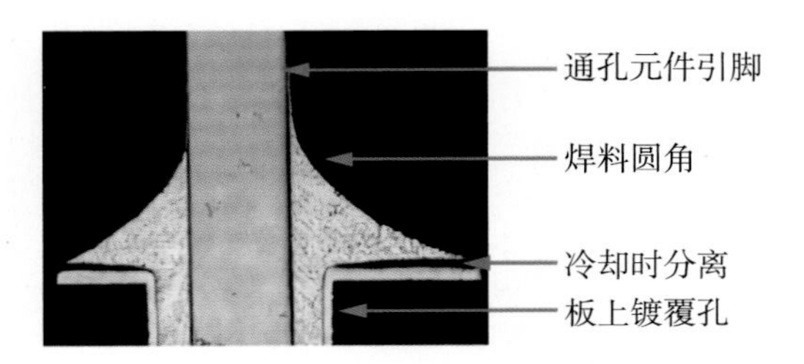

图 4.6 通孔元件引脚处焊料微裂翘起

出现上述现象的原因在于焊料与元件的热膨胀系数不匹配，宽黏滞温度范围进一步放大了胀缩差异。冷却后基板的 Z 轴收缩量过大，促使引脚提升，进而导致焊点完全固化前因应力高度集中而产生裂痕。翘起高度与材料成分有关，使用铋含量约 5% 的焊料（$Sn_{91.9}Ag_{3.4}Bi_{4.7}$）时会出现严重翘起现象。

共晶焊料 $Sn_{63}Pb_{37}$ 的熔点是 183℃，与其他成分相似的焊料相比，其黏度低，可在焊接温度下快速扩散，有利于焊接作业顺利进行，且因为液化温度较低而常被选用。另外，$Pb_{97}Sn_3$ 焊料的固相线为 316℃，液相线为 321℃，在 340℃以上温度有好的润湿性。它有良好的润湿性及较窄的黏滞温度范围，可用于 C4 倒装芯片等特殊应用，可惜受限于无铅法令而无法利用。

4.4 焊料微观结构

焊点的机械强度与可靠性都受焊料微观结构的影响，包括操作时的移位、结晶状态、重新组合状态等。要想获得理想的微观焊料结构，首先要了解焊料的微观结构特性与所采用制程间的关系。

▌变形机制

在张力、剪切力的作用下，材料经过较长时间后会产生蠕变。对于电子产品，当使用温度超过焊料熔点的一半时，蠕变就开始了。从这个角度来看，虽然电子产品所用焊料的熔点多数在 273℃以下，但蠕变在 0℃下就发生了，这也是电子产品的焊点疲劳强度特别受关注的原因。

蠕变是焊料的重要变形机制，其行为可大致分成三个阶段：初始期、稳定期、第三期，如图 4.7 所示。初始期过后，应变率逐步达到稳定。进入第三期后，应变率迅速上升，最终导致焊料破裂、故障。

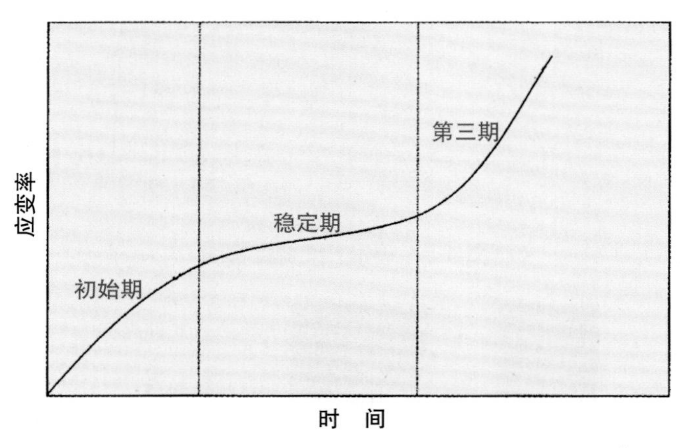

图 4.7 典型的焊料蠕变

应力低时，焊料蠕变以整体晶粒错位移动为主，只对焊料成分敏感，对微观结构不敏感。应力中等时，若温度够高，晶粒尺寸小且呈现等轴状态，就会发生晶粒间蠕变。晶粒间蠕变是晶界滑动产生的变形，会导致晶粒朝最大剪切力方向移动以保持其内聚力，而晶界迁移轨迹就是容易出现空穴与微裂的地方。

应力高时，蠕变进入第三期，并延伸至断裂发生，对微观结构较敏感。应力是指先在晶界处产生空穴，之后因为塑性不稳定而导致非均匀变形。有观点认为产生空穴是导致第三期蠕变的原因。空穴成核会发生在多个晶界之间，并因为应变生长而汇合成大空洞，进而产生断裂。

当焊料中出现不稳定的微观共晶结构时，剪切区域的扩张会表现得尤其明显，很容易发生再结晶，共晶锡铅焊料就有这类行为。在这类共晶焊料中，初期剪切区域造成焊点再结晶范围的扩张，会引起剪切区域发生蠕变和疲劳。这种局部再结晶（通常易出现在 IMC 层附近）会加速焊点损坏、缩短焊点抗疲劳寿命。

厚的 IMC 层结构会导致剥离强度下降，但它对可靠性的影响非常复杂。除非 IMC 层厚度较大，否则蠕变疲劳断裂会发生在整块焊料内。根据 $Sn_{60}Pb_{40}$ 焊料的剥离强度试验，若焊点固化很慢又形成了双层 IMC 共晶微观结构，则破裂常会发生在 Cu_6Sn_5 层。

理想焊料与焊接工艺

共晶焊料的晶粒层呈现较大表面积，性质并不稳定，且会随时间延长而形成较粗的等轴晶粒。为了获得良好的晶粒间蠕变特性，从而获得更好的疲劳强度，需要形成等轴细致晶粒结构。这可以通过焊接工艺的快速降温实现。为了减小 IMC 厚度，会使用较低的焊接温度，焊料熔点以上温度的停留时间也要缩短。合金抗蠕变能力视成分而异，$Sn_{62}Pb_{36}Ag_2$ 就有不错的表现。另外，2% 的银对于细致化和保持共晶锡铅焊料的晶粒结构似乎非常有效，因此可获得更好的疲劳强度。另外，添加少量铟和镉，可抑制锡铅共晶焊料形成片状微观结构，对于抗剪切疲劳寿命也有一定帮助。

杂质对焊接的影响

添加 4% ~ 5% 铋或锑的锡铅焊料，其表面张力会随着添加量的增加而非线性减小。添加 0 ~ 2% 银或 0 ~ 0.6% 铜的锡铅焊料，其表面张力会随着添加量的增加而增大。当然，添加其他元素也会产生不同的影响。

焊料与基材金属间的低界面张力有利于润湿，但是界面能量会受到焊料中杂质的影响。焊料中加入少量表面活性杂质，会使表面自由能显著降低，但增加等量非活性杂质并不会提升表面自由能。因此，焊料非活性杂质含量应该尽量低，以免对润湿性产生重大影响，劣化焊点强度。

有些杂质元素对焊接明显不利，表 4.2 给出了 $Sn_{60}Pb_{40}$ 焊料的允许杂质含量。焊料呈砂粒状外观，会被认定为不良状况。

表 4.2 $Sn_{60}Pb_{40}$ 焊料的允许杂质含量

杂 质	含量 /%	产生的影响
铝	0.0005	· 促进氧化，导致黏性不足，产生砂粒状黯淡的焊料表面 · 在铜或黄铜上半润湿，含量达 0.001% 就开始在钢和镍上呈现半润湿 · 可利用锑，通过排除铝锑化合物来消除铝
锑	1	· 随着锑含量升高，扩散面积略微减少 · 预防 α 锡在 0℃以下向 β 锡转变 · 通过产生熔渣从焊料中去除锌、铝、镉

续表 4.2

杂　质	含量 /%	产生的影响
铋	0.5	· 焊料层发生变色与氧化 · 扩散面积略微减小 · 增加整体的扩散率
镉	0.15	· 含量达 0.25% 时扩散面积减小 · 存在于表面的氧化膜会导致焊料表面色泽黯淡
铜	0.29	· 随着铜锡 IMC 的形成，焊料呈砂粒状外观 · 过量会导致焊料液相温度升高，变得更黏滞
金	0.1	· 焊料呈砂粒状外观 · 含量接近 4% 时焊点强度大幅降低（金脆现象）
铁	0.02	· 焊料呈现砂粒状外观
镍	0.05	· 超过 0.02% 时焊料呈砂粒状外观
磷	0.01	· 脱　氧 · 含量达 0.012% 时焊料在铜和钢上半润湿 · 含量达 0.1% 时焊料呈现砂粒状外观
银	2	· 增大扩散面积和焊料强度，过量会导致焊料呈现砂粒状外观 · Ag_3Sn 的 IMC 柔韧性较强
硫	0.0015	· 含量达 0.25% 时会改善润湿效果，但由于 SnS 和 PbS 离散 IMC 晶粒的存在，焊料表面砂粒化严重 · 晶粒细致化
锌	0.003	· 形成氧化物 · 含量达 0.001% 时焊料半润湿 · 含量达 0.005% 时焊料失去光泽

4.5　小　结

焊接过程包括熔融焊料的物理扩散、基材金属的熔解、焊料和基材金属间的化学反应等。不管是熔解还是 IMC 的形成，都受时间、温度、焊料成分、基材金属类型等的影响。虽然为了润湿需要形成 IMC，但它的存在会降低基材金属在后续作业中的可焊性。

细致晶粒结构焊点的抗蠕变、抗疲劳性能较好，它可通过回流焊后的快速冷却来实现，也可使用晶粒细致化添加物（如硫）予以改善。采用较低的焊接温度和较短的焊接时间，可以形成较薄的 IMC 层，从而获得较高的机械强度和较好的抗疲劳性能。

杂质会影响焊料的表面张力、润湿性、抗氧化性、微观结构等。整体而言，焊接提供了低成本、高产量、高效率、高质量的互连。但是，良好的焊接设计、恰当的焊料类型、稳定的电路板与元件质量，仍然是实现良好焊接的基础，业者必须要在这些方面予以重点关注。

第 5 章

焊接设计

在电路板布局初期就必须考虑焊接作业，以确保能够实现预期的产品性能。好的焊接设计应该能让焊接作业顺利又有效率，否则就可能出现很多问题，如桥连、冷焊、填充不良等。这些都要靠人工修整，会导致产品质量风险及成本加大。

5.1 设计时的考虑

引脚直径与孔径的比例

引脚直径与孔径的比例，实际表达的是理想组装（大孔径与小直径引脚）与焊接间的妥协。一般设计规则是，最小孔径应该是引脚直径加 4mil，最大孔径不得超过引脚直径的 2.5 倍。当然，对于镀覆孔或多层板设计，孔径与引脚的直径比例应小于 2.5 ： 1，以增强对助焊剂与焊料的毛细作用，达到较好的焊料填充效果。

连接盘的尺寸与形状

连接盘通常呈现圆形或泪滴状，焊盘直径不应超过孔径的 3 倍，这方面的规定与经验可参考相关技术手册。对于特定的低密度板，有时倾向于在孔边留下较大且不规则的铜焊盘，这种做法应该尽量避免。焊盘过大的结果是在锡槽中暴露过多铜面，需要过量焊料来形成焊点，容易产生桥连及网状连接。

延伸并行线的数量与方向

使用自动化布线程序及面对一些高密度互连板时，都倾向于将大量线路群组化，并将它们平行引导到另一个长距离位置。若这些线路与波峰焊方向垂直（即与传动方向呈直角），就有可能产生桥连或网状连接。若线路方向不得不与电路板行进方向垂直，设计时就应该将线距加大。

焊点的分布

过多焊点集中在同一区域，会增加桥连立碑及网状连接的风险；也可能会产生散热效应，进而干扰良好焊点的形成。

5.2 表面状况

为焊接工艺选择助焊剂前要考虑引脚表面及焊盘表面的状态。多数组装者对元件引脚材料的控制能力都极为有限，因为这类材料的选择权通常在元件制造商手里。多数元件是量产品且用大型卷带包装，无法经济地随机为个别组装进行调整。因此，选择元件时必须注意引脚的可焊性，有必要为此建立良好的来料检验机制。

电路板都是定制化的，组装或焊接工程师可通过大量练习去熟悉电路板上的材料，尽量降低缺陷率。当然，电路板的可焊性也应列入来料检验。下面讨论在焊接过程中会用到的典型材料。

裸　铜

化学清洁过的铜面最容易焊接，可用最温和的助焊剂进行焊接。但是，除非涂覆松香类助焊剂进行保护，否则铜面的可焊性会快速衰退，这是氧化物或污渍污染铜面所致。受污染铜面的可焊性，可利用表面调整剂恢复。采用裸铜处理的电路板，在操作与储存期间要特别小心，以保持良好的可焊性（储存时间应尽量短）。电路板不应与含硫材料（如纸张）共同储存。因为硫会在铜面产生顽固的污点，严重影响铜面的可焊性。

金

金是常见的元件引脚与插入式连接面的表面处理金属，可焊性高但价格昂贵，可快速融入熔融焊料。因为金处理会影响焊点性质，导致界面钝化及晶粒粗大，业者通常会避免使用金或在焊接前做搪锡处理。各种研究显示，镀金引脚的表面金在锡槽中两秒内就会完全熔解（金厚约 50μin），预先进行搪锡处理是经济简单的做法。

可伐合金

许多 DIP 封装及相关半导体封装采用可伐合金进行引脚表面处理。可伐合金的可焊性极差，因为它不容易产生良好润湿。正因如此，元件制造商及组装厂通常倾向于以锡进行预处理。锡预处理一般通过酸性有机助焊剂及特定酸性清洁剂来完成。

银

尽管银曾普遍应用于电子产业，但并不用于端子或元件引脚处理，原因是银存在扩散迁移问题。该问题最早发现于 20 世纪 50 年代，并于 20 世纪 60 年代经广泛研究后认定应该避免使用。若不得不使用，则需按类似裸铜面的要求处理，如避免与含硫材料接触、缩短储存与作业时间等。

锡

沉锡形成锡面后，初期锡面可焊性非常好。但是，锡面可焊性衰退非常快，后期比裸铜的可焊性还要差。经验显示，共晶性锡铅电镀在这方面的表现要好得多，不过无铅化要求应优先考虑沉锡工艺。

锡　铅

锡铅表面处理以前常用于板面及元件引脚，以确保可焊性。处理方式有电镀、热浸镀、滚涂等。适当的锡铅表面处理可提供优异的可焊性与储存寿命（一年或更久）。锡铅涂层可用多数松香类助焊剂进行焊接，甚至可以使用没有活化能力的助焊剂。不过，随着无铅法令的施行，这种表面处理已经非常少见了。

5.3 润湿性与可焊性

焊接是一种冶金连接技术，通过润湿两个结合金属界面并熔融填充金属，经过固化产生键结力。从定义上看，焊接对象不会熔融，因此键结发生在两种金属界面之间，键结力与熔融焊料对焊接物的润湿能力及可焊性强烈相关。

尽管受焊金属未熔融，但受焊金属可与焊料金属结合而形成合金。键结源自金属产生的自然力，且没有化学反应在金属表面产生共价或离子键。要了解焊接机制，首先要了解润湿热力学。幸运的是，若只想了解润湿作用，不需要了解复杂的润湿原理。两种材料的润湿性或可焊性，反映了两种材料的相似程度。润湿性可通过观察水滴落在平面的状况来了解，如图 5.1 所示。

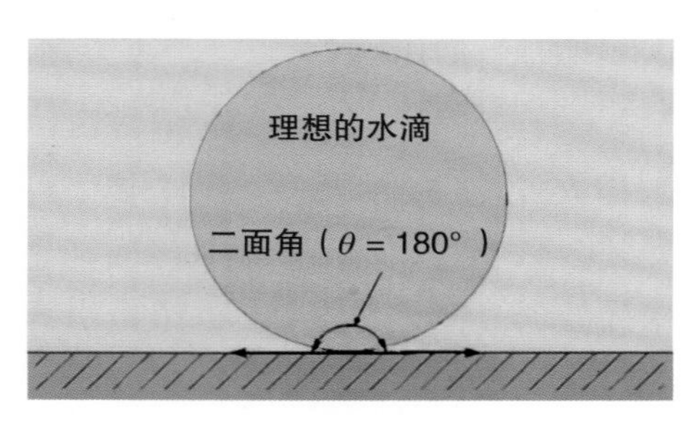

图 5.1 一个无润湿的理想平面

若水滴与其停滞的平面并不相似，那么水滴就会收缩成球状，理论上接触区为一个点。水滴与平面的夹角，被称为二面角。若水滴与平面相似，那么水滴就会铺展散布于整个平面，形成亲密接触。图 5.2 所示为润湿性与二面角的关系。

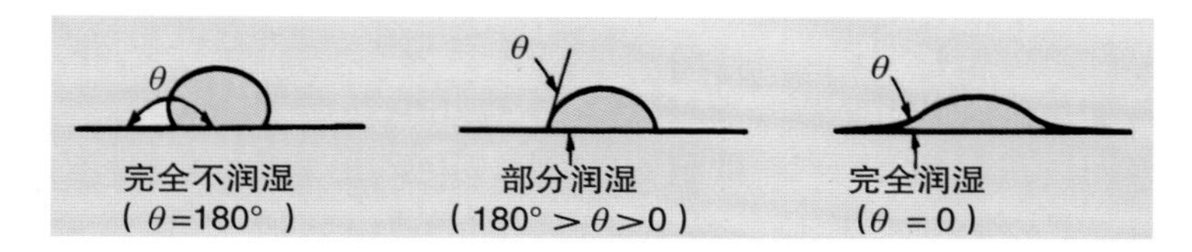

图 5.2 润湿性与二面角的关系

润湿性或可焊性与材料表面的自由能相关。若材料表面清洁度及活性皆良好，则润湿性会明显改善（污物及油脂完全去除，金属表面没有氧化层）。因此，要形成有效焊接，首先要确保材料可被焊料润湿，且焊接元件必须保持清洁。

5.4 可焊性测试

可焊性测试是为评价熔融焊料润湿表面的难易程度所采取的测试方法。若熔融焊料能在金属表面形成持续稳定的膜，就说明表面可润湿。助焊剂可以通过清洁表面来改善润湿性，而表面清洁程度与助焊剂活性相关。

然而电子行业的助焊剂应用常存在诸多限制，如多数电子焊接需要用活性较弱的松香类助焊剂，以免助焊剂残留造成漏电现象。为了强化特定表面的可焊性，并免于使用活性过高的助焊剂，业者常通过电镀沉积可焊层到金属表面，以确保容易受污染或氧化的金属可焊。

测试程序

可焊性测试是观察元件、助焊剂适用性或电路板在焊料槽中表现的一种简单程序，通过目视大致确认润湿性。问题是看上去良好的可焊性可能会快速退化。为了减缓可焊性退化，要采用温和助焊剂并在尽量短的时间、尽量低的温度下焊接，以获得较理想的效果。

有效的可焊性测试，使用无色松香类助焊剂及焊料槽。先在待测电路板表面涂覆助焊剂，之后浸渍在焊料槽中 3 ~ 4s，槽温维持在 260℃。随后取出电路板并冷却，清洗残留助焊剂后进行目视直接观察，并进行 5 ~ 10 倍目镜检查。多数可焊性测试接受约 5% 的整体表面缺陷率，但缺陷不可集中在同一区域。

元件引脚的可焊性测试在美国电子工业协会（EIA）测试方法 RS17814 中有详细介绍。该测试需要一个浸锡夹具，提供同等浸锡比例与时间，如图 5.3 所示。

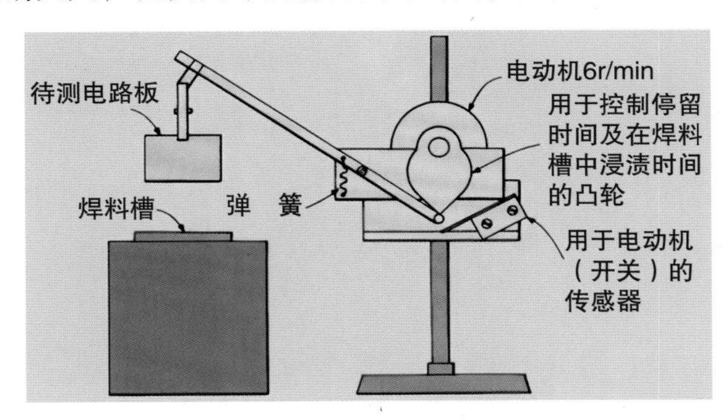

图 5.3 可焊性浸锡测试机

▌浸锡试验

电路板浸锡试验适用标准有 EIA RS319 和 IPC S801。先将电路板浸泡到温和助焊剂中，之后根据要求的温度与时间将电路板放入焊料槽中浸渍。完成后清除残留助焊剂，对电路板进行润湿质量目视检查。类似试验也可用于直插引脚、端子、周边引脚的可焊性验证。

执行浸锡试验时，作业者将样本放入夹持臂，并降低夹持臂，将样本浸入焊料槽中一定深度。经过预设浸渍时间后，夹持臂会自动提起样本。之后，进行可焊性目视检查。浸锡试验也可手工执行，但存在较多的作业因素变异。

试验结果依赖作业者解读，因此有必要提供不同等级的基本检验标准或说明范例。锡槽温度、清洁度、助焊剂涂覆程序、浸渍时间及焊料纯度等，都必须要小心控制。

▌点滴试验

这是在欧洲普遍执行的可焊性测试方法，特定状况下还会被要求强制执行。点滴试验用于检验线材与元件引脚，可以定量测量焊料润湿引脚的能力。

将引脚涂覆无活性助焊剂的样本夹持在夹具中，直接送入熔融焊料点滴中，点滴体积与温度是受控的。当引脚将点滴一分为二时，定时器启动并计算从接触焊料到焊料完全覆盖引脚所用的时间。所用时间越短，可焊性越佳。

点滴试验是完全自动化的，并被设计为连续作业模式，测量时间可精确到 0.01s。测试线径为 0.008 ~ 0.062in，锡温差异保持在 1℃内。当待测线材电镀了可熔或可焊涂层时，建议补充浸锡试验，以验证点滴试验的结果。原因是在特定状况下，电镀涂层可能会在焊接中完全熔融，进而干扰试验结果。

可焊性问题判读案例

图 5.4 是焊料填充镀覆孔的可接受性判定案例。吹孔（孔壁未润湿）虽然常被当作焊接问题讨论，但实际上并不属于可焊性问题。究其原因是镀覆孔在电镀程序中残留湿气，受焊接高温影响而产生气泡，导致焊料冷却凝固后时常留下孔内空洞。对于这种问题，钻孔或电镀才是问题的真正来源。

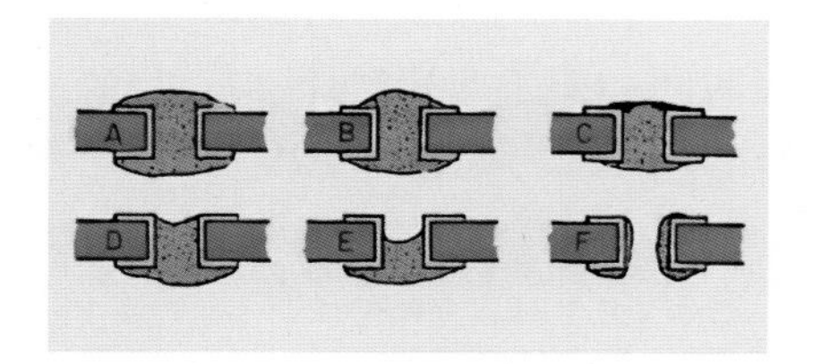

(a) 可接受

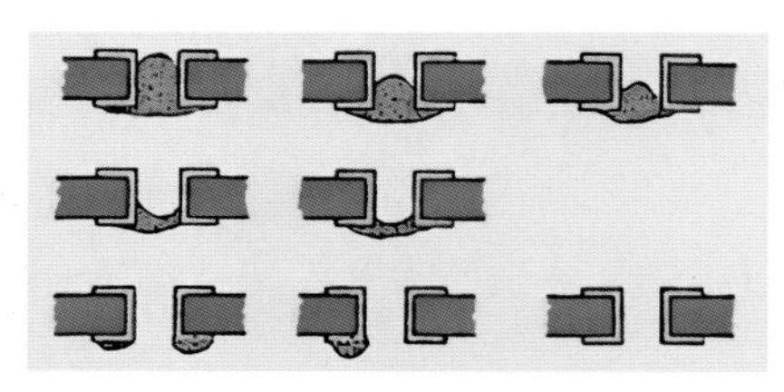

(b) 不可接受（吹孔）

图 5.4 焊料润湿镀覆孔的有效性（来源：IPC）

5.5 可焊性保持镀层

常用的可焊性保护镀层有三类：易熔型、可熔型、不易熔或不可熔型。

（1）易熔型、可熔型镀层：提供耐腐蚀面并可在活化状态下进行焊接。焊料与镀层结合还是与底部金属结合，要依据焊接状况及镀层厚度而定。

（2）不易熔或不可熔型镀层：在电子应用中常用作阻隔层，防止底层金属扩散。

易熔型

锡及锡铅镀层是电子应用中常见的可焊性保护层，因为其易熔且不易污染锡槽或填充区。污染不利于抗拉及剪切强度，也容易产生蠕变问题。另外，污染还可能会降低流动性，影响焊料在元件引脚上的扩展能力。

若电镀控制不良，镀层可能会出现表面局部污染，导致拒焊。在电镀前进行适当清洁，是获得良好可焊性的必要工作。图 5.5 所示为在回流焊后发现的拒焊现象。

图 5.5 在回流焊后发现的拒焊现象

还要注意的是，电镀厚度应该要足够，以避免出现疏孔现象。疏孔及不纯物共析会导致镀层保护性降低，最终导致焊接不良。

可熔型

可熔型镀层一般有金、银、镉及铜镀层，焊接时这些金属镀层会完全或部分熔解。熔解量取决于镀层金属的熔解深度、电镀厚度、焊接状况等。银与铜镀层容易在表面产生污点，采用温和助焊剂会有所帮助。镉镀层提供牺牲性耐腐蚀保护，常需使用较高活性的助焊剂。

可熔性金镀层可提供优异的耐腐蚀性及耐化学性，但是成本高，通常较薄。要注意的是，金镀层厚度小于 50μin 时会呈现某种程度的疏孔性，导致保护性降低。当底部金属或阻挡层受腐蚀时，会出现焊接问题。因为金层在焊接时几乎会瞬间熔化，焊料很难润湿受腐蚀的底部金属。另外，用于提升合金硬度的元素、共析金属或其他杂质也会降低金镀层可焊性。而较厚的金镀层会导致焊点脆化，因为焊接时会产生金锡合金。

不易熔或不可熔型

镍镀层和锡镍镀层常被认定为不易熔或不可熔，因为它们提供了有效的阻挡作用，可防止焊料与底部金属形成合金。这为铝、硅等材料的有效焊接提供了可能性。然而焊接问题还是可能会在钝化层发生，这可能来自不纯物的共析，或者电镀镍时的添加剂带入。

在这种状况下，镍镀层与锡镍镀层应该以锡或锡铅保护，以改善焊接面的储存寿命。镍与锡镍对焊料有微量的熔解，镀层太薄将无法形成有效阻挡。将化学镍用于铝面阻挡层时，所需厚度必须依据焊接状况而定，多数作业状况下 50 ~ 100μin 厚度是足够的。

5.6 熔融焊料涂覆

将低熔点金属或合金加热到熔融状态后进行表面涂覆，即可形成焊料涂层。在熔融状态下，合金在液体与底材间加速形成，固化析出物是致密无孔隙的。制程一般采用回流焊方式，表面处理方式以电镀锡、锡铅、锡银等为主，也可采用熔融热浸渍方式。

厚熔融金属涂层

用于回流焊的焊料镀层，厚度通常在 300 ~ 500μin，适当厚度的镀层可保护组装表面，从而减少回流焊问题。进行回流焊时，焊料会在焊盘上产生球面状析出，因此焊盘周边会比原镀层薄，也会比焊盘中间薄。平均厚度是一致的，但厚度分布状况有变化。如果镀层厚度超过 500μin，那么表面张力可能已经不足以在较大焊盘上维持球面状，在固化过程中就会产生不平整现象。这种现象，检验时可能被认定为拒焊导致，但实际是熔融焊料在固化过程中偏离位置所致。

当回流焊的焊料厚度超过 500μin 时，电路板必须保持水平状态，否则熔融焊料难免会移动。美国军用标准规定电镀焊料厚度为 1 ~ 1.5mil，这既能保持最佳耐腐蚀能力，又不会产生组装困扰。

▌电镀焊料回流焊的问题

共析不纯物，特别是锡铅焊料中的铜，可能会导致电路板拒焊。合金成分变化也可能会促使熔点升高，导致回流焊问题。特别是有机污染会导致填孔能力下降，使得孔内铅含量偏高。化学攻击造成的严重氧化或污点，都必须在回流焊前予以去除，否则会在回流焊时成为阻挡层进而影响焊接质量。

5.7 电镀对可焊性的影响

电路板吹孔缺陷在镀覆孔焊接时偶尔会见到，肇因是溶液吸附在孔内，但也可能是有机物共析过度。焊接高温让湿气与吸附在基材内的化学物质汽化，之后窜出而产生空洞或镀层裂痕，最终出现吹孔缺陷。这类问题可通过烘烤来改善。

部分吹孔问题可能是有机物共析过度所致，容易发生在光亮锡电镀时。当吹孔问题来自过度有机物共析时，烘烤不起作用。

▌电镀中有机添加剂的影响

焊料镀层的顺利沉积也依赖于添加剂的适量添加，要小心控制添加剂含量。添加剂会影响焊料合金的析出状况，电镀过程中要依据配方添加添加剂，以提升镀层特性，如深镀能力、平滑度、硬度、平整度、光泽度及沉积速率。

当镀槽中出现杂质金属或异常有机副产物时，沉积层特性就会受到负面影响。在特定案例中，微量其他金属共析也有一些好处，此时这些材料就不被称为污染物，而是被称为添加物，若能提升光亮度，就称其为光亮剂。简单地说，它们就是被控制的杂质。

当电镀工艺使用有机添加物时，部分化合物会被吸附在阴极表面。这些吸附化合物常是原始添加物的分解物，随着时间的累积，可能会对沉积层产生负面影响。

▌电镀阳极的影响

当无机物污染物在电镀槽中共析时，随着浓度的增加也会对沉积层产生不利影响。阳极质量不良是形成无机污染的主要原因。在锡电镀与锡铅电镀中，纯度99.9%的阳极是必要的。高纯度化学品及电镀前的有效水洗，都是保持高纯度电镀槽液的基本要求。锡电镀槽的作业温度控制在20℃以下可减少有机物共析。

5.8 利用清洁前处理恢复可焊性

电子产业对使用的助焊剂活性有限制，原因在于焊接后的清洁无法保证100%有效。若清洁后仍有离子残留在板面，就有可能在高湿度环境下发生漏电现象。鉴于此，某些表面不能有效焊接就可以理解了。这时，要么恢复可焊性，要么报废电路板。

▌可焊性变差的原因

了解可焊性变差的原因，对组装工作来说是非常重要的。在一些案例中，油脂及其他污染物或有机膜都可能是可焊性变差的罪魁祸首，可以用溶剂或碱性清洁剂去除。可焊性变差多数是顽固污迹或氧化物残留在焊接金属表面引起的。事先利用酸性清洁剂做清洁，常常能恢复可焊性。要注意的是，经过清洁后，酸性清洁剂残留必须通过水洗完全去除。对于关键应用，中和加上水洗能确保酸性清洁剂残留被完全去除。处理后要快速干燥，以免再度发生氧化。

可焊性变差也有可能是有机膜和污染物共同导致的，这时必须先用溶剂或碱性清洁剂去除有机膜，再用酸性清洁剂去除污迹和氧化物。若二级清洁作业不易实现，那么也可以使用含酸溶剂加水洗、干燥有效清洁。该方式所需空间及设备不大，对于表面有机物不多、又影响氧化物去除的电路板是理想的选择。

含酸性清洁剂的溶剂对铜、黄铜表面的清洁效果较好，因为其可溶解多数存在于表面的有机膜，又能去除污物和氧化物。直接使用酸性清洁剂，如盐酸、硫酸、氟硼酸、硫酸钠等时，去除有机膜后才能发挥去除污物和氧化物的效用。

较严重的铜面氧化，有时也会用到蚀刻类清洁剂，如过硫酸铵。尽管这些溶液非常有效，但它们也会让金属处于活性状态，很容易发生再次氧化。较好的处理方式是，清洁后做温和酸浸加水洗、干燥。

清洁焊料表面

引脚与电路板常会涂覆焊料，以保持可焊性。当涂覆以电镀处理时，重要的是镀层表面必须具备可焊性，因此电镀前必须进行适当清洁。焊料涂层在蚀刻或储存过程中被污染，会导致可焊性变差。去除焊料污渍的酸性清洁剂，常含有硫脲、氟硼酸、润湿剂或复合剂。使用内装钛金属盘管或滚轮的喷流设备时，不可用含氟硼酸的清洁剂。

必须注意的是，若要将焊料电镀在不具备可焊性的表面，则只能通过剥除、活化和重新电镀，需使用含有冰醋酸、过氧化氢的溶液。剥除并重新电镀是高成本作业，考虑到其经济性有时不如报废。

5.9 小 结

在设计时充分考虑组装，有助于产品顺利生产。保持元件引脚与板面的可焊性，确保焊接作业顺利进行，是实现高良率产品组装的关键。

第 6 章

焊接设备

最古老的焊接技术是烙铁焊接，至今仍适用于电路板焊接。这种焊接技术依赖定向能量加热特定区域，只针对特定点或局部进行焊接。对应的，有进行大面积加热的群焊法，适合量产。据此，现代焊接技术可以分为两大类，见表6.1。

表6.1 现代焊接技术分类

群焊法	定向能量加热法
波峰焊	热风焊接
回流焊	热棒焊接
气相回流焊	激光焊接
	烙铁焊接

其中，波峰焊与回流焊广泛用于量产，通过加热整片电路板，一次焊接大量元件。气相回流焊也曾红极一时，不过由于使用的溶剂受限于环保政策，目前使用得不多。选择何种焊接技术，要根据元件形式、电路板状态、产出要求、焊点特性需求等决定，没有一定之规。也有所谓的“通孔回流焊”技术，在通孔内涂覆大量锡膏，插入通孔元件后，与表面贴装元件同时经过回流焊炉，锡膏液化后被吸入通孔与引脚间隙，通孔元件与表面贴装元件同时进行焊接。

通孔回流焊也被称为PiP（Pin in Paste，引脚浸锡膏）焊接，操作前必须确认元件的回流焊兼容性。长时间暴露在高温恶劣环境中，可能会导致元件熔解变形或损坏。即便是一次回流焊，也可能使元件内部连接受损，部分电容漏电或开裂。通孔回流焊的明显缺点是，有时无法提供足量的焊料以满足焊点可接受性标准，如图6.1所示。焊料体积取决于元件引脚间距及印刷钢网的开口、厚度，而这些又与电路板最小元件、焊盘尺寸、通孔体积、引脚长度与直径等因素有关。明确通孔回流焊的焊点可接受性规则有一定困难，但对于62mil以下厚度的电路板，可借助预成形的焊料薄片补偿通孔焊料体积。

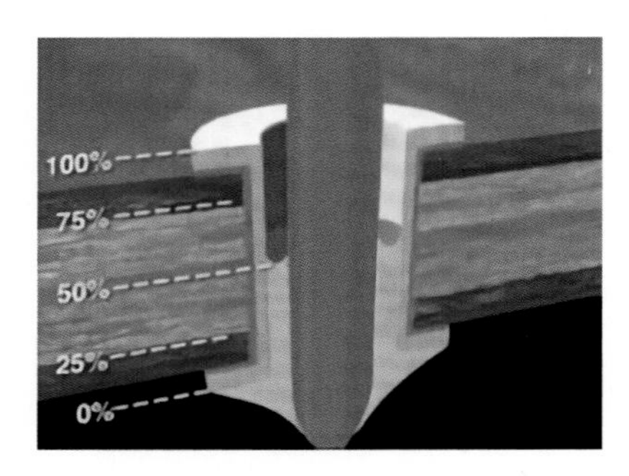

图6.1 表面张力使得焊料难以落入通孔内（来源：IPC）

焊料体积是引脚与通孔体积的函数，因此缩小通孔体积有利于通孔回流焊，特别是厚板应用。但是，当孔壁和引脚间的空间减小时，容易出现空洞。锡膏是为表面贴装设计的，内部含有焊料颗粒及乳霜状有机助焊剂。焊点空洞的成因是锡膏中的有机助焊剂挥发，产生的气体受热膨胀从而形成内压，导致焊料密度降低。若膨胀压力过高，气体就会从通孔中喷出并带出焊料，使得引脚周边焊料量不足，甚至产生板面锡珠。

6.1 回流焊

回流焊起初是用于表面贴装的焊接技术。大致流程是，先用橡胶或金属刮刀结合钢网，将锡膏印刷到基板上。接着，将元件放置在电路板上，之后将电路板投入回流焊炉。随着电路板逐渐升温，焊料中的助焊剂活化，焊料顺利流动并形成焊点。锡膏中除了含有焊料与助焊剂，还含有增黏剂，既能辅助元件贴附于金属表面，又能提供足够的焊料。

若温度控制不良，电路板本身也可能成为回流焊的受害者。因此，回流焊炉与接口设备的选用至关重要。选用恰当的回流焊炉，可以减少新工艺或新设备带来的问题。

典型的回流焊炉结构如图 6.2 所示，它由以下几个子系统组成：

◎ 绝热通道

◎ 传动机构

◎ 加热器组件

◎ 冷却风扇

◎ 排气系统

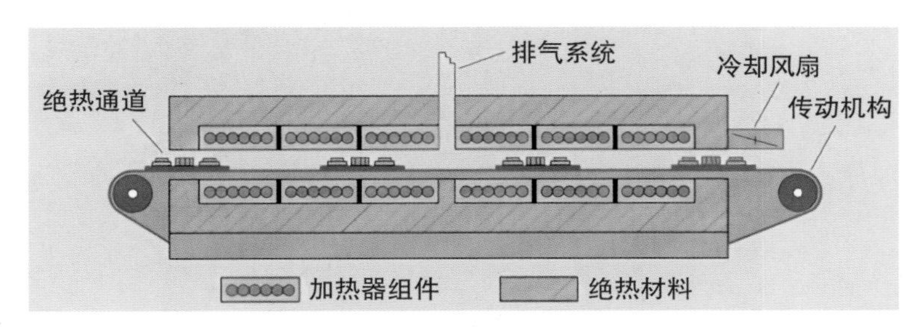

图 6.2 典型的回流焊炉结构

6.1.1 绝热通道

回流焊炉中的绝热通道提供焊接所需的高温环境，加热来自外部（室温）的电路板。电路板在通道传动，速度稳定、可调，其间通过多个加热区。这种设计可让回流焊过程可控，确保预热、回流焊、冷却稳定。典型的绝热通道如图 6.3 所示。

图 6.3 回流焊炉的绝热通道

每个加热器的热输出可经由热电偶感应，并作为加热控制信号。多数回流焊炉的加热器设置在电路板通道的上下方，其宽度至少与传动机构保持一致。宽度超过 18in 的通道的温度差异必须控制在 5℃以内。一般而言，通道绝热性、加热器状况、抽风与回流气体混合状况等都会影响温度均匀性。较短的通道无法获得合适的回流焊曲线，尤其是需要较高升温速率或者较大热量的组装作业。通道尺寸还必须满足最高元件或散热元件的空间需要。

6.1.2 传动机构

现用于回流焊炉的传动机构主要有以下两种：

◎ 链条传动机构

◎ 链网传动机构

插销链条传动机构如图 6.4 所示，两边各有一条插销内突的链条，电路板置于插销上传动。

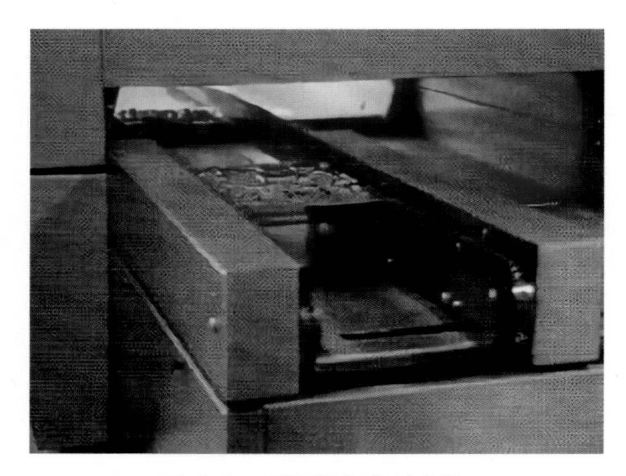

图 6.4 插销链条传动机构

两条链条由适当的齿轮同步驱动，使电路板平稳通过炉体，避免电路板出现偏斜或在炉内卡板。传动速度需依据温度曲线设定。链条轨道宽度可调，可适应不同宽度的电路板。传动机构必须保证通道外有适当的暴露区域，以便人工收放板。

插销链条传动机构非常适合双面板组装。电路板放置在插销上，只有非常小的区域与插销接触，受到的热影响极小。插销不会接触电路板任何一面的元件，不会影响正面回流焊元件的位置精度——这类问题有时会出现在链网传动机构上。

使用链网传动机构时，双面板需用托盘承载，以免反面元件接触链网。出现在回流焊工艺中的任何多余物质都会影响温度曲线，托盘也不例外，作业时要加以注意。插销链条传动机构的问题是，较薄或较大尺寸电路板在回流焊过程中会下垂，原因是回流焊温度超过了电路板的玻璃化转变温度（T_g）。多数电路板基材的 T_g 为 135 ~ 180℃，低于回流焊温度的峰值。

电路板下垂可通过机械性衬料补强解决，可以是永久性或暂时性的。要注意的是，衬料可能会影响电路板的热容量，使回流焊难度提高。还要注意，增加的衬料不应影响电路板表面元件受热，尤其是邻近板边的元件。产品设计应充分考虑大元件的回流焊难度，以及邻近板边元件的热平衡。

轨道式传动机构的潜在问题是，系统存在明显的链条轨道合并热散失。某些系统以两边轨道的沟槽导引电路板，再以传统链条插销或凸出指状机构推动电路板。这种边缘导引会严重影响板边的热传递，出现过热或过度散热现象。为此，部分厂商利用轨道加热器来平衡这种影响。但这会使锡炉进一步复杂化，工艺控制更加困难，业者最好避免使用这种设计。

链条传动与链网传动相结合的机构设计，既可以保护电路板，节省保养时间，还可以提升作业安全性。在这样的设计中，链网传动既可用于单面板组装，又可为插销链条传动提供电路板掉落保护。相比较之下，如果只使用插销链条机构，那么掉落的电路板会在加热器上闷烧，释放有毒的刺激性烟雾。另外，加热器也可能会受到基材分解影响，进而影响整体加热性能。检测炉温的热电偶受损或被分解的基材隔绝，也可能导致锡炉过热、炉体损坏。

回流焊炉的传动机构边缘应避免使用硅胶或其他耐高温高分子材料。不均匀的胀缩或温度，可能会使两边传动链条的长度不同。在这样的情况下，尽管两边的链条由同一个电动机驱动，但仍然会出现差速，导致卡板。

6.1.3 加　热

▌红外线灯管加热器

早期回流焊炉使用聚焦与非聚焦红外线（IR）灯管，利用辐射能量加热涂覆锡膏的电路板及元件，并维持回流焊所需的温度。完成回流焊后，电路板从通道出口传出，经自然冷却或强制冷却，熔融焊料固化，形成焊点。

因为导入回流焊的材料（元件本体、引脚、焊盘金属、焊料、电路板、锡膏、助焊剂、黏合剂）常被随机调整，因此靠直接红外线辐射很难进行重复一致性且可预期的回流焊。

局部吸收红外线所产生的热点（Hot Spot）效应，会导致部分元件或电路板过热，而其他部分却可能发生热量不足无法顺利回流焊的问题。更糟糕的是，辐射式红外线加热可能会损伤电路板及元件，从而影响焊接良率，特别是塑料封装 IC 产品。目前几乎所有回流焊炉制造商都已经停止这类设备的生产。

▌红外线平板加热器

红外线平板铺设在回流焊炉通道内部。发热体是金属或陶瓷片加热器，利用导电孔附电阻加热器或平板背面红外线直接辐射来加热。在回流焊过程中，电路板受平板遮蔽作用的影响，不会受到加热器较短波长红外线的冲击。这种加热器以黑体辐射来加热平板，利用较大波长的红外线辐射，进行缓慢但较均匀的加热，明显改进了红外线灯管直接加热的不足。

采用强制对流设计的回流焊炉，依靠红外线辐射或平板加热器加热，通过搅拌炉中的空气来提升加热均匀性。现在，红外线灯管、红外线辐射体及组合对流加热方式，都已经被效果更好的强制空气对流所取代。

其他加热器

还有两种加热器被广泛用于回流焊炉。一种是加大型电阻卡匣式加热器，镶嵌在鳍状金属或长型热传递封套中。另一种是开放盘绕式电阻丝，有点像老式厨房用炉具。这两种加热器都可用于强制空气对流式回流焊炉。

之后发展的加热器，都是较低加热量的，适用于温度控制较严格的系统。而卡匣式加热器可能会因为对回流焊炉内部状况响应过慢，而产生不可预期的问题，特别是高热容量电路板的组装。直接结果可能就是先进炉的电路板受热不足，而后进炉的电路板过热。

6.1.4 冷 却

部分回流焊炉依靠自然冷却将组装板温度降低到焊料熔点以下，这种做法适合低热容量的电路板。而多层板的组装密度较高，必须在通道出口进行强制冷却，使焊料快速固化。许多半导体器件与无源元件制造商要求提高降温速率，建议值为 2 ~ 4℃ /s。

强制冷却方式有很多，使用风扇强制空气对流是最普通的一种。最有效率的方式是水冷，将冷水经热交换产生的冷空气导引到炉内，快速冷却电路板。这种方式用于简易回流焊时，不需要额外的氮气冷却。另外，这种冷却方式不要求在邻近出口处安装冷却风扇，可减轻炉口紊流。

助焊剂挥发物及分解物的凝结是在回流焊炉内冷却的固有问题。凝结物附着在炉体内表面会影响冷却系统的热传递特性，进而改变温度曲线，并随着时间的延长而逐渐劣化。助焊剂凝结物也有可能滴到电路板上。

氮气回流焊炉使用免洗锡膏时，这些凝结物的控制就是重大挑战。尽量减小周围环境的空气扰动，有利于炉内环境稳定，减少氮气的使用，从而降低电路板的处理成本。如此一来，由于炉体内气体交换少，凝结物便会在冷却表面快速生长，变得难以去除。

设备商也提出了许多控制助焊剂凝结的建议，包括在冷却区域进行空气过滤，使用易于更换的过滤器、冷却补集器、冷却片结合自我清洁燃烧等。有些回流焊炉的辐射片可快速拆换，便于清洁后再次使用。可惜的是，没有一种助焊剂凝结管控系统被证明可完全避免这些问题。除了降低氮气消耗量，助焊剂凝结管控仍然是回流焊炉设计的一大挑战，特别是在氮气回流焊、免洗回流焊成为产业标配后。

6.1.5 排 气

排气的重要性

从环保的角度看，排气非常重要。首先，锡膏挥发物及锡膏反应物都属于废弃物质。而多数锡膏及助焊剂配方都属于供应商机密，很难获得其分解物成分等数据。另外，电路板掉落到传动机构外，或元件掉落在高温表面，都有过热燃烧的风险。电路板或塑料零件过热、分解，都会产生刺激气味，可能会危害健康。

其次，在焊接过程中，有少量高铅粉尘会累积在炉体内或炉面上，使得工作人员长时间暴露在微量铅或铅化合物中，不利于健康。

再者，排气过量会导致明显的边对边或中间对边紊流，不利于温度控制和温区隔离，导致温度曲线的变异。

最好遵照制造商的排气建议，在排气通路上安装压力计或其他排气压力、排气速度检测设备，以确保排气良好。

排气系统结构

广泛应用于回流焊炉的排气系统主要有两种，分别是被动式排气系统与主动式排气系统。被动式排气系统具有室外排气导管，但不提供排气风扇，主要依赖烟囱效应排出气体或细微颗粒物。被动式排气系统的性能取决于区域性气候，系统控制重复性差且会产生不可预期的状态。

主动式排气系统使用动力部件进行炉内排气，目前有三种常见的结构：

◎ 压差导管

◎ 炉内安装排风扇

◎ 炉内安装排风扇及动力排气导管

压差导管是一种文丘里管，利用空气流动产生的压差抽取炉内气体，噪声大且效率低。文丘里管的喉道是产生压差的主要机构，受助焊剂或锡膏残留的影响很大，需要定期检查维护。

在炉内安装排风扇的排气效率高，受气候的影响小。大致做法是，在炉内每个必要位置都安装一个小风扇抽取控制量的气体，经主排气管排到建筑物外。主动排气系统应定期检查，以确保扇叶没有被助焊剂或助焊剂残留物卡住。另外，安装排气系统时要加装监控装置，以便及时发现问题。

6.1.6 回流焊炉的特性

回流焊炉有多个温区，每个温区的顶部与底部各有一组加热器，每组加热器都独立进行温度控制。温区分隔，使得不同温区间的相互影响较小，温度曲线控制更简单。绝热通道的横向温度均匀性至关重要，对回流焊质量有决定性影响。高质量回流焊炉轨道之间的温差小于 5℃，即使电路板宽 20in 也没有问题。

回流焊炉的另一个重要特性是加热器的响应时间及热量控制。当多片电路板通过回流焊炉时，较冷的电路板吸热更多。对此，有必要利用热电偶检测炉内温度变化，控制加热器补偿热能。现代回流焊炉加热器的响应时间较短，已达到较高的温度控制精度，连续多片板和单片板的焊接质量一样好。较重要的是，不要让电路板间距过小，否则会隔离顶部与底部加热器，最终影响回流焊炉的整体性能。

电路板的间隔可能是几英寸，但是间距调整对回流焊炉负荷的影响，还是要依据经验结合制程温度曲线来评估。任何新设备的评估都应该包含机械负荷测试，以确认回流焊炉的预期制程能力。

6.1.7 回流焊炉的温度曲线

回流焊炉温度曲线的设置必须考虑多个因素，如锡膏成分、电路板的层数和材料、元件类型、元件密度等。不同供应商的锡膏配方，对应的参考温度曲线也不同。但对于同一锡膏配方，同批次及同类产品的温度曲线应该存在某种共性。设定的温度曲线，还会受焊接基材及设备能力的影响。

如图 6.5 所示，回流焊炉的温度曲线可分为四段，可根据焊接需要分别进行调节：

◎ 预热 / 干燥

◎ 热收吸（焊料活化）

◎ 回流焊

◎ 冷却

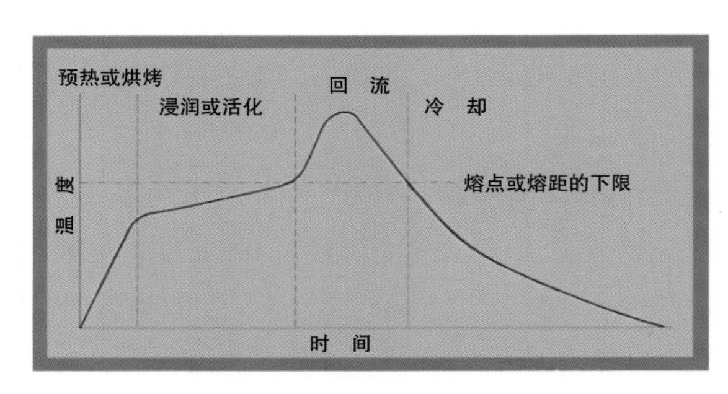

图 6.5 回流焊炉的温度曲线

▌预热 / 干燥

在这个阶段，电路板被加热到大约 150℃，锡膏中的挥发物被释放。挥发物释放得太快，容易导致锡膏内液体沸腾、锡珠飞溅。电子元件及其封装对热都十分敏感，升温速率过高容易产生损伤。根据元件制造商的要求，升温速率一般限制在 2 ~ 4℃ /s，超过此范围可能会导致元件断裂或出现大家熟知的“爆米花”现象。

其他封装类型，如陶瓷封装，面对热冲击时可能会出现不同程度的胀缩，导致组装故障。过高的升温速率也可能对集成电路造成伤害，导致封装载板分层、断裂，或者损伤元件的电气连接。和供应商确认各种元件的升温速率要求，无疑是明智之举。

▌热吸收焊料活化

热吸收是一个相对缓慢的加热程序。这时的助焊剂温度必须提升到足够启动活化的水平。若助焊剂在前制程就已经开始活化，则可能出现活化功能衰退或丧失的情况，导致经过助焊剂处理的金属表面在回流焊前再度氧化，影响焊接质量。

▌回 流

在此阶段，电路板被快速加热，温度略高于焊料熔点。共晶或类共晶焊料的熔点一般为 183 ~ 220℃，回流区的温度一般会比熔点高出 25 ~ 50℃。高出一定的温度，是为了确保所有元件都能顺利焊接，使电路板、元件及焊料都被加热到回流焊温度。此时，元件引脚应该被液态焊料充分浸润。若熔融焊料的黏度及焊盘、引脚润湿良好，焊料的表面张力会牵引元件引脚对准焊盘。

冷 却

在此阶段，电路板温度降低到焊料熔点以下。此时，要注意元件冷却速率。多数电子封装及电路板材料都有阻碍快速放热的特性，特别是厚板，因为基材的热导率较低。必须在退出回流焊炉前，将电路板冷却到焊料熔点以下，防止元件移位。

6.2 波峰焊

波峰焊利用循环泵持续产生熔融焊料波，对经过波峰的电路板底面元件引脚进行焊接。元件的安装方式有以下三种。

（1）较大间距的表面贴装元件，特别是无源元件，以点胶方式固定在电路板底面，在波峰焊之前充分聚合固化（部分厂商通过温度控制防止元件脱掉，可能不需要点胶）。

（2）有引脚元件如连接器、PGA 或其他通孔元件，从电路板顶面将引脚插入镀覆孔。

（3）长引脚元件由电路板顶面插入，从底面穿出固定。

之后，将电路板放在电动机驱动的边缘支撑传动机构上，使电路板底部暴露在熔融焊料中，如图 6.6 所示。

以点胶方式固定的表面贴装元件，端子接触焊料波时会汲取焊料。至于通孔元件，无论是否固定在电路板上，其引脚与孔壁间的间隙都会在接触焊料波时汲取焊料。若引脚与通孔的温度足够高，就会在良好的助焊剂作用下产生灯芯现象，导致焊料沿着引脚爬到顶面。电路板通过波峰焊并冷却后，焊料便会固化，形成焊点。图 6.7 所示为波峰焊的通孔焊点切片。

图 6.6 表面贴装元件与通孔元件的混合波峰焊

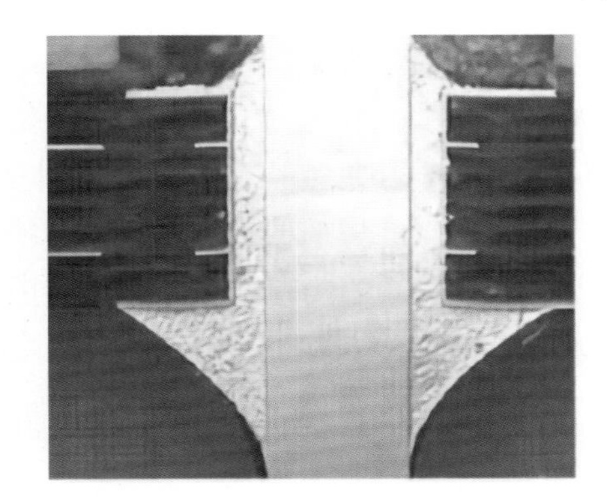

图 6.7 波峰焊的通孔焊点切片

6.2.1 助焊剂涂覆

助焊剂被加热到足够高的温度，才能更好地发挥活化作用，但同时不能过度干燥或变质。从经济方面考虑，助焊剂应涂覆得尽量薄，以尽量减少残留造成的清洁困扰。涂覆得过厚时，助焊剂可能会滴到预热段的加热器上，快速挥发并与氧气混合。这时，即便没有液体助焊剂直接接触加热器，若挥发物的浓度够高，也有可能燃烧。

发泡涂覆

利用压缩空气，使用金属或其他材质的发泡管将液体助焊剂涂覆到板面，利用泡沫的爆裂形成助焊剂膜。发泡涂覆对于通孔焊接特别有效，因为气泡会被吸入通孔并在孔壁上形成均匀的薄膜，孔内元件引脚及未连接元件也能接触助焊剂气泡。

波峰涂覆

与波峰焊相似，电路板通过维持一定高度的助焊剂波，获得适当的助焊剂涂覆厚度。通孔与元件引脚间会因为毛细作用而吸入助焊剂。

和发泡涂覆相比，这种方式的助焊剂涂覆量较难控制。大部分涂覆的助焊剂会在焊料波扰流状态下去除，但若预热温度过高，也有可能形成助焊剂残留物，阻碍焊料波润湿焊接表面。

喷　涂

采用低固含量助焊剂，可精准控制涂覆量，也可选择性涂覆待焊区域。喷涂的难点在于配方调制，必须使用高挥发性助焊剂溶剂，降低助焊剂黏度。此外，如何维持低黏度也十分关键。因此，这种涂覆技术的成本较高。要注意的是，喷涂会产生较多液体粒子，随空气流动或制程气体飘移，有较大的燃烧风险。

助焊剂维护

助焊剂暴露在空气中时必定会挥发，对环境的影响很大。以波峰涂覆和发泡涂覆为例，助焊剂完全暴露在开放环境下，有必要采取相应的监控与维护措施。即使使用自动化维护系统，也要定期检测并调整助焊剂比重。助焊剂供应商会提供理想的助焊剂比重信息，也会提供相应的稀释方法。

定期清空助焊剂储存槽并补充新鲜助焊剂是明智之举。助焊剂槽内产生的高分子有机残留物，会改变助焊剂的表面张力，堵塞喷嘴或发泡管。另外，残留物也有可能附着于板面，进而影响组装质量。由于通孔依赖毛细作用汲取助焊剂，助焊剂中的微小颗粒卡在元件引脚与孔壁之间，也会影响焊料填充效果。

另外，清空助焊剂槽后，应当检查槽体是否在长时间作业后受侵蚀。采购相关设备前也应该进行这样的检查。应该避免使用不熟悉或未经验证的材料，确保有足够数据或测试结果证明其兼容性符合要求后再导入系统。

6.2.2 预　热

预热是焊接的基础作业，主要达成以下三个目的：

◎ 有足够的热来熔解焊料

◎ 元件和电路板足够热，以产生焊料与金属面间的金属间化合物

◎ 助焊剂足够热，以产生活化反应，并去除焊接金属面的氧化物及污渍

在波峰焊工艺中，元件引脚在焊料波中的停留时间非常短，只有回流焊的3% ~ 10%。预热的作用就是将金属表面加热到足够高的温度，以帮助助焊剂去除金属表面氧化物，避免氧化物影响焊接。预热后也要有足够的助焊剂停留在表面，保护经过助焊剂清洁的

金属表面，以便元件引脚接触焊料波时顺利完成焊接。

普遍使用的预热方式有红外线辐射预热（直接与间接）和强制对流预热两种。两者都十分有效，但是后者在电路板与元件加热均匀性方面有明显优势。另外，部分波峰焊设备采用顶部与底部双面预热设计，对热容量较高的电路板组装有利。

6.2.3 锡渣的影响

波峰焊的生产量越大，锡槽中产生的锡渣越多。锡渣的影响可从以下三个方面来看。

（1）从经济角度看，锡渣是制程中流失的焊料形成的。在量产模式中，这意味着每天每台设备中都有大量金钱流失。当然，锡渣可由回收业者回收再利用。

（2）从工艺角度看，焊料表面的大量锡渣会影响波峰焊的动态稳定性。因为锡氧化较快，长时间的锡损失会导致焊料成分出现偏差。

（3）从人体健康角度看，操作产生的金属氧化物烟尘不利于人体健康，因此务必做好防护。戴防护口罩，清洗或抛弃污染衣物，都是要注意的细节。当然，正确排气、正常操作与保养也同样重要。

大量锡渣进入焊料波会干扰焊料波与焊件的有效接触，也会影响焊料波与焊盘及引脚间的动态关系，造成焊料脱落及桥连短路。有多种抑制锡渣的设计曾被提出，如焊料与矿物油混合循环，矿物油会浮在表面隔绝空气；在焊料或助焊剂内加入液体还原剂，等等。但长期观察就会发现，这些设计未必有效。只有钝化环境可有效减少锡渣的产生，因此氮气覆盖法才是最有效的锡渣控制方法。

6.2.4 金属污染物的影响

波峰焊中的金属污染物来源如下：

◎ 补充焊料棒带入

◎ 焊接组件带入

元件引脚及焊盘浸润在循环焊料波中，免不了会析出杂质。即使引脚与焊盘都经过了电镀处理，仍然有可能熔出金属，具体情况因镀层的成分、厚度及基材金属类型（如铜、金、银等）而不同。另外，锡、铅、银及金属间化合物也会产生污染。

即便是小量生产，若锡槽维护不当，焊点仍有可能劣化。锡槽污染对焊接工艺有明显影响，最终可能会改变焊料熔点或熔距，进而导致开路、短路风险增大，也可能增加焊点脆性。焊料成分可通过不纯物检测来验证，即进行小量焊料取样并检验其固化温度。这种方式较粗放，并不适合污染程度评估，但是可得知焊料成分的大致状态。

避免锡槽作业温度过高及作业速度过低，可限制引脚与焊盘的金属熔出量。典型的波峰焊会维持较高的作业温度，时常会超过250℃，作业时间很短（2 ~ 8s）。与回流焊相比，在波峰焊中电路板经历的热冲击少得多。在回流焊中电路板要暴露在类似温度下30 ~ 120s。热冲击可能会导致元件断裂或损伤，因此预热要较温和，可采用元件制造商建议的2 ~ 4℃ /s的升温速率。焊料棒中的铝、金、镉、铜、锌等不纯物，都会增大焊料的表面张力，使制程的桥连风险加大。

6.2.5 注意事项

尽管波峰焊技术已经使用多年，目前许多工厂的波峰焊缺陷率仍然高于回流焊。这其实是各种机械结构差异及制程变量多的缘故。有许多不同的波峰焊系统设计，某些特定设计非常适合小节距引脚与表面贴装。

利用热风刀直接向电路板与焊料界面间喷射热风，有助于焊料从焊接表面分离，进而降低相邻元件引脚与焊盘间的桥连风险。在元件引脚区，针栅阵列（PGA）封装及连接器等的外形尺寸都较大而引脚节距较小，波峰焊的难度极大。特别是交错式针栅阵列（IPGA，又称为阶梯式针栅阵列）封装，其阵列引脚会严重阻碍焊料流动，开路及桥连风险极大。IPGA 与 PGA 的比较如图 6.8 所示。

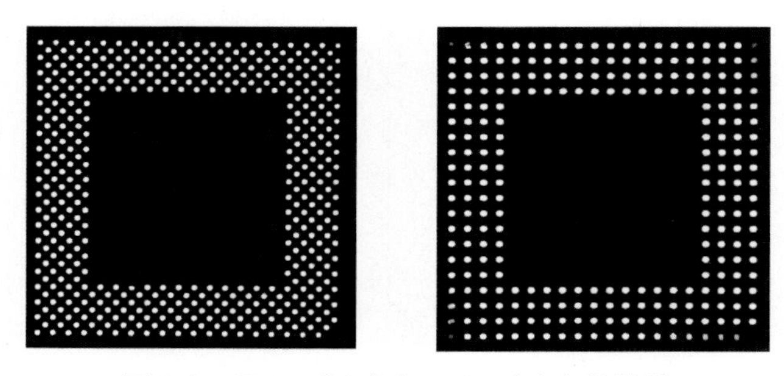

图 6.8 IPGA（左）与 PGA（右）的比较

较高元件也会阻碍焊料流动，产生流动漩涡，进而影响邻近较低元件的焊接。元件与板边的间距、周边结构都会对焊料流动产生影响，但没有规范可循。某些电路板太大、太脆，无法安全通过波峰焊制程，尤其当其 T_g 较低时。有时电路板底面特定区域必须进行遮蔽，以避开焊料波，此时可使用波峰焊托盘治具或遮蔽板。典型的托盘治具如图 6.9 所示。

BGA 器件的布线位于电路板底面，从焊料波到顶面焊点的导热良好，这可能会导致焊点再度回流。实际组装中不允许出现这种情况，因为再度回流的检验不易，修补也很困难。选择性遮蔽焊料波是较安全的做法，可防止表面贴装焊点在波峰焊过程中熔融。托盘治具的开口要足够大，以免干扰焊料波，确保底面焊点获得足够的焊料。元件过度靠近托盘治具，可能会导致焊点无法获得足够的热量而影响润湿，因为托盘治具本身也是散热机构。

托盘治具一般由耐高温环氧树脂与玻璃纤维复合材料制作，有一定的加工难度。托盘治具材料必须与工艺兼容，这在加工前就应该进行确认，否则电路板可能会在接触焊料波时飘起。

同时存在 BGA 器件及细节距表面贴装元件的电路板，如果板厚超过 0.093in，可能就不适宜采用波峰焊组装。因为高密度厚板的组装焊接需要大量焊料波热量，可能会导致顶面表面贴装元件再度回流，或者通孔由于毛细作用不能填充足够的焊料。

要防止金手指、压接通孔及手工焊接或手工组装区域暴露在焊料中，可用托盘治具、聚酰亚胺胶带或可剥离阻焊保护这些区域。特别是金手指，一旦暴露在焊料中，就只能报废。

图 6.9 典型的托盘治具

6.3 气相（回流）焊

出于安全与环境顾虑，这种焊接技术就只流行了短暂时间就退出了主流市场。

常见的做法是，先将锡膏印刷到焊盘，然后放置元件，接着将电路板送入焊炉，使元件和电路板暴露在沸腾液体蒸气中。这类液体是一种浓稠的高沸点（略高于焊料熔点但不会损伤电路板或元件）合成物（多数为氯氟烃），对焊料及电路板呈现惰性。达到适当条件后，蒸气开始在较冷的电路板上冷凝并加热电路板，直到焊料润湿引脚及焊盘。最后，从热蒸气中移出电路板，熔融焊料开始固化并形成焊点。

系统结构

气相（回流）焊系统由三个主要的子系统组成，分别是传动机构、液体储存槽体及加热器。需要说明的是，槽体内部上方盘绕着冷却盘管，可以使溢出的蒸气冷凝成液体并回流到储存槽中，如图 6.10 所示。

优缺点

这种工艺有明显的优点，加热十分均匀，温度控制也非常精准。通过冷凝蒸气直接传送热量的方式，有利于元件引脚与焊盘快速升温，适用于复杂外形及高热容量元件的焊接。由于焊接发生在惰性气体内，因此焊点质量非常高。又由于元件不会暴露在空气环境下，因此可使用活性略低的助焊剂。

和回流焊一样，气相（回流）焊必须适当使用锡膏并进行预热，锡膏升温过快会导致挥发物沸腾、锡珠飞溅。预热必须防止损伤元件，最大升温速率必须遵循元件制造商的建议，尽量避免塑料封装发生“爆米花”现象。

氯氟烃的使用限制直接导致该技术退出了电子制造领域。用于气相（回流）焊的这类液体十分昂贵，持续循环使用会产生有毒物质。有毒物质必须进行中和处理，产生的副产品也必须正确排放。高热容量高密度组装板进入气相（回流）焊炉，可能会出现蒸

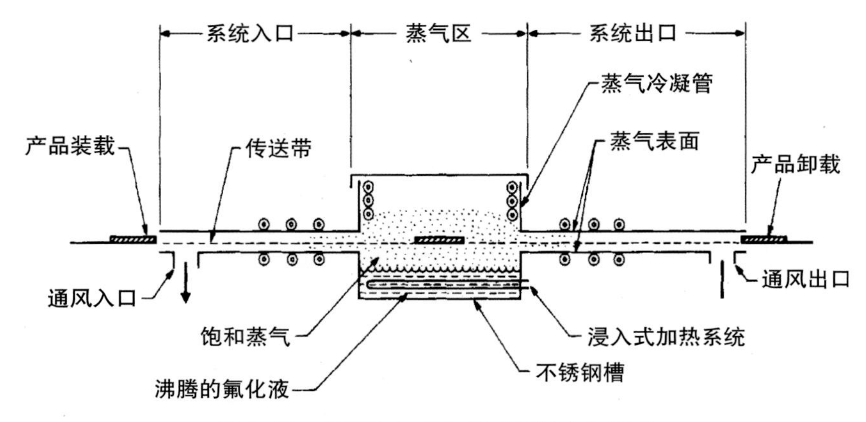

图6.10 单蒸气加热气相（回流）焊系统

气崩溃现象。这是因为凝结速率超过蒸发速率，导致内部气体过于稀薄而无法维持焊接作业。采用浸入式加热器的气相（回流）焊炉更容易出现这种现象。使用大功率加热器提供足够的热量可以防止这种问题发生。

毛细作用过大引发的灯芯现象，可能会使焊料从引脚与焊盘间爬到引脚以上非必要区域，导致在元件本体之间产生焊料桥连。元件引脚上的过多焊料会降低引脚的挠性和可靠性。此外，引脚与焊盘界面会因此出现焊料缺乏问题，进而产生劣质焊点。最差的状况是，大量焊料损失可能会导致开路。

6.4 激光焊接

激光焊接适用于精细或劣质周边引脚表面贴装元件的组装。电路板的元件密度、厚度、材料及是否有散热片等，都不会影响激光焊接，而引脚、焊盘或焊接体系也不会限制激光焊接的使用。如果控制得当，就可以得到较高的激光焊接良率。为了顺利进行激光焊接，必须使用治具固定元件引脚，使其落在电路板焊盘上。

激光焊接常用于返工系统，先利用底部电阻加热器将电路板加热到大约100℃，之后利用漫反射激光束扫描返工区周边，以冲击能量加热表面贴装元件引脚或整个BGA器件，让它们达到焊料回流温度。返工系统的优点是选择性加热，只对返工处实施回流焊，其他周边元件只保持在系统预热温度。修补时只有小量的热量流失，而不像其他热气回流焊方式，快速移动的气流加热可能会熔解邻近或背面元件焊点。

激光焊接不需要建立并保持温度曲线，不会出现板弯，不会影响到周边元件的焊点，也没有机械加热头的退化问题。经验显示，封装结构会对元件焊接产生遮蔽与吸热影响，但对激光焊接能量的影响很小。相比其他技术，激光焊接支持高密度的元件空间配置。另外较大的有源元件也可以安装在电路板两面，因为激光在电路板两面作用时不会相互影响。

焊接速率

尽管激光焊接速率高，但用于量产时很难与回流焊竞争。元件放置及锡膏印刷面临着引脚节距越来越小的挑战，激光焊接将来或许可以作为小节距元件回流焊的辅助工艺。有研究报告显示，激光焊接的内引脚焊接速率已经达到了每秒 65 个焊点；外引脚焊接速率受封装引脚间距、形状与尺寸等的影响，为每秒 15 ~ 60 个焊点。对于极细间距或引脚、小型封装，如 TAB，激光焊接速率可能会高一点。

▌助焊剂

与回流焊的需求类似，激光焊接的助焊剂必须具备足以去除引脚和焊料氧化物的活性。另外，其光学特性如反射率、吸收率及透射率，都不能干扰焊接工艺。助焊剂的激光吸收率过高可能会导致其烧焦或碳化，甚至损伤电路板。在激光焊接中，特别是扫描式焊接中，加热过的助焊剂会向电路板传热，预热下一个焊点。若缺乏液体助焊剂，激光能量控制不当，则电路板很容易出现焦黄现象。

焊接过程中的激光能量输出是快速而激烈的，高能量会在短时间内产生高温，促使助焊剂活化。非常低活性的免洗助焊剂也能用于激光焊接。有许多报告讨论无助焊剂的激光焊接，但这种作业方式多用于芯片内引脚接合，使用的是高峰值能量、短周期脉冲。在这种情况下，当引脚和焊盘足够小时，焊接过程更像是对焊接元件引脚下的金属（如锡）进行熔化和合金化。

▌焊点特性

激光焊接产生的焊点与其他焊接方法产生的焊点差异不大。激光焊接也会产生金属间化合物（IMC），但因为加热时间短，IMC 层比传统焊接方法薄很多。激光焊点存在典型的细致晶粒成长现象，初期有较高的强度，但会随老化时间的延长而逐渐降低。经过约一年的室温储存，金属晶粒会变得粗大，同时会受冶金特性限制。另外，激光焊点填充饱满，这在扫描式激光焊点上表现得尤其明显，焊点强度比传统焊接技术高。

▌典型缺陷

激光焊接没有特定的焊料合金成分要求，但出于特定目的可能会使用特定材料，如 $Sn_{10}Pb_{90}$ 或 Sn_5Pb_{95}，它们的熔点分别为约 302℃及约 312℃。这样的温度对传统回流焊来说显得过高，电路板可能会在回流焊炉中变黑、烧焦或弯曲。采用单点激光焊接，并不会对电路板的质量及完整性产生影响。电路板上需要的焊料厚度与产品可靠性及引脚节距有关，当节距降低到约 0.5mm 或以下时，热风整平工艺可产生足够焊料厚度，电镀重熔或未重熔电镀焊料也可用于激光焊接。其他工艺，如超级焊料工艺也可用于激光焊接。

正常情况下，激光焊接很少会产生缺陷。常见缺陷为电路板变黄或烧焦，这一般是使用的激光能量密度过高所致，也可能是电路板受到油脂污染或其他有机污染。另外，激光攻击锡膏或埋在锡膏内的元件引脚时，会导致锡珠飞溅，攻击电镀或热风整平及其他固体焊料涂层时，应该不会有锡珠问题。

激光焊接没有桥连问题。事实上，对于焊接前出现的焊料桥连现象，激光焊接有一定的修整作用，能使焊料重新分布到元件引脚。焊料开路风险正比于元件导线架质量、引脚可焊性及部件治具压制有效性等。正常情况下，激光焊接极少会出现开路现象。尽管部分人认为这种技术太过先进，发展也太慢，但探索商用化路径仍然是值得的。

6.5 热棒焊接

热棒焊接技术特别适合有引脚元件的表面贴装，已使用多年。其利用电阻加热器组件，将元件引脚压在涂覆焊料的焊盘上并加热，待焊料回流后逐渐降温，直至焊料固化并形成焊点。其中，加热器组件被称为“热棒”。

焊　料

热棒的加热速度快，因此并不建议使用锡膏，以免锡膏中的挥发物快速气化而导致锡珠飞溅。而且，锡膏可能会被挤出，导致邻近焊点桥连。实际上，即使用固态焊料，热棒焊接仍然可能导致桥连。这通常与焊盘上的焊料体积、助焊剂量与活性、焊盘间距等因素相关。在焊料熔解初期，焊料润湿焊盘后会从引脚与焊盘间涌出，可能会横向隆起而导致邻近焊盘桥连。由于引脚与焊盘间的润湿及毛细作用有限，焊料桥连一旦产生就会持续存在，如图 6.11 所示。

图 6.11　热棒焊接的桥连缺陷

助焊剂

可在焊接前使用液态助焊剂。选用助焊剂前应先进行抗焦化测试。焊接产生的高分子分解物或残余光亮物质，会黏附在电路板及热棒上。这些残留物会阻碍热棒的热传递，累积到一定厚度后会影响热棒与元件引脚的正常接触。烘烤后的残留物会增大助焊剂清洁难度，也会影响电路板组装表面的外观检验。

热棒的结构

热压棒由一个或多个单元构成，具体取决于待焊元件封装为单列引脚、双列引脚或四边引脚。热棒长度会设计得比焊接引脚跨距略大，以便一并焊接封装一边的所有引脚。对某些长连接器或大型封装而言，单组热棒的热均匀性可能无法避免部分引脚过热，此时可利用较小的热棒顺序移动，完成所有引脚的焊接。热棒必须平稳下压在引脚上，避免接触弯曲区域或让引脚尖端悬空。

热棒的设计与材料

热棒理论上可设计成各种尺寸，但实际仍有限制。较长热棒的温度均匀性变差，可能会因为胀缩而扭曲。温度均匀性是元件引脚到引脚焊接和焊点质量的关键。

热棒材料有许多种，其中以钨、钛及钼较常用，并不只是因为它们的电阻及导热性特殊，还因为它们耐助焊剂损伤，不会被焊料润湿。部分陶瓷材料也被用来制作热棒。

热棒在其整体跨距内应具备均匀加热能力，且在焊接循环中胀缩均匀，以免 Z 轴呈现“皱眉”或“微笑”曲线。同样的道理，要防止热棒横向弯曲而无法使所有引脚与焊盘接触良好。热棒弯曲度过大时可能会出现焊料开路问题。

▌维护与监控

热棒的维护十分重要，定期检查它是否扭曲，确认其与电路板焊接区是否垂直。清理热棒的助焊剂残留及高分子副产物，保持热棒的平整性，这些应该依据助焊剂及组装关键程度隔几个焊接循环就做一次。

使用加装热电偶的测试板评估热棒性能是最直接的监控手段。高精度热电偶连接到元件引脚或电路板焊盘，便可定量测试热棒焊接时的温度均匀性。另外，还可以将热电偶放在邻近元件上，以确认热棒焊接对其他焊点的影响。

不要将热电偶放置在引脚与焊盘之间，以免影响元件引脚的共面性，进而得到错误测试结果。热电偶可用少量高温焊料或耐高温导热环氧树脂固定，用量越少越好，以降低接点热容量对测量的影响。

▌典型缺陷

焊料桥连是焊料热棒挤出焊点而产生的，焊料开路则是因为热棒与电路板表面间的共面性较差。以热棒对引脚施力而焊料尚未液化时，引脚偶尔也会受力偏移而出现错位，可能会产生焊点应力。为了快速加热，热棒温度明显高于焊料熔点，一旦焊接时间与温度控制不良，就有可能出现金属间化合物问题。特别是，焊料可能会移位，导致 IMC 层过薄。在这种情况下，焊点的可靠性就会较差，容易出现断裂性故障。

6.6 热风焊接

热风焊接利用加压的高温气体加热元件引脚、焊料、电路板焊盘及助焊剂，属于非接触式定向能量加热法，适用于表面贴装。尽管热风焊接已经推出多年，且有多种设备可用，但其应用还不是很普遍，目前主要用于元件更换。

热风焊接的缺点之一是热量不够集中，无法选择性加热指定引脚。热气流一旦冲击电路板及其他元件引脚，就有可能出现反弹及扰流，导致邻近焊点重熔。解决方法是使用挡板，将热气流限制在挡板区域内，并导引气流到指定区域。

图 6.12 所示为热风焊接的典型应用。有的热风焊接设备提供一对可调喷嘴，可同时加热元件的相对两边。使用组合式多喷嘴组，可同时焊接或拆焊元件的所有引脚。

热风焊接可以采用任何与系统及电路板材料兼容的加压气体，但要考虑经济性。如果气体具有氧化性，那就无法使用低活性助焊剂。建议使用氮气，因为它是非氧化性的，低价且安全。也有业者使用氢氮混合气、氩气及其他气体。焊料可以是锡膏、固态锡或涂覆焊料等，不用锡膏时必须用辅助治具固定元件，以确保部件引脚与焊盘接触良好。气体压力、温度、喷嘴转换速度及助焊剂都会影响焊点质量。

图6.12 热风焊接的典型应用

6.7 超声波焊接

超声波焊接依靠超声波焊接头熔解并搅动焊料，超声波能量通过焊接头尖端、熔融焊料传送到元件引脚及电路板焊盘。以高能量搅拌液态焊料，可以清洁界面上阻碍焊接的物质，在不使用化学助焊剂的情况下也能改善可焊性。铝及其他焊接困难的金属，都可用这种技术焊接。

超声波焊接也可用于批量连续回流焊，即以超声波搅动熔融焊料，浸润元件引脚。用于量产时，必须小心调节焊接头的振幅及频率，防止搅拌过度而产生焊料空洞、锡珠飞溅，进而造成较细节距引脚或焊盘短路。另外，超声波搅拌会加速可熔金属熔入焊料，降低焊点强度。

超声波焊接非常适合修补开路，以及在完成组装的电路板上安装或更换元件。由于不需要使用助焊剂，经过修补或处理后板面仍能保持清洁。该技术适用于所有周边引脚表面贴装元件和通孔元件的焊接，可惜相关设备供应商十分有限。

第 7 章

压接技术

压接技术曾在20世纪70年代得到普遍应用，也称为顺应针技术，如图7.1所示。这项组装技术一度完全用于背板领域，最近随着压接连接器的普及，也用在一些较复杂的电路板上，主要用于邻近有源元件及适配卡的组装。

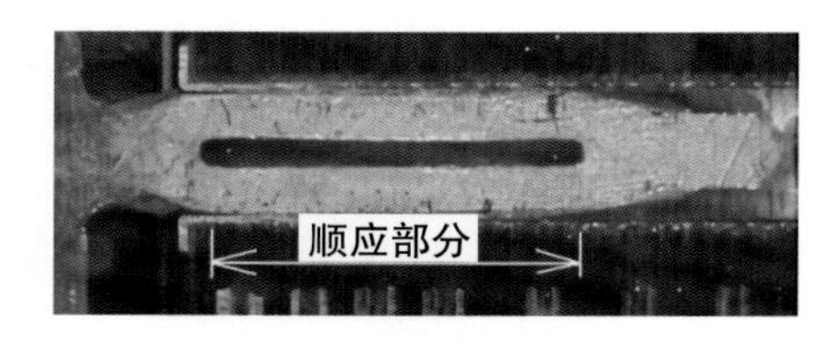

图7.1 压接后的顺应针引脚

当电路板变得更复杂（更厚、更高层数、更高布线密度）时，就会导入压接技术。压接连接器可组装在电路板的单面或双面，工艺简单，又无须面对焊接高温或化学反应，因此在高密度组装方面有可靠性优势。

连接器本体通常不耐高温，因此压接组装要在电路板焊接后进行。不过，压接连接器返工比较麻烦且有限制，生产中返工是不切实际的。典型的背板压接应用如图7.2所示。

图7.2 典型的背板压接应用（来源：http://advantex.ru/joom1）

7.1 压接的主要考虑

压接操作很简单，就是将顺应针引脚压入电路板通孔。常用的压接形式有以下两种。

（1）将相对较硬的方形引脚压入圆孔内，让镀覆孔轻微变形，进而实现紧密连接。

（2）将可变形或塌陷的顺应针引脚插入镀覆孔，通过顺应针引脚的轴向变形实现紧密连接，如图7.3所示。

设计问题

压接连接器的引脚必须设计成能够与镀覆孔紧密配合的尺寸。当顺应针被压入指定位置后，应达到以下接触效果：

◎ 顺应针引脚与镀覆孔紧密接触，使连接器与电路板牢固接合

◎ 顺应针的弹力足以维持长期电气接触可靠性

◎ 顺应针引脚具备足够的轴向机械强度，不会在压接操作中弯曲

◎ 压接产生的顺应针引脚径向力不足以损伤镀覆孔的孔壁

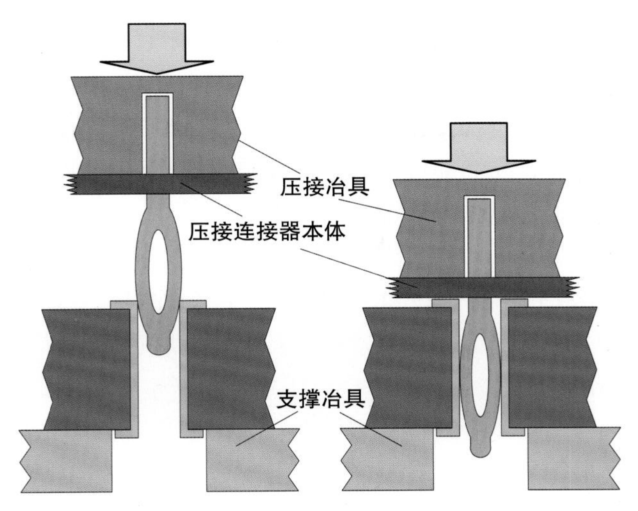

图 7.3 顺应针引脚的压接

压力问题

压接所需压力取决于以下因素：

◎ 顺应针引脚设计与材料

◎ 镀覆孔的表面处理

◎ 电镀厚度均匀性

◎ 顺应针引脚尺寸

◎ 镀覆孔尺寸

◎ 连接器的引脚数

材料问题

不论使用何种组装方式，都要注意引脚的机械完整性、电气性能和材料储存状态等问题。顺应针引脚一般由廉价导电金属制作，之后电镀最小厚度贵金属或其他适用金属材料。由于多数金属材料暴露在空气中都会氧化，因此有必要用金或其他贵金属保护镀覆孔、元件引脚、焊盘等。然而多数焊盘及元件引脚都会以廉价金属（如锡）进行表面处理，焊接时依靠助焊剂去氧化。焊点形成后，元件引脚和焊盘表面被焊料润湿和密封，与空气隔离。同时，焊料赋予了焊点相应的机械强度，且使接触面与空气隔离。

压接是一种不依赖物理性材料润湿、金属涂层保护的连接机制，也不使用化学助焊剂，仅依靠机械接触实现连接器引脚与镀覆孔的互连。顺应针引脚表面及镀覆孔孔壁的氧化物，会被压接操作产生的大摩擦力破开，因此金属材料储存寿命不像焊接那样受重视。

7.2 对电路板的要求

使用压接连接器的基本目的是适配电路板，因此电路板的特征尺寸非常关键。

表面处理

镀覆孔的表面处理，对顺应针引脚与孔壁的接触力有明显影响。焊料涂层有一定的润滑作用，可以帮助引脚顺利插入镀覆孔。表面处理采用热风整平工艺时，应避免多余焊料残留在孔内。热风整平被认定为压入连接器引脚时产生刨除现象而生成焊料裂片的原因。这些裂片可能会导致其他位置出现电气短路。

镀覆孔内的可熔性涂层（如锡或锡铅），经过回流焊或波峰焊热循环后可能会产生凸面。这种凸面会改变孔径，导致压力需求过高，产生焊料裂片的风险增大。高厚径比镀覆孔可能会存在孔口附近镀层过厚，而镀覆孔中间镀层过薄的情况，这是深镀能力不足造成的。这种异常孔形如图 7.4 所示，会对压接操作产生不利的影响。

◎ 孔壁过厚时，压力可能会超过顺应针引脚的机械强度，导致引脚弯曲

◎ 压力过大还有可能导致孔壁破裂，损伤互连线路甚至挤出孔环

◎ 压接产生的引脚顺应区径向力已经足以穿破孔壁薄金层

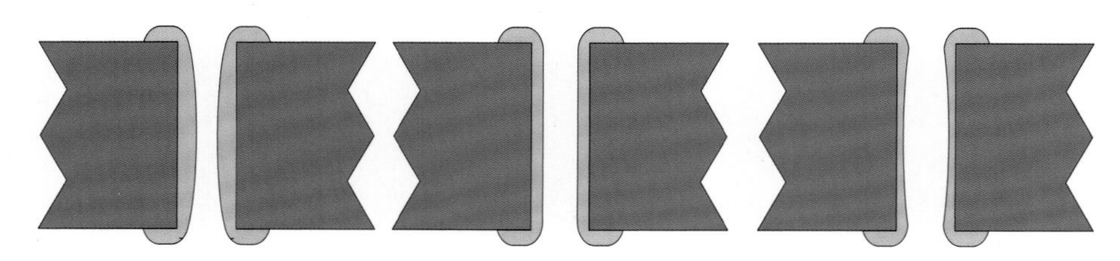

图 7.4 异常孔形

裸 铜

除了高厚径比镀覆孔，电镀铜层厚度都可得到良好控制，其他金属表面处理也类似。但是，相对于镍 / 金、锡铅、银等表面处理金属，裸铜不具备润滑特性，较难实现顺应针引脚的顺利插入。

7.3 压接设备

有几种机械压床可用于压接。其中，杠杆式压床是最原始的压接设备，但只适用于简单、低引脚数的大节距连接器。气动式压床虽然比杠杆式压床容易操作，但其制程控制或组装重复性方面并不理想。更进一步发展的气压驱动液压压床，可提供较好的制程控制。新式压接连接器通常有易碎本体、易碎电气屏蔽、精细引脚节距，需要高精度、高重复性的压接压力与速度，采用计算机控制设备是较明智的做法。

此外，压接周期数据应该与制程参数一起储存，以控制压力杆的压力、压接速度及压入位置。数据处理对制程控制非常有用，有助于压接周期缺陷的分析或机械问题改善。连接器压接是电力设备驱动过程，通过电动机驱动的压力螺杆控制速度、Z 轴位置控制及负荷回馈来完成精确的压接周期，如图 7.5 所示。

部分商用设备是自动化的，可自动将电路板移入压床，选择适当压接治具及支撑治具并旋转到正确方向，然后依序压接同片电路板的多个连接器或多片电路板。

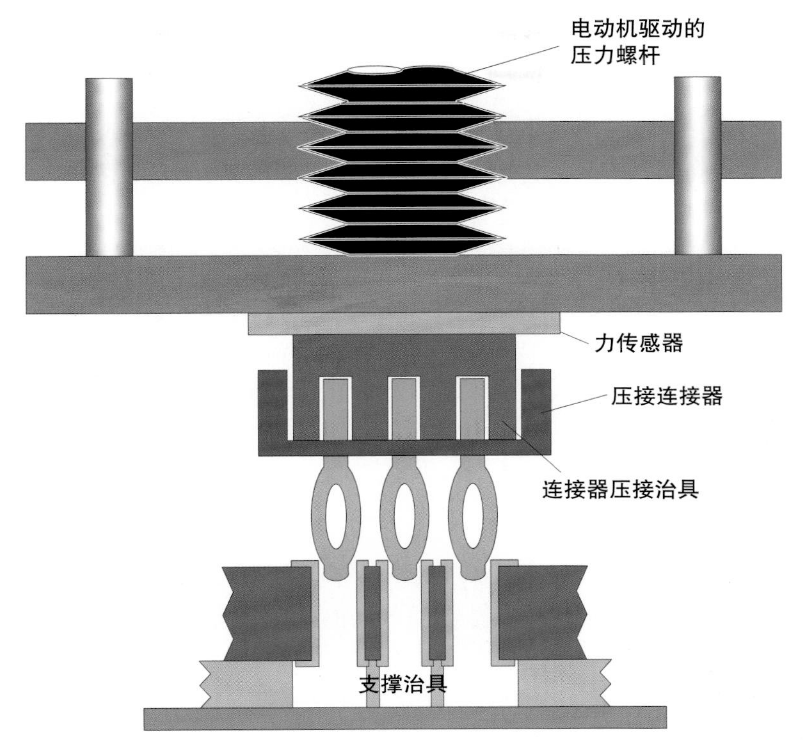

图 7.5 连接器压接

■ 压接周期

一开始，先根据连接器选择合适的压接治具及支撑治具。然后，手动将连接器放置在电路板的镀覆孔上方，用压力杆及工具对准后压入。根据连接器与电路板的类型，压接连接器引脚受力进入电路板镀覆孔的垂直行程有一定规律可循。

连接器引脚被压入镀覆孔后，其顺应部分开始产生弹性变形，之后产生塑性变形。此时面对的持续阻力源自塌陷变形顺应部分沿着孔壁滑行产生的摩擦。当阻力再度增大时，可认定连接器已到达指定位置，进一步施力只会产生高度的轻微变化，甚至没有变化。此时应停止施力，完成一个压接周期。

7.4 压接方式

为了获得最佳效果，根据实时反馈测量数据控制压接是明智的选择。常见的压接方式有以下四种：

◎ 不加控制
◎ 高度控制
◎ 压力控制
◎ 压力梯度控制

当然，只有后三种具备压力检测、距离检测或实时反馈功能，可控制压接状态。连接器类型是复杂的，设备能力决定了压接方式。

不加控制

不加控制的压接方式是最初普遍采用的，后来因为无法满足复杂的作业要求而逐渐被淘汰。这种方式通常是使用简单压床，手动施力将连接器压接到电路板上。它既没有力量检测，也没有速度控制，故可靠性较差。

太高的压力及太快的速度都可能会导致连接器引脚弯曲。尽管不鼓励使用这类压床，但它还是适用于低引脚数、大节距的非关键性连接器组装。进行压接作业时，必须使用适当的支撑治具垫在板下，以确保引脚压入并提供适当的弹性。治具必须提供足够的引脚凸出空间。

高度控制

不同类型连接器的引脚长度不同。若电路板厚度一致，则采用高度控制压接方式，可提供一致的压接连接器的组装高度。不论引脚和通孔状态如何，施加的压力都一样。遗憾的是，电路板厚度或连接器塑料本体横截面的变化，都会导致压接高度不一致，使得这种做法的优势大打折扣。

压力控制

这种压接方式使用智能型压床，通过精确的压力检测判断压接周期是否完成。压接每个连接器所需的最大压力可根据每个引脚所需的平均压力和连接器引脚数量来设定，每个引脚的压力上下限可根据经验设定。这种压接方式对材料状态、引脚及镀覆孔直径都高度敏感。

压力梯度控制

这种压接方式根据压力与引脚滑动距离来控制压接状态，不论引脚长度和直径、电路板或连接器如何变化，连接器都不会被过度加压。使用非常大的压力梯度斜率并进行精密测试，可获得良好的制程重复性。

7.5 压接连接器的返工

压接后的连接器引脚已经产生了塑性变形，因此无法重复使用。然而，多数压接连接器都采用了返工设计，有的可替换个别引脚 / 接点，有的可替换部分引脚 / 接点。市面上有许多种压接连接器，每种都有其制造商建议的修理方式。

更　换

压接组装一般可承受三次更换操作，要点如下：

◎ 采用加压退出法，使引脚端部与电路板镀覆孔孔口持平

◎ 移除并更换压接连接器后，必须确保镀覆孔孔壁镀层质量与状态良好

引脚受压产生的径向力过大，可能导致孔壁被切破，甚至周围内层互连受损。因此

有必要进行径向力优化，在保证紧密接触的基础上，避免出现镀覆孔孔壁过度变形或被刨切。

更换连接器或连接器引脚后，新的连接器或连接器引脚必须与镀覆孔孔壁紧密接触。每次新引脚的插入都会导致镀覆孔孔壁变形，压接超过三次可能会出现孔壁变薄与损伤问题，影响压接引脚的接触可靠性。压接前后必须确认镀覆孔质量状态，引脚偏移会导致通孔压伤，甚至出现报废性缺陷，损及整体良率。通孔压伤如图 7.6 所示。

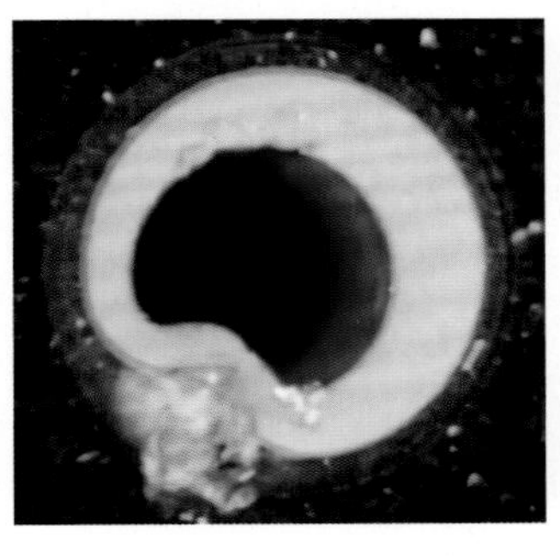
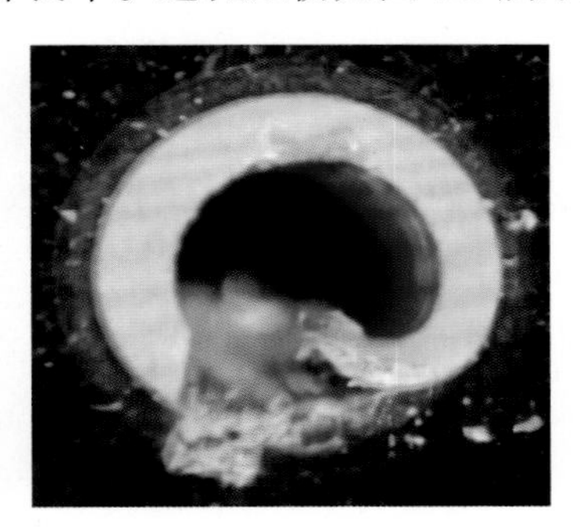

图 7.6 通孔压伤

返工工具

压接引脚的返工工具五花八门，有的适用于单一引脚更换，有的适用于整个连接器移除，有的适用于去除连接器塑料本体。有时需要将引脚逐一拔出，以便更换连接器。修补工具与修补方法可从连接器制造商处获得。单一引脚退除工具如图 7.7 所示。

图 7.7 单一引脚退除工具

返工时必须使用支撑治具，以免电路板弯曲，防止损伤电路板、元件、焊点。返工后要进行电气测试，以验证线路完整性。

7.6 注意事项

设 计

（1）为了避免压接工具损伤邻近元件，电路板组件必须具备足够的压接空间。

（2）尽量使用引脚长度略大于电路板厚度的压接连接器，确保连接器引脚凸出电路板底部适当长度，以方便最终组装检验。

（3）遵循压接连接器制造商建议的电路板最终孔径、公差、接收标准和表面处理。

（4）对于高厚径比电路板，应进行样本切片，检验孔壁质量并验证电路板供应商的能力，确保孔壁镀层厚度均匀。

压 接

（1）在连接器引脚进入电路板前，应确认压接引脚平直度及完整性。使用廉价的通止规就可以检查连接器引脚是否弯曲，但要避免压缩引脚的顺应针部分和损伤引脚的表面涂层。

（2）确保电路板的孔口没有表面贴装、波峰焊、手工焊接留下的额外焊料、助焊剂或其他污染物。波峰焊过程中有必要用拖盘或高温胶带遮蔽压接位置，压接前要确认压接孔未被胶带残留污染。

（3）建议使用连接器制造商指定的压入工具，以免损伤连接器或电路板组件。

（4）压接时要对电路板组件进行适当支撑，确保连接器可以安装到正确位置，防止电路板过度弯曲。电路板过度弯曲会导致焊点断裂、线路断裂或基材分层，这对于球栅阵列封装器件特别重要。

（5）最佳支撑位置在待压连接器的正下方，支撑治具应提供足够的引脚凸出空间，防止引脚弯曲。

（6）压接后应检查电路板底面的连接器引脚凸出长度是否一致，顶面连接器本体高度、引脚位置是否准确，连接器本体和电气屏蔽是否存在损伤等。

（7）检查压接区表面是否损伤，连接器引脚错位、压接治具损伤或电路板支撑治具损坏等都有可能导致元件受损。电路板承压过大也会导致内外层线路损伤。

（8）经过热风整平的电路板，应检查底面是否有焊料裂片，必要时用刷子清除裂片。松散的裂片可能会导致短路。与电路板供应商一起讨论，确保钻孔孔径与压接器尺寸适配。

（9）对于具有较大摩擦力的表面，如有机保护膜，压接时要防止压力过大，导致镀覆孔或邻近内外层线路损伤。对于首个工件，建议目检和电气测试一并进行。

（10）检查工具的磨损或损伤情况，工具损伤可能会导致连接器或电路板受损。

（11）完成回流焊及波峰焊后能进行连接器压接。

（12）不要试图将压接连接器焊接到固定位置，因为压接连接器本体未必兼容回流焊。焊接连接器会导致返工困难或无法返工。

第 8 章

助焊剂与锡膏

图 8.1 典型的锡膏

助焊剂具有两种功能，一是助焊，这是主要功能。在焊接过程中，助焊剂可去除金属氧化物或其他物质，如油脂或金属碳酸盐，以便熔融焊料聚集，润湿元件引脚与焊盘。二是作为焊料颗粒的载体，为锡膏提供了流变性，以便涂覆。

锡膏是焊料颗粒与助焊剂的混合物，具有黏性。这种特性使得其能通过自动印刷、点胶、转印等方式进行涂覆，能实现高速、大批量生产。典型的锡膏如图 8.1 所示。

8.1 助焊剂的组成

助焊剂是一种具有化学活性的化合物，受热后会移除表面的微量氧化物，提升焊料与基材间金属间化合物（IMC）的产生能力。助焊剂的功能如下：

◎ 去除焊接表面的氧化物及其他污染物

◎ 与金属氧化物反应，熔解反应产生的金属盐

◎ 保护焊接表面，避免其在焊接时发生再度氧化

◎ 为焊接中热量的均匀扩散提供一个覆盖层

◎ 降低焊料与基材间的界面张力，增强润湿性

要实现这些功能，助焊剂配方中必须包含载体、溶剂、活性剂和其他添加剂。

▌载　体

载体是一种固体或非挥发性液体，涂覆到焊接表面后可熔解活性剂、金属表面氧化物、反应产生的金属盐，它也是焊料与元件、电路板间的导热媒介。松香、树脂、乙二醇、多醇类表面活性剂、聚酯及甘油都是较具代表性的载体化学品。松香或树脂是较温和的化学品，其残留一般不会引发可靠性问题。乙二醇、多醇类表面活性剂、聚酯及甘油等，常见于水溶性助焊剂配方中，因为它们可以提供优异的电路板表面润湿性，可熔解更多活性物质。

▌溶　剂

溶剂主要是用来熔解载体、活性剂及其他添加剂，它会在预热及焊接过程中挥发掉。选择何种溶剂必须依据其对配方中各成分的溶解能力而定。醇类、乙二醇、醇酯类及醇醚类是典型的溶剂。

▌活性剂

活性剂的作用是提升助焊剂的表面金属氧化物去除能力。它们在室温下也有活性，但活性会因预热升温而提高。氢溴化胺类、双羧酸类（如己二酸或丁二酸）、有机酸类（如柠檬酸、苹果酸、松香酸）等都常见于助焊剂配方中。含有卤素及胺类的活性剂，能提高焊接良率，但这类物质如果不能彻底清除，便会产生可靠性问题。

▌其他添加剂

助焊剂常会加入微量的其他成分，以提供一些特定功能。例如，表面活性剂可提升

润湿性，也能起到辅助发泡作用，有利于发泡涂覆。其他添加剂，有的能减小焊料与电路板间的界面张力，降低焊点离开焊料波时出现桥连的风险。锡膏配方需要添加剂提供良好的黏度、流变性及较低的预热塌陷性。另外，用于手工焊接的药芯焊丝中的助焊剂含有能使其变硬的塑化剂。

8.2 助焊反应

助焊剂主要功能是去除金属表面氧化层。这种助焊反应可看做金属、金属氧化物、电解质溶液的交互作用，包括酸基反应和氧化还原反应。金属氧化物的成分、温度、pH、电解质厚度、溶质与溶剂的化学特性，都会影响反应速率及机制。

酸基反应

助焊剂与金属氧化物间的反应，可用下述化学式表示：

$$M_n + 2n\ R\text{–}COOH \longrightarrow M(RCOO)_n + nH_2O$$

$$MO_n + 2nHX \longrightarrow MX_n + nH_2O$$

其中，M 代表金属；O 代表氧；R-COOH 代表羧基酸；X 代表卤素，如 F、Cl、Br。

虽然助焊反应在一些文献中有过清楚描述，但是实际的反应还是非常复杂的。例如，对于共晶锡铅焊接，若在助焊剂中加入 HBr，则它与铜的反应可表示如下：

$$Cu_2O + 2\ HBr \longrightarrow CuBr_2 + Cu + H_2O$$

$$CuBr_2 + Sn \longrightarrow SnBr_2 + Cu$$

$$2CuBr_2 + Sn \longrightarrow SnBr_4 + 2Cu$$

$$CuCl_2 + Pb \longrightarrow PbCl_2 + Cu$$

助焊反应温度，一般会设计在焊接温度附近。涉及多种化学成分的反应体系，反应机制的研究非常困难，特别是有机酸反应体系。庆幸的是，一般只需要关注效果，确认残余物的影响以及它们是否可被顺利去除。多种有机溶剂都可熔解 $SnCl_4$ 和 $SnBr_4$，如丙酮、乙二醇、酒精等。对于有机酸反应体系，最好进行适当的表面清洁处理。

氧化还原反应

典型的氧化还原反应如下：

$$N_2H_4 + 2Cu_2O \longrightarrow 4Cu + 2H_2O + N_2\uparrow$$

使用甲酸（HCOOH）时，通过配置适当的设备（甲酸对特定金属有非常强的腐蚀性），可有效去除金属氧化物，反应如下：

$$MO + 2HCOOH \longrightarrow M(COOH)_2 + H_2O$$

在焊接高温下，其反应产物并不稳定，会进一步发生以下分解反应：

$$M(COOH)_2 \longrightarrow M + 2CO_2\uparrow + H_2\uparrow$$

由于还原能力与物质间的还原电位相关，因此要充分考虑反应条件与控制方法。此外，反应会产生氢气与二氧化碳，可进一步促进甲酸还原。

8.3 助焊剂的类型

尽管多数人通常认为助焊剂是液体，但实际上助焊剂有多种形式。液体助焊剂一般用在波峰焊或手工焊接中。膏状助焊剂较黏稠，适用于回流焊前的元件固定，如将带凸块的 BGA 器件直接贴装到焊盘上。

松香类助焊剂

早期电子组装使用的松香类助焊剂，是一种从松树的树液中提取的树脂材料，其实际成分因地区及生产时间而异。松香为树脂酸混合物，其中含有两种主要物质——松香酸和海松酸。

松香是非常受欢迎的焊接材料，因为它在焊接中能熔解金属盐，凝固后又能固定住多数污染物。以松香为基础的助焊剂，能在修理作业中提供良好的导热特性，特别适用于手工焊接。

松香基助焊剂的活性会受到活性剂的状态影响。部分活性剂可以去除金属氧化物，但也会留下没有腐蚀性的残留物。含过多卤化物活性剂的残留物，对电路板有腐蚀性。

水溶性助焊剂

水溶性助焊剂也被称为“有机酸助焊剂”，但这个名称可能会产生误解，因为所有用于电子焊接的助焊剂都含有有机成分及许多有机酸活性剂。用于这类助焊剂的其他活性剂，还包括卤素盐类及有机胺类物质。但要注意的是，尽管名为“水溶性助焊剂”，但这类助焊剂的溶剂一般不是水，而是醇类或乙二醇类等。

顾名思义，水溶性助焊剂可溶于水，它们的焊接残留也应该溶于水。这些助焊剂的活性一般比松香助焊剂高，具有较宽的操作范围和较高的焊接良率。问题是，水溶性助焊剂通常含有腐蚀性残留物，若不能清除干净，就会引发腐蚀，带来长期可靠性问题。

低固含量助焊剂

20 世纪 80 年代中期以前，助焊剂常被配制成固含量为 25% ~ 35%（质量分数）或无挥发物的液体。之后，助焊剂的化学品配方有所改变，新配方的固含量更低。这类助焊剂的主要成分为弱有机酸，时常含有少量的树脂或松香。较早期的低固含量助焊剂配方的固含量为 5% ~ 8%（质量分数），但是现在只有 1% ~ 2%（质量分数）。再后来，随着固含量的进一步降低，低残留量助焊剂和免清洗助焊剂相继面市。

研究发现，如果组装时使用了过多的低固含量助焊剂，特定区域就有可能出现金属枝晶迁移现象。出于限制助焊剂用量的需要，精密控制涂覆量的喷涂机用量激增。喷涂即可确保镀覆孔被助焊剂覆盖，又限制了助焊剂在波峰焊中被推挤到电路板顶面的量。电路板顶面被局部加热的助焊剂残留具有腐蚀性，与底面暴露在焊料中的助焊剂不同。

另一个问题是，低固含量助焊剂的工艺窗口较窄，必须精心进行焊接设计。首先，其预热温度不同于松香类助焊剂，波峰焊温度也比松香类助焊剂低。另外，来料检验必须确认电路板及元件的可焊性，操作时也要尽量避免带入污染物。另外助焊剂残留必须是非腐蚀性的，不能妨碍或污染电气测试针床的探针。

应该注意的是，新型低固含量助焊剂的导入是20世纪90年代前期的事，主要是为了满足局部的挥发性有机化合物（VOC）调整需求。这类助焊剂通常被标记成“无VOC”或“低VOC”，其溶剂为50% ~ 100%（质量分数）水溶液。使用这类助焊剂时要小心预热，防止水溶液在焊接之前挥发，否则有产生过多锡珠的风险。

8.4 助焊剂特性测试

在20世纪80年代初期，IPC依据助焊剂及助焊剂残渣活性，将助焊剂分为如下三种类型：

◎ L —— 低活性或无活性助焊剂

◎ M —— 中活性助焊剂

◎ H —— 高活性助焊剂

这些类型都是通过一系列测试确定的，包含铜镜测试、卤化物测试、氟化物测试、助焊剂残留物腐蚀性测试，以及湿热环境下的表面绝缘电阻（SIR）测试。

最新的行业标准《焊接助焊剂的使用要求》（J-STD-004A）是早期助焊剂国际标准IPC SF818的更新，其中加入了ISO-9454的部分内容。另外，国际标准在定义助焊剂类型L、M、H的基础上，还以0或1标记卤素是否存在。平行于国际标准，行业标准基本化学成分进一步将助焊剂分为松香（RO）类、树脂（RE）类、有机（OR）类和无机（IN）类。IPC标准文件TM650提供了相应的测试方法，下面做简要介绍。

▌铜镜测试（TM650 2.3.32）

先在玻璃试片的一端滴一滴助焊剂，以蒸镀析出厚5000Å的铜层。然后，在玻璃试片的另一端滴一滴质量分数为25%的松香助焊剂水溶液。接着将该玻璃试片放置在25℃、50%相对湿度的环境下24小时，之后以异丙醇清洗。若测试区域没有铜镜穿透证据（放在白纸上没有白色穿透现象），则助焊剂为L型。若穿透部分小于50%的测试面积，则助焊剂为M型。若穿透部分超过50%的测试面积，则助焊剂为H型。

▌卤化物测试（TM650 2.3.33）

在铬酸银试纸上滴一滴助焊剂，试纸发黄就说明助焊剂中含有卤化物。这个测试具有主观性，敏感度可达约0.07%。如果无法用此简单测试完成确认，也可用硝酸银滴定法来标定实际卤化物含量。当卤化物含量低于0.5%时，可判定助焊剂为L型。当卤化物含量为0.5% ~ 2.0%时，可判定助焊剂为M型。当卤化物含量高于2%时，可判定助焊剂为H型。也可用离子色层分析法来定量测试卤化物含量。

氟化物测试（TM650 2.3.35）

更新的 J-STD-004A 文件中也加入了氟化物测试方法。该定性测试以茜素磺酸锆为测试药剂，将药剂滴入助焊剂后若颜色从紫变黄，说明助焊剂中含有氟化物。要注意的是，草酸盐的出现会导致测试失败。也可以利用特定的氟化物电极标定氟化物含量。

腐蚀性定性测试（TM650 2.6.15）

取一张小铜片，用球状凸点铁锤砸出凹陷。以硫酸进行预处理，并以过硫酸铵去除金属氧化物，之后将助焊剂固体样本及一些焊料放在凹陷处。接着，将铜片漂浮在（235 ± 5）℃的锡炉中约 5s，待焊料熔融并产生助焊剂残留。最后，将铜片冷却并放入 50℃、65% 相对湿度的炉中 10 天。若没有产生腐蚀，则判定助焊剂为 L 型。若边缘出现局部腐蚀，则判定助焊剂为 M 型。若出现严重腐蚀，则判定助焊剂为 H 型。

表面绝缘电阻测试（TM650 2.6.3.3）

一般利用交错式梳状线路测量表面绝缘电阻（SIR），典型的测试线路如图 8.2 所示。

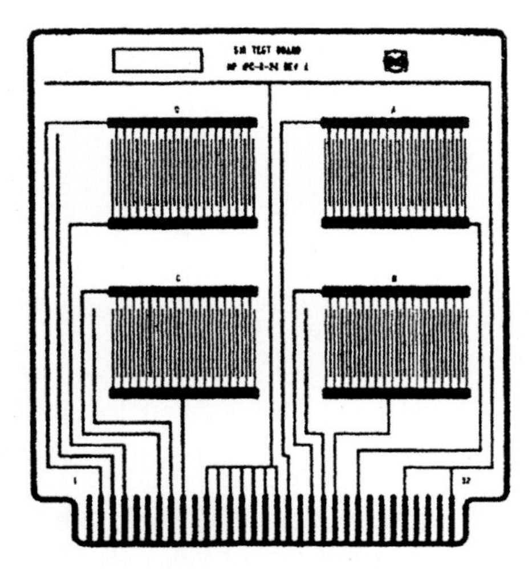

图 8.2 IPC B24 SIR 测试线路：线宽为 0.4mm，线距为 0.5mm

对此梳状线路施加电压，在恒温恒湿环境下定期测量绝缘电阻。当湿度达到 65% ~ 70% 时，线路表面会出现水膜，该水膜会溶解导电离子并加速腐蚀及劣化。基于 ANSI J-STD-004 文件的 SIR 测试环境为 85℃、85% 相对湿度。IPC B24 测试线路的线宽为 0.4mm，线距为 0.5mm，常用测试电压为 45 ~ 50V 及 100V（反向偏压）；测试时间为 24 小时、96 小时及 168 小时，96 小时及 168 小时的测试结果必须满足最低 SIR 要求。

8.5 锡膏助焊剂的成分

锡膏助焊剂在回流焊中必须发挥多种作用，其常见成分有液态树脂、活性剂、溶剂、流变剂等。对于特定应用，可能需要加入增黏剂、表面活性剂、腐蚀抑制剂、抗氧化剂等。

液态树脂

液态树脂具有适当的流变性及中高分子量，可以为助焊剂提供活性、黏性、抗氧化性、流变性等。常用的树脂是水白色松香或化学改性松香，水白色松香的主要成分是质量分数 80% ~ 90% 松香酸（$C_{20}H_{30}O_2$）、质量分数 10% ~ 15% 脱氢松香酸（$C_{20}H_{28}O_2$）或二氢松香酸（$C_{20}H_{32}O_2$）和质量分数 5% ~ 10% 的中性物质。

多数松香异构体对热、空气、光都有敏感性，所以松香酸暴露在空气中时会变黄。高温下松香酸的歧化反应会产生脱氢松香酸、二氢松香酸、四氢松香酸，其中以脱氢松香酸的氧化稳定性最佳。松香属于非极性物质，因此不利于水洗，常用于免洗类助焊剂，或者采用进行皂化剂处理的水洗系统。常见的皂化剂有碱性胺、酒精和活性剂的混合物等，在水洗水中加入质量分数 2% ~ 10% 的皂化剂就可用于松香清洗。

活性剂

电子元件组装无法只靠树脂活性顺利完成焊接，有必要通过添加活性剂来增强助焊剂活性。常用的活性剂有线性二羧酸、特殊羧基酸、有机卤化盐等，参见表 8.1。

表 8.1 线性二羧酸及其他酸性活性剂

名称		结构	熔点 /℃	水溶性 /%
线性二羧酸	丁二酸	$HOOC(CH_2)_2COOH$	187	7.7
	戊二酸	$HOOC(CH_2)_3COOH$	97.5	64
	己二酸	$HOOC(CH_2)_4COOH$	152	1.4
	庚二酸	$HOOC(CH_2)_5COOH$	105.8	5
	辛二酸	$HOOC(CH_2)_6COOH$	140	0.16
特殊羧基酸	柠檬酸	$HOOCCH_2C(OH)(COOH)CH_2COOH$	152	59
	反丁烯二酸	$HOOCCH{=}CHCOOH$	299	0.6
	酒石酸	$HOOCCH(OH)CH(OH)COOH$	210	139
	苹果酸	$HOOCCH_2CH(OH)COOH$	131	55.8
	苯甲酸	C_6H_5COOH	122	0.29
有机卤化盐	二甲胺盐酸盐	$(CH_3)_2NH \cdot HCl$	170	–
	二乙胺盐酸盐	$(C_2H_5)_2NH \cdot HCl$	227	–
	二乙胺氢溴酸盐	$(C_2H_5)_2NH \cdot HBr$	218	–
	苯胺盐酸盐	$C_6H_5NH_2 \cdot HCl$	196	–

线性二羧酸分子量相对较低，活性单羧酸更强。水溶性较好的活性剂如戊二酸与柠檬酸等，特别适用于水洗助焊剂体系。水溶性较差的活性剂适用于免洗助焊剂体系。卤化盐普遍有更高的活性，但会在室温下反应，影响锡膏储存寿命。为此，某些锡膏以有机共价卤化物 R-X 为活性剂，其在焊接温度下会产生卤化盐，以发挥助焊作用。如此可避免活性剂室温下产生反应，减少储存与使用时的困扰。

溶 剂

树脂、活性剂、焊料颗粒都是固体或高黏度物质，这些材料混合后无法用于量产涂覆，因此有必要用溶剂进行稀释。乙二醇（甘醇）具有平衡溶解能力，有助于可焊性与黏性调整，是常用的溶剂。含有松香的助焊剂体系也会以乙醇为溶剂，因为乙醇具有不错的松香溶解能力。常见的助焊剂溶剂见表 8.2。助焊剂体系的化学溶剂成分，必须依据助焊剂的化学性质来决定，如柠檬酸用于可清洗的活性剂系统。此外，还要考虑助焊剂的气味、钢网寿命、焊膏黏度等。

表 8.2 典型的锡膏助焊剂溶剂

溶剂类型	代表性溶剂
醇 类	异丙醇、异丁醇、乙醇、松油醇
胺 类	脂肪胺
酯 类	脂肪酯
醚 类	脂肪醚
乙二甘醇	乙烯甘醇、丙烯甘醇、三甘醇、四甘醇
乙二醇醚	脂肪乙烯甘醇醚、脂肪丙烯甘醇醚
乙二醇酯	脂肪乙烯甘醇酯、脂肪丙烯甘醇酯

流变剂

锡膏印刷时要求其容易流动，且在印刷完成后能保持外形。另外，锡膏的黏度既不能过高，以便它从钢网开口顺利释放；也不能过低，以便提供贴件所需的黏附力。

为此，有必要在助焊剂体系中添加适量流变剂。典型的助焊剂用流变剂见表 8.3。对于水洗助焊剂，聚乙烯甘醇或聚乙烯甘醇衍生物是较好的流变剂选择，因为它们具有较好的水溶性。

表 8.3 典型的助焊剂用流变剂

流变剂	代表性制剂	备 注
石油碱蜡	凡士林	免洗 / RMA 助焊剂
合成聚合物	聚乙烯甘醇(可溶解于水) 聚乙烯甘醇衍生物 聚乙烯	水洗助焊剂 免洗 / RMA 助焊剂
天然蜡	植物蜡	免洗 / RMA 助焊剂
无机触变添加剂	活性硅酸盐粉剂 活性黏土	免洗 / RMA 助焊剂

8.6 小 结

目前的便携式电子产品大量使用微型电子元件，其组装在很大程度上依赖表面贴装技术。而锡膏在表面贴装中扮演着重要角色，既为元件提供了临时固定功能，又为后续的焊点形成提供了必要的焊料与助焊剂。助焊反应有酸基反应与氧化还原反应两种，前者常见于表面贴装回流焊系统。锡膏技术的发展，促使微型化表面贴装技术继续进步，目前在低成本凸块印刷方面也取得了长足进展，这点值得业者继续关注。

第 9 章

表面贴装技术

表面贴装的主要步骤有锡膏涂覆、贴片、回流焊与可能的波峰焊、焊点检查、清洗等。锡膏对环境非常敏感，热会引起助焊剂与焊料颗粒间的反应，也会导致助焊剂与焊粒颗粒分离。若暴露在空气或潮湿环境下，锡膏将会出现干燥、氧化、吸湿等问题。

9.1 锡膏涂覆方法概述

业内常用的锡膏涂覆方法是钢网或丝网印刷，其他方法有点胶、点对点转印、滚轮涂覆等。下面简要介绍目前表面贴装用得较多的三种方法。

钢网印刷

钢网印刷源自丝网印刷，但是可以准确控制锡膏涂覆量，适用于细间距引脚元件的组装。图 9.1 所示为典型的钢网印刷作业情况。钢网由薄金属材料制成，其开口图形与待涂覆锡膏的焊盘高度吻合。印刷前，将钢网与电路板对正，接着用刮刀将锡膏刮过整个钢网，通过钢网开口的锡膏就会移动到需要涂覆的区域。最后，将钢网下的电路板分离（起网），锡膏就留在了焊盘上。

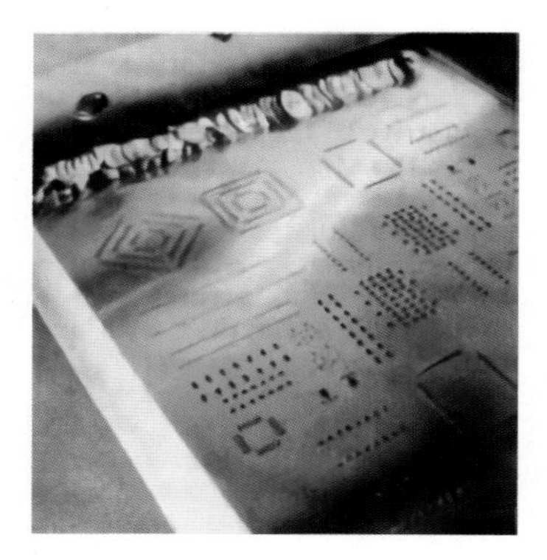

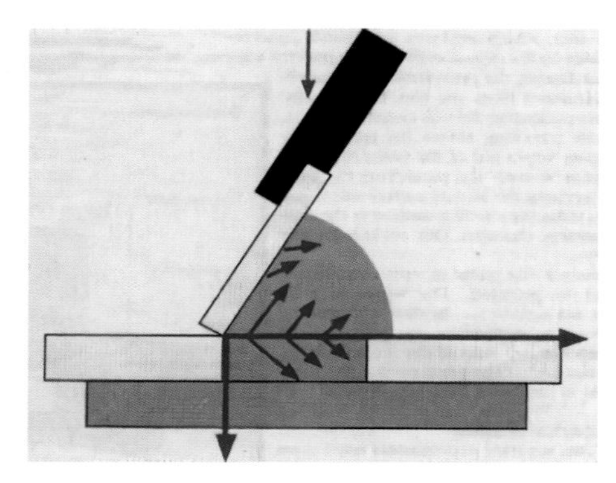

图 9.1 钢网印刷作业情况

与其他锡膏涂覆方法相比，钢网印刷具有速度较高、适合量产、对位良好、锡膏量控制准确等优势。使用钢网印刷的主要限制是，板面要平整，否则组装返工将非常困难。印刷用锡膏的黏度一般为 800 ~ 1000kcP①，典型的焊料含量为 88% ~ 91%。为了降低印刷缺陷率，颗粒尺寸应小于钢网开口的 1/7。

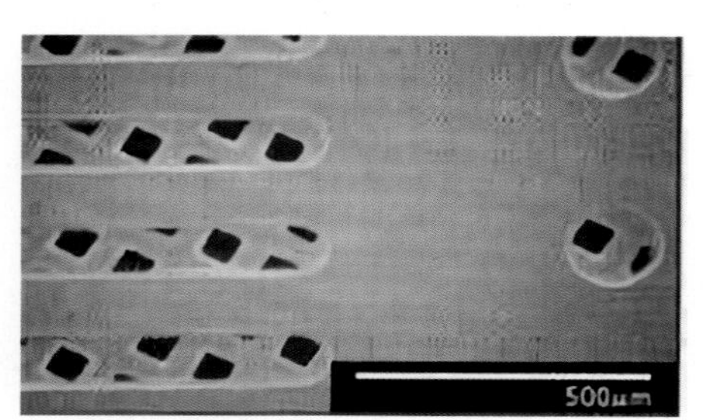

图 9.2 典型的丝网印刷网板

用于丝网印刷的锡膏，无论是黏度还是焊料含量都略低于用于钢网印刷的锡膏。丝网印刷不能像钢网印刷那样精确控制锡膏供应量，因此不适用于细节距应用。图 9.2 所示为典型的丝网印刷网板。

① 1 cP=10^{-3}mPa · s。

点　涂

点涂是通过压迫锡膏筒，利用针管进行定点定量涂覆的方法。常见的点涂设备如图9.3所示。

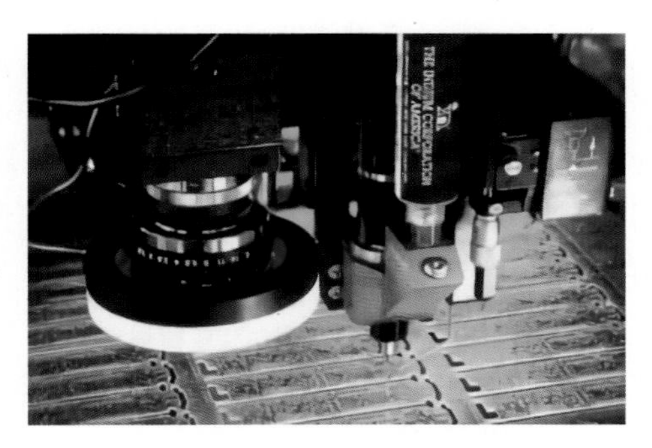

图 9.3　常见的点涂设备

点涂的用途较多，可用于不平整表面的锡膏涂覆，在特定控制程序的辅助下可实现不定点、不定量的随机涂覆。但是，点涂的速度比印刷慢，因此经常用于部件制造或返工作业。

点涂还可以用于手贴元件的固定，如板边连接器。用于点涂的锡膏黏度为 300 ~ 600kcP，焊料颗粒尺寸以不大于针管内径的 1/10 为宜。从微观角度看，点涂时要注意针管的质量及操作状况。针管除了要保持畅通，其形状与加工质量也是重点。图 9.4 所示为针管的质量差异。

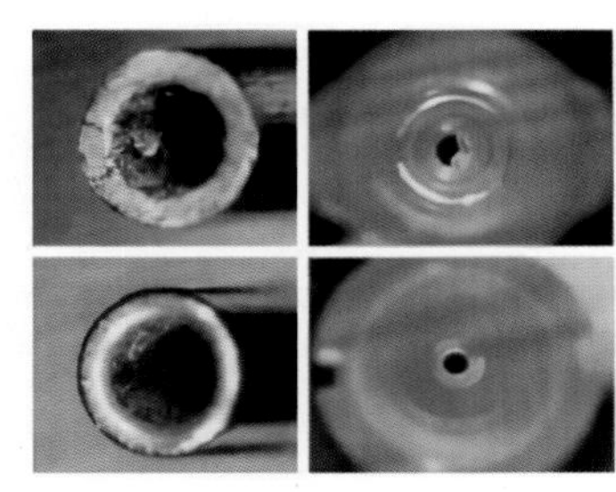

图 9.4　点涂针管的质量差异

点对点转印

点对点转印如图 9.5 所示。对较大节距的小元件而言，点对点转印的锡膏涂覆速度不错。

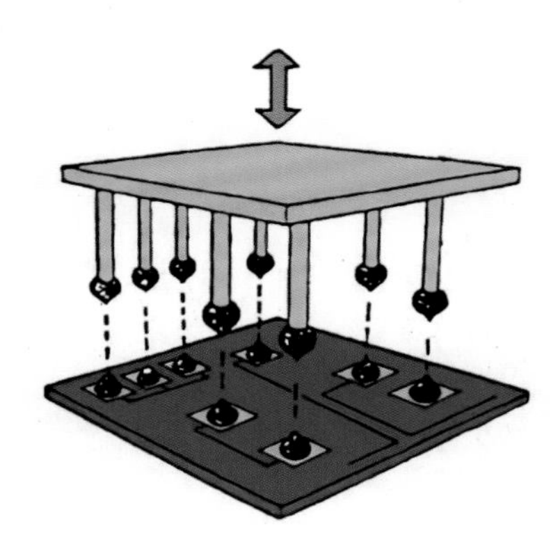

图 9.5　点对点转印

这种涂覆方法使用一块安装了探针的固定板，探针分布状况与电路板焊盘高度吻合。作业时在平底容器上预设一定厚度锡膏，然后用探针沾锡膏，再转印到焊盘。

9.2 锡膏印刷的主要影响因素

锡膏印刷的主要影响因素包括钢网材料、钢网制作技术、开口设计、刮刀类型、印刷参数等，下面逐一进行讨论。

钢网材料

钢网的制作材料根据用途、用量、成本、钢网制作技术会有所不同，常见的材料有黄铜、不锈钢、钼、镍和塑料，见表 9.1。典型的印刷钢网制作设备如图 9.6 所示。典型的锡膏印刷状态如图 9.7 所示。

表 9.1 钢网制作技术及材料

制作技术	类　型	材　料
化学蚀刻	传　统	不锈钢
		黄　铜
		钼
电　铸	化学析镀	镍
激光切割		不锈钢
		塑料
电解研磨	特别处理	不锈钢
电镀镍		黄　铜
阶梯板		不锈钢

图 9.6 典型的印刷钢网制作设备（来源：LPKF，SMTnet）

图 9.7 典型的锡膏印刷状态

不锈钢和黄铜是常用的蚀刻型钢网材料。钼钢网也可采用图形转移与蚀刻方式制作，只是需要专用蚀刻液。钼有致密颗粒结构，可改善锡膏的脱离性能，目前是替代不锈钢或黄铜的良好金属。

在化学析镀方面，电铸技术仍然以镍为主要材料。对于激光切割，不锈钢是首选。至于塑料材料，出于少量多样与速度的需求，部分被引入钢网制作。这类材料的加工以激光切割为主，其制作速度快、成本低、易清洗，但使用寿命相对较短，有待改善。

▌钢网制作技术

常用的低成本钢网制作技术是图形转移与蚀刻，其制程包括金属面清洗、感光膜涂覆、曝光、显影、蚀刻、感光膜去除。但是，化学蚀刻作业中必然存在侧蚀，这会导致钢网开口中间出现尖点凸出现象，如图 9.8 所示。这种开口会妨碍锡膏通过，不利于印刷的稳定及锡膏转移。

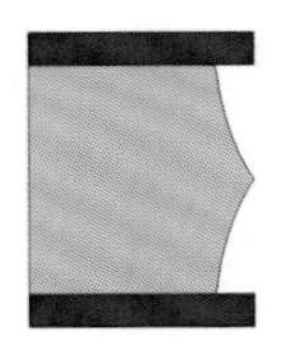
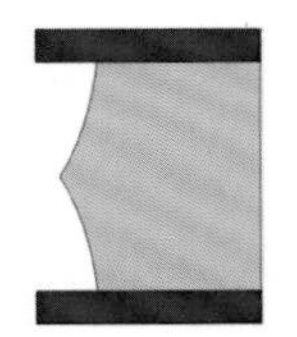

图 9.8　化学蚀刻钢网的开口形状

常见的最小开口宽度与钢网厚度之比为 1.3 ：1 ~ 1.5 ：1，因为要做双面蚀刻，蚀刻反应在垂直与水平方向会同时发生，因此原始设计要针对这些影响尺寸的因素进行补偿。钢网制作和电路板制作一样要注意图形转移。底片本身的变化与作业中产生的机械应力都会对最终钢网形状与尺寸产生影响，这些都要进行补偿调整，钢网越薄越要小心。化学蚀刻的成本低，是钢网制作的首选方法，但在尺寸精度方面不太理想——当节距较小时，开口质量便会较差，何时转换为其他制作方法需视实际产品需求而定。

激光切割直接采用 CAM 数据，以不锈钢或低锌含量材料制作钢网。常见的问题是，激光切割会产生锯齿状侧边及表面熔渣，后续处理需采用电解研磨等方式去除熔渣。一般最小开口宽度为 2 ~ 4mil，允许公差为 ±（0.25 ~ 0.3）mil，激光加工很容易产生垂直方向略带锥度的孔。图 9.9 所示为激光切割钢网的开口状况。和电路板的激光钻孔一样，钢网制程越复杂，成本越高。为了节约成本，某些厂商采用混合技术先行制作大元件位置的蚀刻部分，之后再以激光加工较细密部分，这种做法值得尝试。

图 9.9　典型的激光切割钢网的开口状况

电解研磨是将已完成蚀刻或激光切割的钢网投入有酸或碱溶液的处理槽，然后以钢网接入电流，借助电流的尖端效应去除表面的凸点和粗点，最后产生较光滑的平面。利用此技术制作的钢网，小间距开口的锡膏通过顺畅性较高。

但是，过于光滑的表面会因为印刷时锡膏不易滚动而导致漏印，为此可再度粗化印刷面。电解研磨会增大开口平均尺寸，且增大量与处理程度有关，因此原始设计与蚀刻应该进行适当补偿。电解研磨前后的钢网开口外观比较如图 9.10 所示。

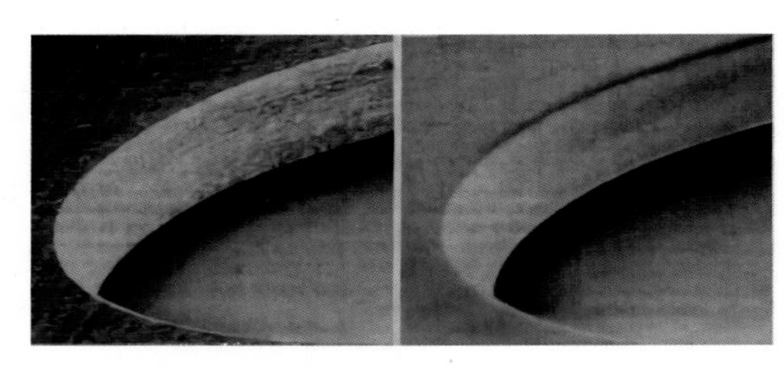

图 9.10 电解研磨前后的钢网开口外观比较

图 9.11 电铸钢网的开口形状

电铸是一种精细图形制作方法，先利用载体成像产生开口区遮蔽，之后将载体送入镀镍槽。由于开口区被遮蔽，金属在周边区域沉积，直到得到所需的钢网厚度。电铸的精度比化学蚀刻高，但要注意镍的脆性问题。电铸镍具有光滑的内壁与低的界面张力，锡膏很容易通过并从开口释放。电铸钢网的表面太光滑以致锡膏无法适当滚动，因此常发生漏印问题。电铸钢网的厚度多数为 1 ~ 12mil，最小开口宽度与厚度之比为 1.1 ： 1。电铸钢网的开口形状如图 9.11 所示，也可呈现锥形。

钢网制作的另一种特别处理是表面电镀镍，也就是完成开口加工后在钢网上电镀约 0.3 ~ 0.5mil 厚的镍层，将开口区域表面平整化。这种处理会增大钢网厚度、缩小开口尺寸，应在最初蚀刻阶段加以补偿。电镀镍不能提高剥离强度，只能改善小节距开口的锡膏顺畅性。另外，对钢网进行电镀镍表面处理，可减少刮刀磨损并延长刮刀和钢网的使用寿命。

开口设计

细节距是高质量锡膏印刷面临的主要挑战。为此，可以采用交错式开口、锥形开口等设计。传统的钢网设计，几乎都是依据焊盘位置直接对比设计。对于细节距应用，尤其是 QFP 类较高密度引脚器件，相邻涂覆空间狭小，很容易在回流焊前后产生桥连现象。对此，若将开口图形改为交错式设计，可将相邻涂覆空间增大到原来的三倍。

用于侧蚀或电解研磨的补偿方法也适用于细节距的锡膏印刷，微缩开口可相对增大相邻涂覆空间，有助于细节距焊盘的锡膏印刷。这种做法可减少锡膏涂覆量，能有效减少锡膏污斑、坍塌、桥连等问题。锥形开口的底部比顶部宽，如图 9.12 所示，看上去有利于锡膏顺畅释出。锥形开口是激光切割与电铸钢网的典型特征。

虽然锥形开口对锡膏通过有帮助，但也存在一些问题。锥形开口会导致较高的锡膏印刷污斑率，这是因为锥形开口底部放大使得锡膏在印刷压力下更容易流出。锥形开口之所以能降低总的锡膏印刷缺陷率，是因为其解决了锡膏量不足的问题，这与锥形开口有较好的锡膏通过率有关。对于极细节距的印刷，理论上应尽量减小钢网厚度，此时锥形开口的必要性就降低了。

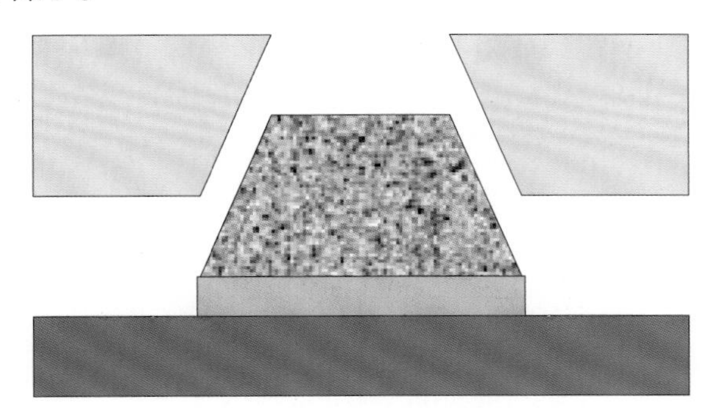

图 9.12 锥形开口

阶梯钢网常用于节距差距较大的应用，如图 9.13 所示。在同一片钢网上，采用两种不同的钢网厚度，大节距部分采用较厚钢网印刷，以提供足够锡膏量。一般阶梯差不应大于 4mil，且阶梯开口与正常开口之间的距离应不小于 75mil。表 9.2 给出了常用钢网的结构参数。

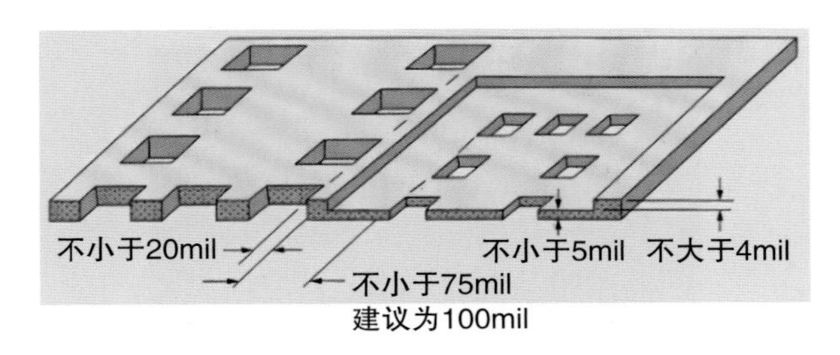

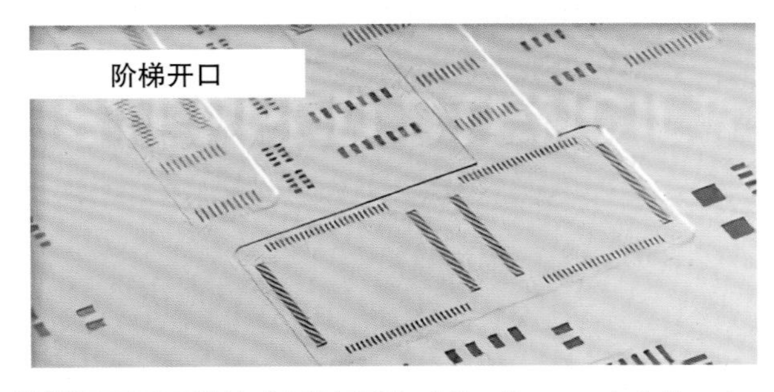

图 9.13 阶梯钢网开口设计（下图来源：http://www.christian-koenen.de）

阶梯钢网的特性是可提供不同的锡膏涂覆厚度，既可用于正常节距与细节距元件混合组装，也可用于表面贴装元件与通孔元件混合组装。出于成本和环境方面的考虑，业者在适当情形下倾向于采用通孔回流焊技术，即锡膏入孔（Paste in Hole，PiH）技术。对表面贴装元件和通孔元件而言，省掉波峰焊工艺可相对简化制程。但是，通孔焊点需要大量焊料，通孔回流焊所需的锡膏量比表面贴装大得多。通孔元件与表面贴装元件混合组装，或同一片电路板上的锡膏需求量差异很大时，阶梯钢网是不错的选择。但是当印刷厚度差异过大时，阶梯钢网未必适用，此时应该考虑进行分次印刷。

刮刀类型

用刮刀推动钢网表面的锡膏时会迫使锡膏进入开口，提起钢网后，在电路板的对应焊盘上留下定量的锡膏块，如图 9.14 所示。

表 9.2 常用钢网的结构参数

单层钢网			多层钢网		
钢网厚度 /in	开口节距 /in	开孔减少 /%	钢网厚度 /in	减薄 /in	开口节距 /in
0.008	0.025	15	0.008	0.007	0.025
0.007	0.025	10	0.008	0.006	0.020
0.007	0.020	20	0.008	0.006	0.025
0.007	0.015	25	0.008	0.005	0.020
0.006	0.020	10	0.008	0.005	0.015
0.006	0.015	20	0.008	0.004	0.015
0.005	0.015	10	0.008	0.004	0.012
0.005	0.012	20			

图 9.14 电路板上的定量锡膏块

刮刀材料主要有两种，第一种是聚氨酯。聚氨酯刮刀的形状有很多种，因用途与夹具而异，标准矩形、菱形、楔形端、双楔形端、双刃形刮刀都较常见，如图 9.15 所示。

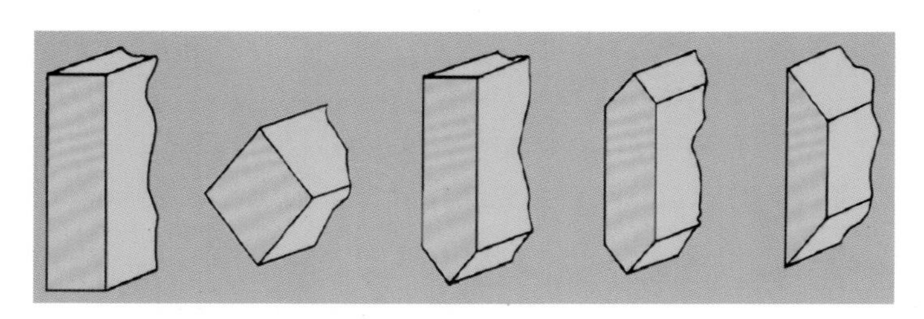

图 9.15 各种形状的聚氨酯刮刀

第二种刮刀材料是金属。将聚合材料注入高硬度多孔贵金属的弹性合金刀刃层，就形成了既具有聚合材料的挠性和平滑性，又具有贵金属的硬度、韧度、弹性的刮刀。图 9.16 所示为典型的金属刮刀作业情况。聚合涂覆材料后的低摩擦刀刃可减少印刷造成的钢网刮伤，而且具备一定的溶剂和热承受力，硬质金属片刀刃可防止刀面陷入钢网开口后产生锡膏挖取效应。

相对地，聚氨酯刮刀由于较柔软，会陷入钢网开口而产生锡膏挖取效应。表 9.3 给出了橡胶刮刀的硬度和应用案例。

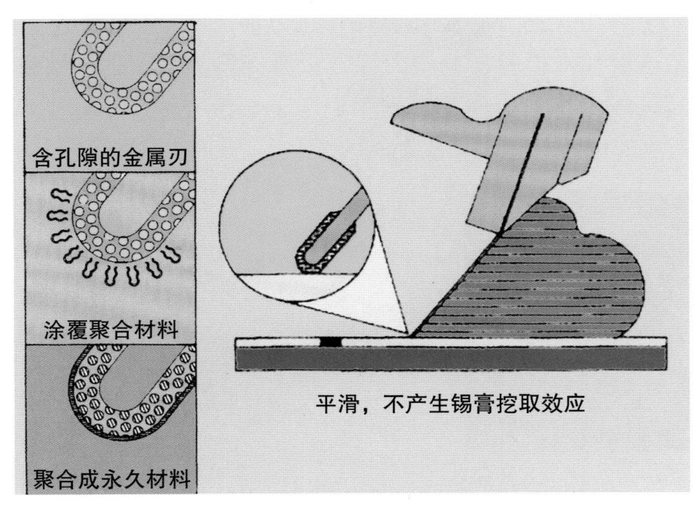

图 9.16 典型的金属刮刀作业情况

表 9.3 橡胶刮刀的硬度和应用案例

硬度（邵氏硬度）	柔韧度	应 用
60HA	柔 软	一般丝网印刷，部分厚膜印刷
70HA	介 质	广泛用于厚膜印刷
80HA	硬介质	厚膜印刷，锡膏印刷
90HA	硬	锡膏印刷
100HA	较 硬	细节距锡膏印刷
110HA	很 硬	细节距锡膏印刷
120HA	特别硬	细节距锡膏印刷
180HA	最 硬	细节距锡膏印刷

金属刮刀较薄，故而能保持一定的顺应性。设置适当的刮板角度和刮板压力，金属刮刀不但可用于平坦表面，也可用于阶梯钢网。阶梯与焊盘开口之间的距离为 1.6mm 时，金属刀刃可弯曲适应 2mil 阶梯高度差。当然，如前所述，每个阶梯要有 5mm 的间距。

▌印刷参数

印刷过程中，锡膏由人工分布到钢网上。印刷模式可设置为接触或非接触式，非接触式的最大印刷间隙不应大于钢网厚度的 10 倍，常见的印刷间隙为 0.75 ~ 1.25mm。非接触式印刷能减少对位不良导致的污斑，可采用掀背式离网模式。接触式印刷的精度较高，一般采用垂直运动离网模式。理论上，缓慢离网可获得较良好的印刷质量，6cm/min 是较理想的离网速度。

常见的刮刀行进速度为 1 ~ 6m/min。理论上，对于较小节距，刮刀行进速度应适当降低，4.5m/min 适用于 50mil 节距，1 ~ 1.5m/min 适用于 20mil 节距。但是，刮刀行进速度过慢可能会导致锡膏无法滚动而不能均匀流入开孔，过快又会导致锡膏从开口滑过而产生漏印，出现锡膏不足，形成阴影效应。出于量产需要，业界目前多采用较快的刮刀行进速度，而采用封闭式刮刀的设计号称在这方面有较好的表现，值得尝试。锡膏印刷完成后应进行涂覆量抽样检验，典型的锡膏量激光检测器及检测结果如图 9.17 所示。目前这类设备已经可联机自动化作业，程序更新也非常方便，不同类型设备间的差异主要在于识别率及检测速度。

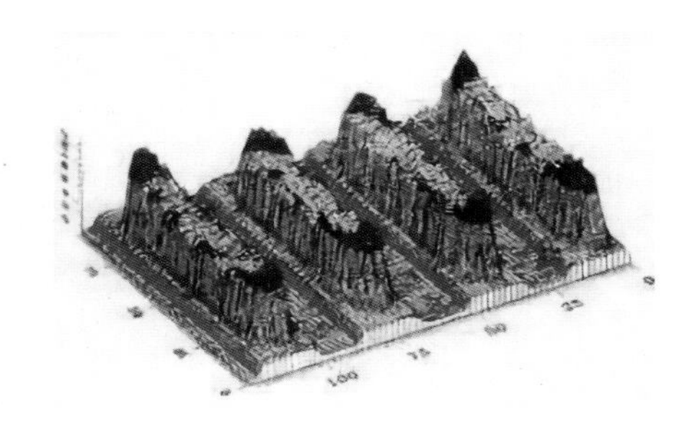

图 9.17　典型的锡膏量激光检测器及检测结果（来源：CyberOptic）

9.3　贴　片

印刷锡膏后，电路板会被传送到下一个工作站进行元件贴片。虽然以往有许多不同类型的设备，但是随着元件逐渐小型化，多数传统设计目前都已经不再适用。对于非常小且简单的颗粒式元件，可使用高速贴片机进行贴片。这类设备可依据元件运动方式进行分类，第一类采用固定放置头、移动电路板的方式，待元件一次填饱之后以高速炮塔模式进行贴片。图 9.18 所示为这类贴片机的典型设计。

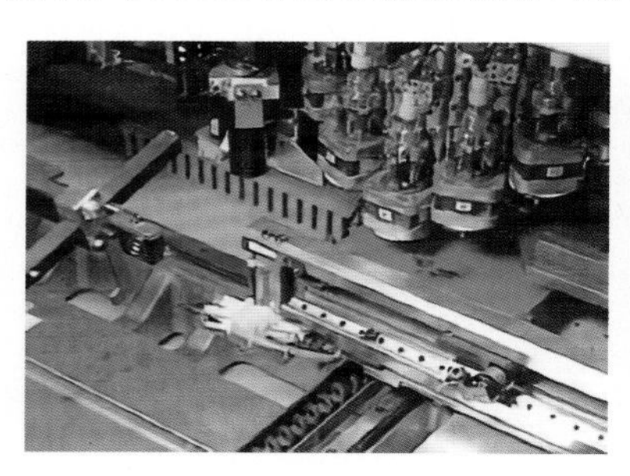

图 9.18　电路板移动的贴片机设计

这类设备的优点是放置速度高（理论速度可达 25000 片 /h 以上），但是料号改变对产出的影响很大。贴片过程中不可进行元件补充，电路板快速移动会引发已放置元件的移动，小元件尤其是 0402（封装尺寸）以下的元件不易放置，而抛件率（元件失准）高也是这类设备的缺点。

第二类设备以固定电路板与供料匣为基础，抓取机构为可移动旋转头，抓放灵活。它采取多头设计，由悬臂带着旋转头快速移动，搭配各种吸嘴可适应高速、大量的元件变化。

与传统高速贴片机相比，优势是料号改变对产出的影响低，固定供料匣允许在操作中补充元件；电路板是固定的，已放置的元件不会滑动。图 9.19 所示为典型的新式贴片设备。

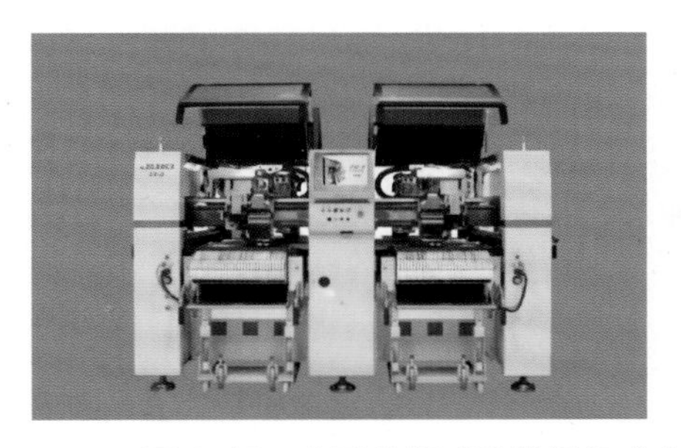

图 9.19 典型的新式贴片设备（来源：JUKI 株式会社）

贴片设备的问题是，真空吸嘴从链带及卷盘抓取元件，经夹爪调整方向后与焊盘对正。夹爪的夹力过大会导致元件损坏，即使调整到适当压力水平也存在风险，因为高速运动会产生类似锤击的效应。

关于这类设备，业内比较关注贴片的单位成本与抛件率。贴片的单位成本的主要影响因素包括稳定性、稼动率、方便性、料号更换频率等。抛件率指的是吸嘴抓取元件后掉落的概率，选择设备时要小心，因为规格数据呈现的都是理论速度，如果实际作业的抛件率过高，所有高产出数据就都没有意义了。

另外，还要考虑生产弹性及产品特性。若不需要高速设备，或者料号更换频繁导致高速贴片机无法发挥高速贴片功能，那么购买高速设备的招牌效益会大于实际效益。而且，目前的电路板业者为了进入埋入式元件产品市场，开始导入相关技术，贴片机的选择就变得格外重要了。因为这类技术采用薄电容，偶尔还会搭配有源元件，因此需要的贴片机弹性与精度都与以往大有不同。图 9.20 所示为新一代小模块、可弹性更换贴片头的高精度贴片机。

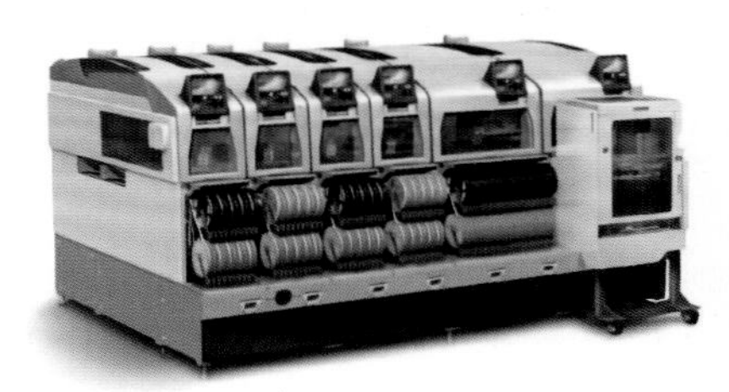

图 9.20 新一代小模块、可弹性更换贴片头的高精度贴片机

9.4 回流焊

业内常用的回流焊方法有红外线回流焊、气相回流焊、热风回流焊等，它们的特性见表 9.4。另外，还有一些辅助焊接方法，如激光焊接、热棒焊接等，这些方法已在第 6 章中有过讨论，这里不再赘述。

可知，气相回流焊的升温速率最难控制，容易造成元件损坏，但高热容量元件加热能力强。红外线回流焊的加热效率高，但受材料类型和颜色的影响较大，在维持温度均匀性方面的挑战大。热风回流焊在热传递方面较有优势，对材料类型和元件颜色都不敏感，应该优先考虑。

表 9.4　各种回流焊方法的特性比较

特　性	红外线回流焊	气相回流焊	热风回流焊
优　点	· 热传递迅速 · 热恢复迅速 · 可获得的温度范围广	· 组件热容量大时，仍能均匀迅速加热 · 最高温度明确 · 热恢复迅速	· 设备与使用成本低 · 加热均匀 · 缓慢的热传递减少了元件破裂 · 热传递提供了适当的助焊剂预热
缺　点	· 不同的表面特性和物体颜色引发非线性加热 · 热源温度高于焊料熔点，难以监控 · 每种组件要求采用单独的温度曲线	· 热传递太快会损害一些元件和材料	· 缓慢的热传递 · 缓慢的热恢复 · 设备体积可能很大

业内常用的温度曲线如图 9.21 所示。许多元件制造商规定升温速率要保持在 2 ~ 4℃ /s。过高的升温速率会导致元件破裂，主要受温度梯度（dT/dt）、湿气、元件材料热膨胀系数不匹配等因素的综合热应力影响，陶瓷元件对此特别敏感。

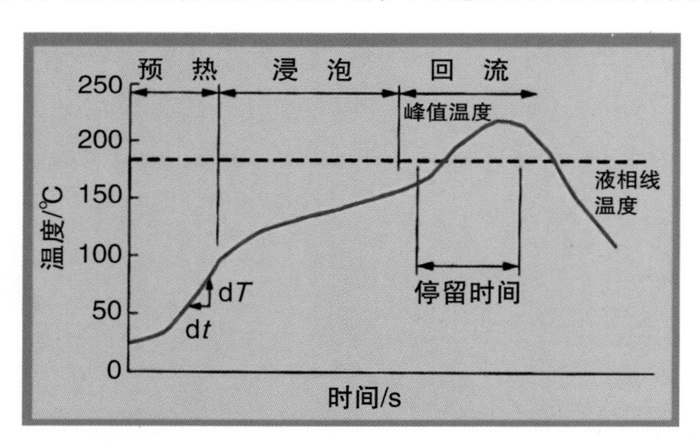

图 9.21　业内常用的温度曲线模式

升温速率过大会导致锡膏塌陷，原因是锡膏黏度在溶剂还没有有效挥发前就已经迅速下降。另外，迅速挥发的气体会影响板面高度较小的元件（如分立电容、电阻），在其周围产生锡珠。均匀加热的目的之一是使溶剂适度挥发并活化助焊剂。大部分助焊剂的活化温度在 150℃以上。不同锡膏的溶剂挥发率变化很大，这取决于所用溶剂的类型。均匀加热的第二个目的是使电路板在进入回流焊区前达到温度平衡，确保回流焊区的元件温差较小，到达最高温度的时间差也不会太大。

回流焊的升温速率较大，可能会产生下述问题：

◎ 冷焊与电路板或元件烧焦共存

◎ 元件两端润湿不平衡，产生立碑效应或元件偏移问题

然而过长的加热时间会使焊料过度氧化或助焊剂挥发，引发锡球、空洞、润湿不良等问题，小节距对此尤其敏感。另外，许多低残留免洗锡膏与水洗锡膏对热较敏感，不适合长时间加热，常用的加热时间是30 ~ 150s。在回流焊区，共晶焊料在183℃就会液化，但焊料需要适当流动、润湿才能完成焊接工作，因此需要更高的温度。为了维持焊接质量，最低峰值温度应高于200℃，较理想的最低峰值温度应高于210℃。无铅类锡膏的回流焊条件需要进行针对性调整。

最高峰值温度取决于锡膏的化学成分、元件特性、电路板材料。整体而言，过高的峰值温度会引起电路板或元件材料变色、劣化、功能损坏，焊点表面出现颗粒状、褶皱、焦化的助焊剂残留等问题。常用的最高峰值温度为230 ~ 250℃，超过液相线的停留时间要尽可能短。过长时间和过高温度都会加速金属间化合物层的生长，影响焊点的机械特性。停留时间通常为30 ~ 90s，具体取决于峰值温度与焊料类型。

红外线回流焊

红外线的波长范围介于可见光与微波之间，0.72 ~ 1.5μm是近红外区，1.5 ~ 5.6μm是中红外区，5.6 ~ 1000μm是远红外区。典型的红外线光源与应用特性见表9.5。

表9.5 红外线光源与应用特性

光 源	产生光波的类型	能量密度 / (W/cm^2)	应用特性
聚焦钨丝灯管	近红外光	300	·元件阴影效应 ·热老化：分层、板弯、碳化 ·颜色选择性
钨丝灯管散射阵列	近红外光	50 ~ 100	·颜色选择性
镍铬合金丝灯管散射阵列	近到中红外光	15.50	·适合高密度元件 ·低颜色选择性
面源二次发射器	中到远红外光	1.4	·没有阴影效应 ·无颜色选择性

近红外光的优点是穿透力好，可控制挥发物排出并实现锡膏的均匀升温。

远红外光的优点是阴影效应轻，元件颜色敏感度低。远红外光能加热炉内空气，并提升传热效率。

气相回流焊

气相回流焊设备的热源为沸腾氟碳化合物流体，焊接效果不受元件结构与位置的影响，且只要有充分的反应时间就不会产生过热或过冷焊点；就算电路板设计变化多，也不需要刻意定义温度曲线，这种优势对小批量、高混合度组装十分有利。由于回流焊区被惰性氟碳化物蒸气占据，接近无氧环境，因此使用中等活性助焊剂也能达到满意的回流焊效果。

虽然受到气相回流焊快速加热的影响，可能会产生立碑效应或芯片破裂，但是通过事先预热及合理设计焊盘提升元件和电路板的可焊性，可避免此类问题发生。目前已

经有气相回流焊与波峰焊混合设计的设备推出，图 9.22 所示为气相回流焊炉的结构示意图。

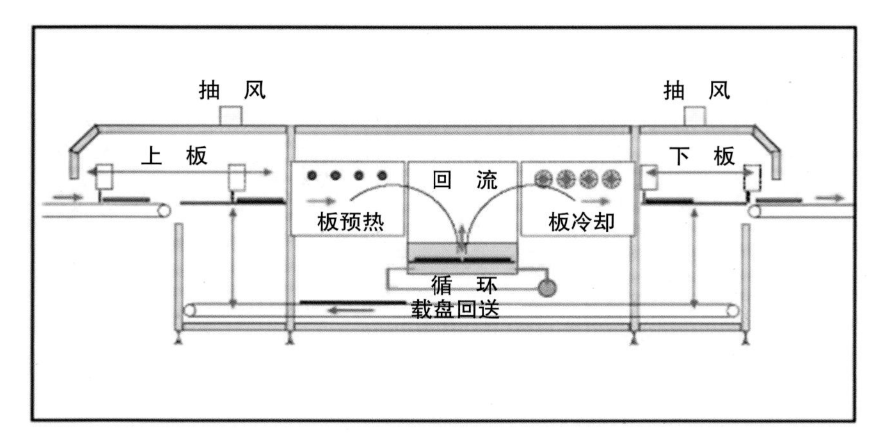

图 9.22 气相回流焊炉的结构示意图（来源：IBL）

热风回流焊

热风回流焊设备几乎都采用多段设计，将设备分成多段温控区。加热方法以气体对流为主，热源为非常小的红外线加热器件。

某些设备的隧道内安装有辅助红外线加热器件，用来加热电路板。多数设计采用多孔陶瓷板型加热器搭配加压装置，强制空气通过热板加热，并与电路板产生接触。某些设计会采用垂直气流，以消除电路板表面的静止气体，改善传热效率。

热风回流焊的缺点是需要大量流动气体产生有效加热，不容易维持低含氧环境，而耗用大量惰性气体又会对作业成本不利。在低氧环境下，热风回流焊设备比红外线回流焊设备更容易产生多余锡球和润湿性问题，尤其是使用低残留免洗工艺与水洗锡膏时。典型的热风回流焊设备结构示意图如图 9.23 所示。

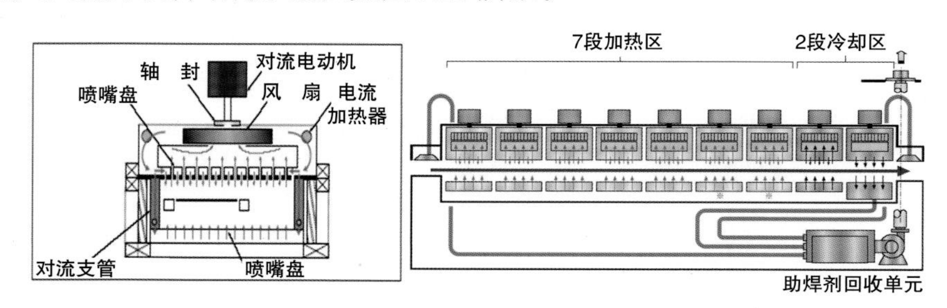

图 9.23 典型的热风回流焊设备结构示意图（来源：古河电工）

通孔回流焊

作业成本、环境管控压力不断对电子组装提出新的挑战，因此业界希望省掉波峰焊。同时，由于挥发性有机化合物（VOC）多数来自波峰焊助焊剂，省掉波峰焊可有效降低在线 VOC 的产生，同时操作成本与占地成本也可降低。可惜的是，并非所有元件都有表面贴装类型。另外，高机械强度设计也离不开通孔元件，如连接器等，这些情况的存在都使得这个理想无法完全达成。

为了解决通孔元件的焊接问题，可采用通孔回流焊技术，在通孔位置印刷锡膏并插入元件，然后与表面贴装元件一起送进回流焊炉中完成焊接。由于通孔元件焊点比表面贴装焊点需要更多焊料，因此孔径和钢网厚度都必须增大。如前所述，采用阶梯钢网或二次印刷技术可解决问题。对于免洗技术，通孔焊点助焊剂残留量远超表面贴装焊点，原因是每个通孔焊点都使用了大量锡膏。

9.5　焊点检查

焊点检查手段有目视检查、自动光学检查（AOI）、X 射线检查、红外线检查、超声波显微检查等。目视检查能发现漏焊、桥连、润湿性差、元件偏移、锡珠问题等，但无法检测出焊点内部的结构性缺陷。目视检查的准确率并不稳定，一般在 75% ~ 85% 以下。同时，人工检查速度有限，检查结果与检查者的经验和技能高度相关。图 9.24 所示为回流焊后的在线人工目视检查情况。

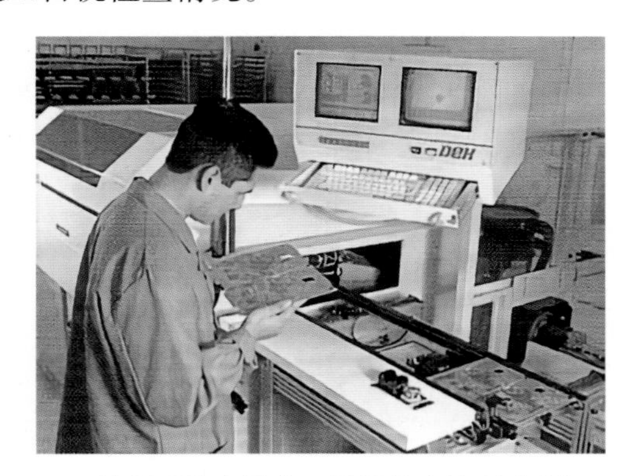

图 9.24　回流焊后的在线人工目视检查情况（来源：IPC）

若有相应的质量标准，可采用自动光学检查，以简化焊点质量检验作业，提升整体检验稳定性。图 9.25 所示为典型的表面贴装自动光学检查图像。

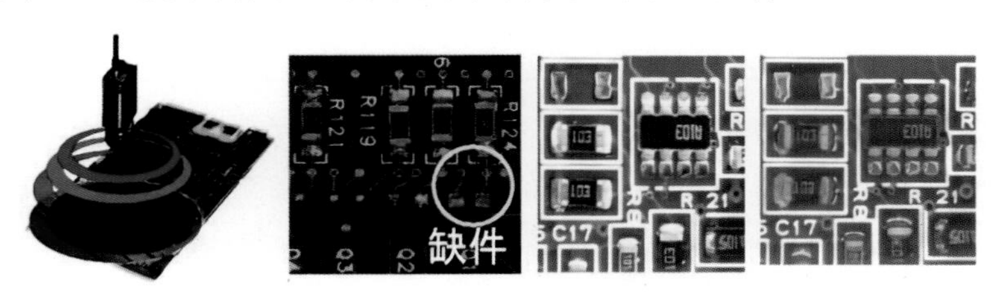

图 9.25　典型的表面贴装自动光学检查图像（来源：耀景科技）

X 射线检查可以发现虚焊、开路、隐藏锡珠、隐藏短路、偏斜焊点等，常见的检查方式有透视和断层扫描两种。图 9.26 所示为 BGA 器件焊点空洞的 X 射线成像画面。

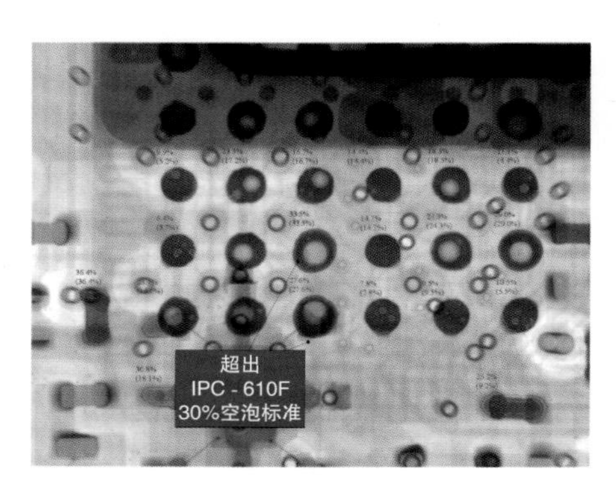

图 9.26 BGA 器件焊点空洞的 X 射线成像画面

目视检查、自动光学检查、X 射线检查的检验能力比较见表 9.6。

表 9.6 目视检查、自动光学检查、X 射线检查的检验能力比较（来源：耀景科技公司）

缺 陷	人工检查	自动光学检查	X 射线检查
空 焊	尚 可	好	好
短 路	尚 可	好	好
弯 脚	尚 可	好	尚 可
锡 珠	差	好	好
位 移	好	好	好
缺 件	好	好	好
冷 焊	差	好	差
极性相反	好	好	差
错 件	好	尚 可	差
BGA 焊点	差	差	好
元件破损	好	尚 可	差
电路板损坏	好	差	差
锡 多	尚 可	好	差
锡 少	尚 可	好	差

红外线检查系统控制脉冲对焊点表面进行微量加热，并将温度曲线转换为焊点检测信号。通过比较电路板上每个焊点的检测信号与基准检测信号，即可得到各个焊点的质量状况。红外线检查系统在实际制造中并不常用，大概是因为检测信号复杂的缘故。

超声波显微检查的图像分辨率非常高，常用的超声波频率为 10 ~ 500MHz 或者更高。图 9.27 所示为典型的电子产品内部缺陷的超声波图像，可找出空洞的位置与大小。

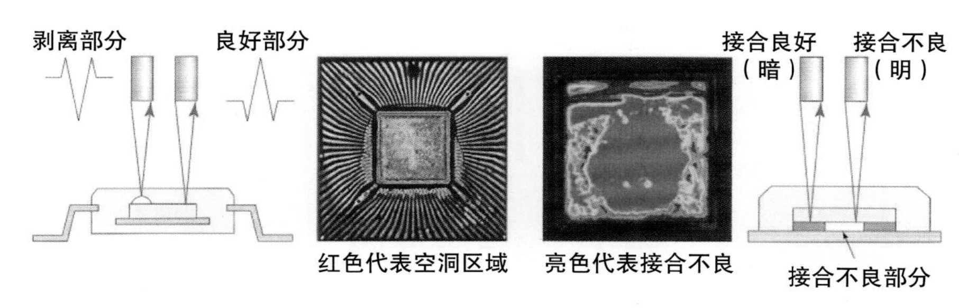

图 9.27 电子产品内部空洞的超声波图像（来源：日立建机株式会社）

9.6 清 洗

电路板组装后是否需要清洗，与使用的锡膏类型有关。虽然业内逐渐趋向于采用免洗技术，但仍然有一定比例的产品会进行焊接后清洗。电路板上的污染物可分为颗粒类、离子型极性类、非离子型非极性类等，表 9.7 给出了一些典型的污染物。

表 9.7 电路板上的典型污染物

颗粒类污染物	离子型极性类污染物	非离子型非极性类污染物
钻 / 冲孔产生的树脂、玻璃纤维碎片	助焊剂残留	助焊剂树脂
机械加工、修剪产生的金属与塑料碎片	焊接产生的盐类	助焊剂松香
灰 尘	操作污染（氯化钠和氯化钾）	油脂类
操作污染物	电镀盐残留物	蜡
清洁布纤维屑	中和剂	合成聚合物
毛发 / 皮肤屑	乙醇胺	焊 油
	离子型表面活性剂	金属氧化物
		操作污染物
		润滑剂
		硅 胶
		非离子型表面活性剂

焊接后清洗的目的包括去除会加速离子迁移与漏电的焊接残留物、减少电路与元件的腐蚀、维持连接可靠性、确保针床测试准确、保持良好的产品外观。为了避免损害臭氧层，过去使用的含氯氟烃清洁溶剂多数都已被其他化学品取代。考虑到水的低成本和再循环性，清洁溶剂以水溶性与半水溶性体系为主，但锡膏几乎都是松香体系或非亲水性树脂体系，并不适合水洗。因此，也需要用半水溶性或皂化液清洗体系来解决焊接后的水洗问题。图 9.28 所示为典型的油水分离清洗系统的结构。

目前大批量清洗设备都采用连续自动化控制，且多数配套有加热、喷雾、超声波搅拌等可改善清洗效果的设计。但超声波可能会损伤键合元件，也可能导致结构较弱的元件出现裂化，设计与使用时都要小心。

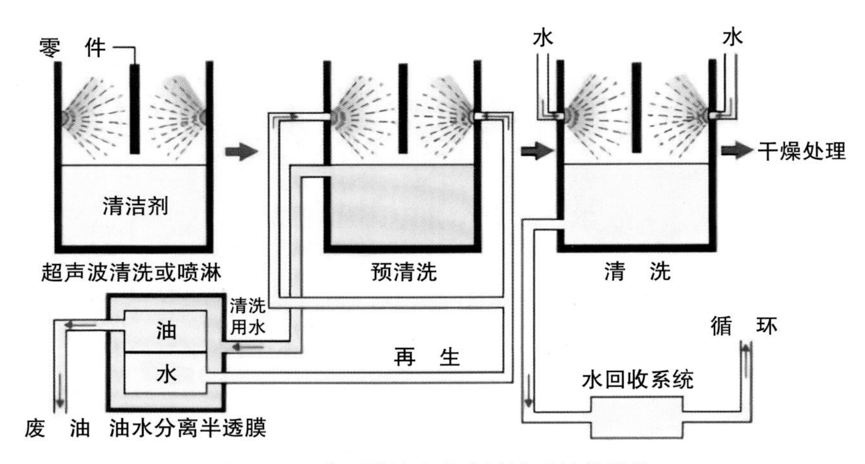

图 9.28 典型的油水分离清洗系统的结构

9.7 在线测试（ICT）

焊接后要进行在线测试，以确认产品的功能性。免洗工艺的助焊剂残留物过多，会阻碍探针的电气接触，导致测试时出现假性开路问题，助焊剂堆积在探针头处时问题会更严重。虽然加大探针压力可减少问题，但要想确实降低假性开路率，就要持续清洁探针头。部分业者在使用助焊剂时就考虑到了这样的问题，因此假性开路率较低。

回流焊的潜在问题可分为回流焊前与回流焊后两部分来讨论。几乎所有问题都可回溯到三种要因——材料、工艺、设计，虽然也有例外，但多数问题几乎都可以在这三个方面找到根因。

问题的根本原因有时不在制造者可控制的范围内，这时应该先确认问题，然后通过优化调整减轻问题的严重程度。而彻底改进恐怕要从原始设计改善或供应商优化着手。例如，焊盘尺寸设计不一致，一些组装工艺中便会出现立碑效应。

对于电子组装服务契约商，要求电路板代工厂更改焊盘设计并不难，但要耗用较多的时间。不过，在设计更改前完全停止生产或退回成品未必恰当，对实际生产也未必有利。这时可以通过控制焊料熔点、采用缓慢升温的温度曲线等，降低问题的严重程度。也可调整材料，依靠不同黏滞区合金锡膏来解决问题。尽管这两种方法都没有考虑问题的根本原因，但都可暂时有效消除立碑效应。

9.8 小 结

表面贴装技术以锡膏为主要焊料，锡膏类型、钢网设计、印刷设备类型及操作参数、元件放置、回流焊、焊点检查、在线测试等都会影响焊点质量。表面贴装技术是电子产品微型化、低成本化、环保化等的关键技术，也是未来多年内的主流技术。

第 10 章

回流焊常见问题

回流焊问题一般会按其发生在回流焊前、回流焊中，还是回流焊后分别进行讨论，以便从中发现关联性与调整方向，厘清问题并改善。

10.1 回流焊前的常见问题

回流焊前锡膏的任何变化，都会影响后制程的表现和最终产出。下面围绕锡膏储存、涂覆和贴片讨论回流焊前的常见问题。

10.1.1 助焊剂分离

正常锡膏的助焊剂与焊料颗粒混合均匀，但取用时有可能发现分离现象，主要表现为灰白色层表面出现黄色助焊剂，有点像面霜发生油水分离。轻微的助焊剂分离是可以接受的，但严重的助焊剂分离会导致污斑、塌陷、焊料涂覆不均等不可以接受的缺陷。

助焊剂分离的可能原因包括环境温度过高、储存时间过长、锡膏黏度过低、锡膏触变性过低等，改善措施如下。

（1）在储存寿命内使用锡膏，用旋转架存放锡膏，以低温储存锡膏，使用前做好锡膏搅拌等。

（2）使用高黏度锡膏，使用高触变性锡膏。

10.1.2 锡膏表面结块

新开封的和使用过的锡膏都有可能出现表面结块，这可能是因为锡膏含有过多的焊料合金，如 $Pb_{97}Sn_3$、$Pb_{97.5}Ag_{2.5}$、$Pb_{97.5}Ag_{1.5}Sn_1$、$Pb_{98}Sb_2$ 等；也可能是因为助焊剂腐蚀性或活性过高，与焊料反应产生了分子量较大的金属盐，导致锡膏黏度增大。

另外，锡膏表面结块也可能是使用不当所致，如锡膏过度暴露在空气中吸湿，或者锡膏储存时间过长、开封过久、包装不当、储存温度过高等。业内也有过作业环境抽风量过大，而锡膏储存容器没有密封，导致锡膏表面硬化结块的案例。

改善措施如下。

（1）使用储存时反应性较小的锡膏。

（2）使用较低铅或铟含量的焊料合金。

（3）避免将用过的锡膏放回容器后再度使用。

（4）取用锡膏后务必盖好容器，内盖压下后应与锡膏接触。锡膏包装要使用能够隔绝湿气、氧气渗透的材料密封。

（5）除非锡膏供应商要求，否则锡膏应储存在低温下，低温储存可以获得较长的储存寿命。

10.1.3 锡膏硬化

未开封的和没用过的锡膏也有可能变硬或变黏，因为某些反应可在没有氧气与水分的情况下发生。问题可能出在选用的原料本身，或许助焊剂在储存状况下太容易反应。助焊剂与氧化物反应形成的金属盐的黏度会比助焊剂本身还高。

理想的助焊剂应该在接近焊接温度时才会产生反应，如果在储存温度下很容易发生反应，就会因为产生大量金属盐而变黏。此外，焊料颗粒并没有氧化层保护，容易引起冷焊，形成硬焊料颗粒团，使问题进一步恶化。较有效的改善方法包括降低运输与储存温度，采用低活性助焊剂。另外，使用较高含氧量的焊料颗粒也可以减少这类问题，但要注意连带影响。

10.1.4 锡膏印刷寿命过短

某些锡膏印刷之初质量正常，但很快就开始变稠，容易发生漏印、填充不足、刮印不良、钢网开口堵塞等问题。相反，随着印刷次数的增加，锡膏逐渐变稀，发生污染、渗漏等问题。这些都会影响锡膏在印刷钢网上的使用寿命。对于传统印刷机，锡膏变稠的可能原因包括作业环境温度下助焊剂活性过高、助焊剂溶剂挥发性过高、锡膏耗用率过低、作业环境温度或湿度过高、钢网区回风量过大等。

免洗型锡膏或 RMA 锡膏的黏度在高湿度下会随着时间的增加而增大，因为水分促进了助焊剂与金属之间的化学反应。即便是在低湿度（如 20% 相对湿度）下也会发生问题，因为锡膏的黏度会因溶剂挥发而增大。水洗型锡膏的黏度在高湿度环境会随着时间的增加而降低，因为水洗型锡膏易吸湿。鉴于此，使用水洗型锡膏时应保持低湿度。

对于传统印刷机，要解决这类问题，可选用无腐蚀性、低焊料含量、溶剂无挥发性的锡膏，作业时需注意减少钢网区的空气流动，保持适当的温湿条件等。使用密封刮刀可避开暴露于环境的问题，理论上可延长锡膏印刷寿命。但某些锡膏在密闭空间内会随印刷次数增加而变得黏稠，也有些锡膏会变稀、渗漏，反而会出现其他工艺问题。

室温下，助焊剂的活性或腐蚀性会迅速破坏焊料氧化物保护层，在过多剪切下导致锡膏黏度增大，这些都要注意。目前业者常将密闭空间与补充袋体积缩小，通过提升锡膏的交换率来降低这种影响。

10.1.5 刮刀锡膏释放不良

图 10.1 所示是单片刮刀经过一次印刷后，锡膏粘连在刮刀上释放不良的情况。当刮刀循环提起，移回准备印刷的位置时，刮刀上过多的锡膏残留会被拖动越过钢网表面。在这个过程中，一些锡膏会留在钢网开口顶部，成为产生污斑和堵塞的诱因。

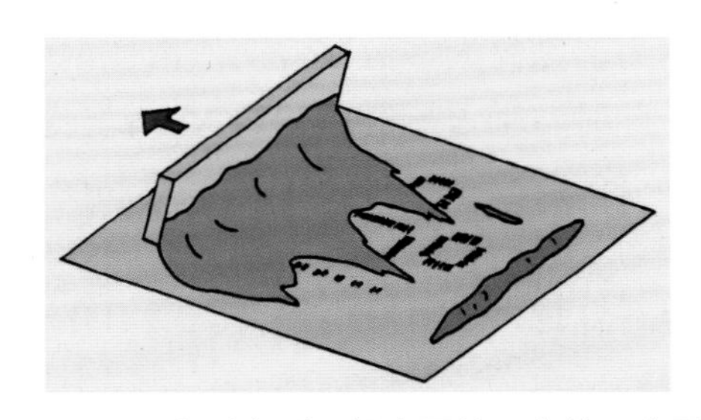

图 10.1 印刷中刮刀锡膏释放不良的示意图

图10.2所示为双刮刀锡膏释放不良的情况。第一片刮刀向右方印刷完成后，粘连了不少锡膏。此时，第二片刮刀准备下一次向左印刷，但只有很少的锡膏留在刮刀前供第二次印刷用。

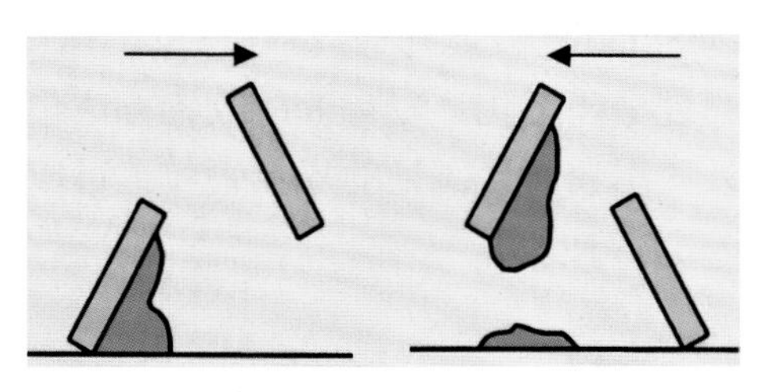

图10.2 双刮刀锡膏释放不良的示意图

类似锡膏悬挂的问题，也会导致刮刀来回印刷时刮印的是上一次印刷结束时留下的堆积锡膏。单刮刀锡膏释放不良，导致刮刀提起跨越钢网时留下锡膏堆的污染现象如图10.3所示。

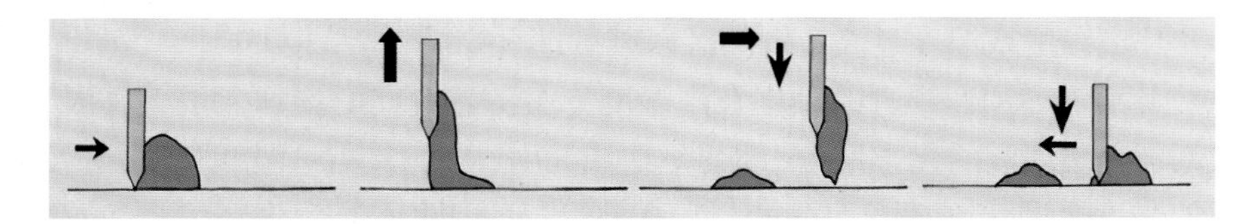

图10.3 单刮刀锡膏释放不良，导致刮刀提起跨越钢网时留下锡膏堆

锡膏难以从刮刀上释放的原因包括锡膏过黏、锡膏过稠、钢网上的锡膏逐渐干燥、钢网上添加的锡膏量不足、刮刀柄太凸出且刮刀过低、刮刀与钢网的接触角过小、钢网表面太光滑等。印刷过程中，锡膏沿着刮刀方向轻微上提是正常状态，这可能导致锡膏与刮刀接触面积比与钢网接触面积略大，如图10.4所示。

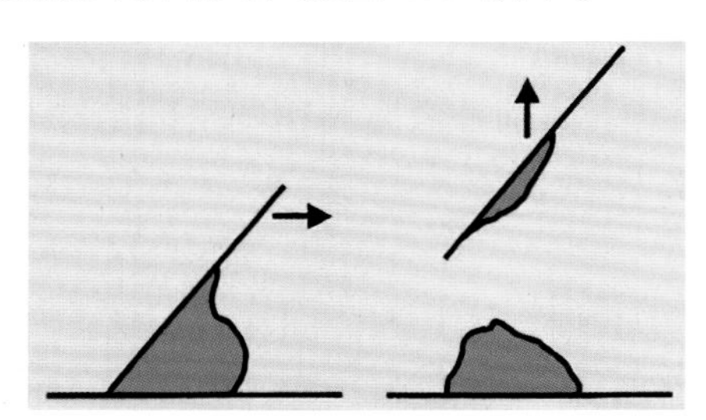

图10.4 印刷中刮刀提起后的锡膏分布状态

锡膏的分布状态取决于力的平衡。若适当配置锡膏重力及锡膏与钢网的黏附力，让它们超过锡膏与刮刀的黏附力，则绝大多数锡膏会停留在钢网上。若锡膏非常黏稠，黏附力大小就变得非常重要。此时若刮刀接触面积较大，就会将多数锡膏留在刮刀上。锡膏逐渐干燥、黏度增大时，同样会出现类似状况。虽然低黏度锡膏较容易从刮刀上释放，但会损伤锡膏的元件固定能力。锡膏的黏度适中为好，最好采用非挥发性溶剂才能稳定锡膏的黏度。当然，降低焊料含量，也可降低锡膏黏度，有助于锡膏从刮刀上释放，但这种做法将导致较严重的塌陷，未必是好的选择。对于较小节距表面贴装，焊料含量保持在90%质量分数是较理想的状态。

若锡膏量少、质量小，则刮刀比钢网有更大接触面积，黏附效果随之增强，导致刮刀锡膏释放不良。依据锡膏类型，建议锡膏滚动直径大于 0.5in。对于较高黏度的锡膏，理想滚动直径不应小于 3/4in。为了让锡膏进一步从刮刀上释放，一次印刷结束后与下一次印刷开始前，最好将刮刀举到适当位置并维持 10 ~ 20s，以利于锡膏释放。

锡膏从刮刀上释放，是锡膏与刮刀、钢网间的表面黏附力与锡膏重力平衡的结果。原则上较光滑的表面及低表面能，都可降低黏附力，因此可获得满意的锡膏释放状态。多数工艺使用的刮刀，如橡胶刮刀与金属刮刀，表面都经过了抛光处理。另外，钢网表面保持适当粗糙度，也可增大锡膏与钢网间的黏附力。

10.1.6 锡膏印刷厚度异常

据统计，较明显的表面贴装缺陷有引脚共面性差、漏件、桥连、开路（如立碑效应、元件对位不良、锡膏量不足）等。在焊接过程中，若以百分比衡量电路板上的表面贴装缺陷，就会发现锡膏印刷相关问题的比例最高，其次分别是贴片、回流焊与清洗、来料等方面的相关问题。可见，对于表面贴装，锡膏印刷质量至关重要。

锡膏印刷厚度与供应量有关，也决定了缺陷的类型，如开路、焊点不饱满、焊料过多、立碑效应、偏移、桥连等。若锡膏印刷厚度控制得当，就可获得稳定的后续作业质量。可惜的是，印刷厚度经常因为操作问题而偏高或偏低。除了钢网厚度，焊料颗粒尺寸与分布状况、焊盘表面处理、阻焊厚度、邻近标记、钢网与电路板间的异物、刮刀水平度、刮印速度、刮刀压力、刮刀硬度、刮刀磨损、钢网离板高度、钢网与电路板的对位、钢网开口变形、钢网开口尺寸、钢网开口方向等，都会影响印刷厚度。

显然，焊料颗粒过大会影响锡膏印刷均匀性，不利于产生平滑印刷面。为了确保印刷质量，焊料颗粒尺寸不应超过钢网开口尺寸的 1/7。焊盘表面处理也会影响印刷厚度，热风整平经常会导致印刷厚度不一致，尤其是凸面锡焊盘会突入钢网开口，进而产生锡膏挖取或跳印问题。其他表面处理如化学 / 电镀镍金、沉锡、沉金、沉银、OSP，相对有利于印刷厚度控制。当阻焊厚度大于焊盘高度时，锡膏印刷厚度会大于钢网实际厚度。阻焊厚度不一致会直接导致锡膏印刷厚度不一致。同样，标记或字符距离钢网开口过近、钢网与电路板间有异物，也会导致锡膏印刷厚度增大。

刮刀类型和印刷参数对锡膏印刷厚度有很大影响，因为印刷厚度会随着印刷间隙的加大、刮印速度的提高、刮刀压力的下降而增大。在较高的刮印速度下，印刷厚度甚至会大于钢网厚度，这是由于刮刀强制锡膏回到刮刀下而生成高流体压力所致。在较低的刮印速度下，提高或降低刮刀压力产生的印刷厚度变化较大，这可能是流动时间差异导致的。在较低的刮印速度下，锡膏有较长时间承受刮刀压力，因此刮刀压力越高，印刷厚度越小。另一方面，在较高刮印速度下，锡膏没有充足时间承受刮刀压力，印刷厚度对刮刀压力不敏感。

刮刀硬度对印刷厚度也有明显影响。较软的刮刀受压后容易变形并陷入开口，如图 10.5 所示，难免产生挖取现象，因此会得到较小的印刷厚度。印刷厚度也会随着刮刀磨损而增大，这是因为钝刀刃无法陷入开口。

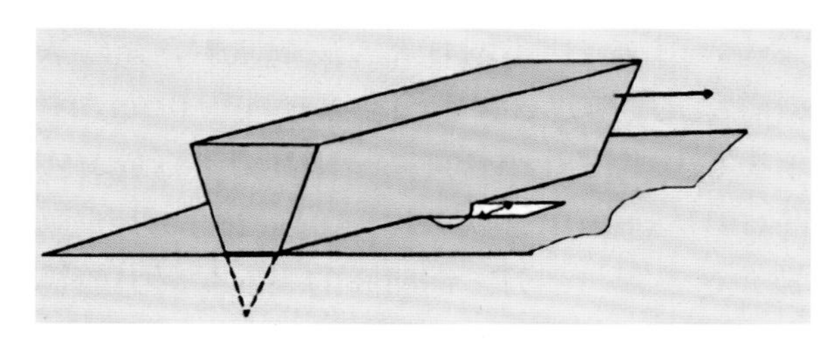

图 10.5 刮刀在移过钢网时受压变形

若钢网与电路板表面没有适当的水平一致性，印刷厚度也会发生变化，印刷间隙较大的区域会得到较大的印刷厚度。钢网开口变形也会导致印刷厚度增大。开口方向对印刷厚度有着复杂影响，与印刷方向垂直的开口的印刷厚度较大，这有可能与刮刀陷入开口的程度有关。金属刮刀对开口方向相对不敏感，但是当使用金属刮刀以极低速度刮印时，平行方向的印刷厚度可能会大于垂直方向。开口方向导致的印刷厚度差异，可通过对角线定向印刷来消除。

可见，锡膏印刷厚度受很多因素的影响，包括钢网和电路板的水平一致性、阻焊厚度、印刷间隙、刮刀压力、刮刀校准、钢网底面清洁度等。污斑源自印刷作业中提起钢网时，锡膏涂覆到不应该涂覆的区域，导致焊盘周围呈现锡膏模糊状态，或者相邻焊盘间出现锡膏桥连现象。污斑多数是钢网底面开口周围残留锡膏所致，因为开口周围的锡膏会在下次印刷时传递到基板并导致污斑。

污斑的产生与钢网的厚度、开口形状、离板高度、开口方向、焊料颗粒尺寸、刮刀压力、钢网与电路板的密贴性、印刷间隙、钢网底面的锡膏累积量、热风整平质量等有关。污斑会随钢网厚度的增大而减少，可能是刮印时开口中的锡膏所受的压力随钢网厚度的增大而减小的缘故。

锥形处理钢网的污斑缺陷率明显较高，这应该是锥形开口底部较宽，锡膏在刮印压力下更容易流动所致。表 10.1 给出了锥形处理钢网与非锥形处理钢网的印刷缺陷率比较。

表 10.1 锥形处理钢网与非锥形处理钢网的印刷缺陷率比较

钢网类型	污斑缺陷率 /%	焊料不足的缺陷率 /%	总的缺陷率 /%
非锥形处理钢网	0.86	20.95	21.81
锥形处理钢网	1.97	19.19	21.16

对于小节距印刷技术，钢网厚度都较薄，不论是否有锥形处理都容易出现问题。当节距从 50mil 下降到 8mil 时，实验结果显示污斑影响总缺陷率从 0 增加到 8%，这或许可解释为锡膏渗出与节距减少的相对比率。如果看到锡膏渗出量随钢网开口缩小而减少，这是因为传递到开口底面附近的印刷压力也减少了。

钢网与电路板密贴不良会导致锡膏容易漏出。密贴不良的原因包括电路板与钢网对位不良、阻焊过厚、电路板与钢网不平行、钢网离板高度过大、钢网底面开口周围堆积锡膏等。锡膏在钢网底面堆积，可简单地进行擦拭处理，但要注意正确选用钢网擦拭溶剂。溶剂的挥发性与极性要适当，如异丙醇就是不错的选择。若溶剂没有足够的挥发性，则残留溶剂会在印刷过程中与锡膏混合，进一步产生污斑问题。目前的锡膏印刷机具有辅助清洁机构，可减少这种缺陷，如图 10.6 所示。

图 10.6　锡膏印刷机的辅助清洁机构（来源：http://www.asys.de）

10.1.7　焊点焊料不足

焊点焊料不足一般是焊盘上涂覆的锡膏量不足所致，通常表现为钢网开口堵塞、锡膏印刷不全或厚度偏小等，根源包括钢网厚度不当、锥形处理不良、印刷间距过小、开口方向错误、焊料颗粒过小、开口设计不当、开口质量不良、刮刀压力不足、锡膏流变性不足等。

随着钢网厚度的增大，锡膏量不足与钢网堵塞导致的印刷缺陷越来越多。对于 2mil 厚的钢网，焊料颗粒过大或过小在锡膏印刷时都有可能发生锡膏量不足的问题。根据经验，可能是因为印刷过程中产生了锡膏挖取效应。钢网经过锥形处理后，总缺陷率会稍微降低，这是因为增强锡膏释放效果后，锡膏量填充不足问题有所减少。

对于节距在 30mil 以下的焊盘，印刷缺陷率会随着节距减小而迅速增大，主要缺陷类型也是焊料不足。这是因为开口尺寸减小后容易发生堵塞。当开口宽度与钢网厚度之比小于 1.5 ：1 时，完全释放锡膏就比较困难。另外，开口侧壁的光滑度也会影响锡膏释放。

钢网开口的激光切割，经常会导致开口侧壁呈锯齿状或碎屑堆积在钢网表面，有必要进行后处理，如电解研磨。钢网开口堵塞也可能是刮刀刮过钢网后锡膏膜留在钢网表面所致。产生锡膏膜的原因包括刮刀压力过低、刮刀接触角过小、锡膏流变性差等。锡膏流变性对锡膏释放的影响非常大，甚至在钢网刮面清洁的情况下，也会因为锡膏流变性差而发生堵塞问题。锡膏流变性差的原因可能是触变性过低、黏度过高，也可能是锡膏配制不良、锡膏过期、锡膏解冻不当、锡膏因溶剂损耗而过于干燥、助焊剂与焊料颗粒反应导致结块等。

10.1.8　点涂针管堵塞

随着表面贴装技术的进一步发展，点涂针管越来越小，越来越容易发生堵塞。发生堵塞的主要原因是焊料颗粒在高剪切力作用下逐渐从助焊剂中分离，助焊剂会先被挤出，导致锡膏的焊料含量升高。迅速涂覆与重复涂覆会加速针管堵塞，主要表现为涂覆锡膏量逐渐下降、漏涂等。

针管堵塞的可能原因包括焊料颗粒过大、焊量含量过高、锡膏黏度不当、环境温度过高、锡膏触变性过低、助焊剂活性过高、锡膏流动路径不当、涂覆方式不当等。极小量涂覆的难度大，因为焊料与助焊剂的密度差异大，容易产生高剪切力。为此，可使用焊料颗粒平均尺寸较小且分布均匀的锡膏，要确保锡膏黏度适当。黏度过低会导致锡膏中的焊料颗粒沉积而堵塞针管，黏度太高又会导致锡膏通过针管的难度加大。作业环境温度过高会导致锡膏黏度降低，也可能导致针管堵塞。

降低锡膏的焊料含量，可以减少焊料颗粒聚集，降低针管堵塞风险。但副作用是容易产生较大塌陷，因为回流焊时会有更多助焊剂被去除。对此，配制锡膏时可适当提高触变性，以改善锡膏稳定性。若焊料是软性合金，如高铟含量焊料合金，那么重复加压可能会发生冷焊和焊料堵塞针管。若合金容易与助焊剂发生反应，则锡膏表面的金属氧化物保护层可能会被过早去除，容易演变为冷焊问题。使用焊料颗粒非常细的锡膏时，焊料颗粒与助焊剂发生反应也会导致针管堵塞，这是因为细焊料颗粒有较大的总表面积与助焊剂反应。

消除涂覆死角，也可减少针管堵塞问题。若锡膏流动路径上有死角，则重复加压可能会导致冷焊与焊料颗粒聚集，进而发生针管堵塞问题。消除针管堵塞的方法包括选用焊料颗粒大小适当的锡膏，控制锡膏的焊料含量、黏度、触变性与作业环境温度，采用室温下低活性的助焊剂与适当的涂覆设备等。

10.1.9 锡膏塌陷

塌陷是锡膏黏度不足，无法抵抗重力而发生坍塌，进而铺展到涂覆区域以外的现象。印刷后的正常锡膏塌陷如图 10.7 所示。

根据发生塌陷时的温度差异，锡膏塌陷大致可分为冷塌陷和热塌陷两类。冷塌陷发生在室温下，印刷后锡膏在常温下逐渐扩散，锡膏块顶部逐渐由方形变得圆滑。热塌陷则发生在回流焊阶段。冷塌陷一般是锡膏的触变性低、黏度低、焊料含量或固含量低、焊料颗粒尺寸小或分布不均、助焊剂表面张力低、湿度大或吸湿率高、元件放置压力高引发的。至于热塌陷，除了在较高温度下受上述因素的影响，也受回流焊温度曲线和升温速率的影响。

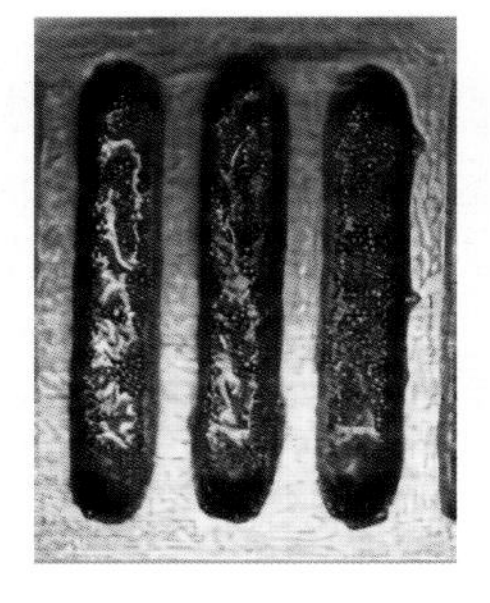
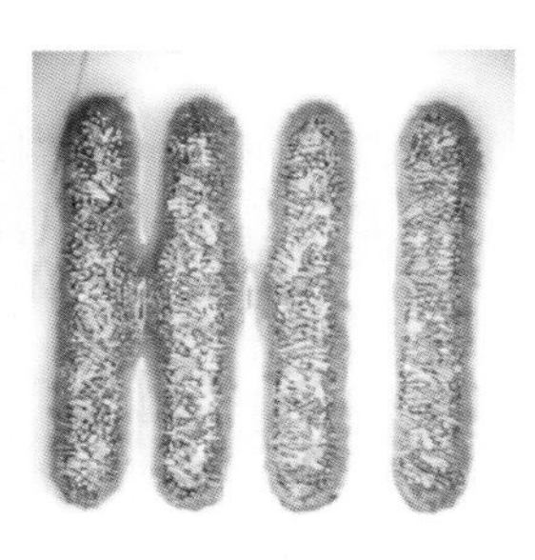

图 10.7 印刷后的正常锡膏状态（左）与锡膏塌陷（右）

实验发现，当焊料含量低于 90% 时，热塌陷会随着焊料含量的降低而加剧，这是因为焊料颗粒熔化增强了锡膏流动性。当温度超过焊料熔点时，熔融焊料的流动会受限于高表面张力与颗粒聚集。对于细节距线路，正常节距与焊盘宽度之比大约是 1 或稍小于 1，采用 90.5% 或更高焊料含量的锡膏基本可满足焊接需要，不会发生塌陷短路。此外，塌陷也随着助焊剂的固含量增大而减少。固含量较高的助焊剂不论是在室温还是在高温下，都呈现出较高黏度，所以有较大的抗塌陷能力。

当温度达到 100℃时，锡膏中的助焊剂便会熔化，但焊料颗粒仍会保持固态，此时可观察到助焊剂变稀引起的较大塌陷。加热时，焊料颗粒间的助焊剂熔化，产生润滑作用，导致锡膏塌陷。当环境湿度较高时，锡膏因吸湿而呈现低黏度，容易塌陷。对于许多水溶性和高吸湿率锡膏，这种趋势尤其明显。根据经验，大多数锡膏可接受的环境相对湿度不高于 50%。高元件的放置压力会挤压锡膏，也会加重塌陷程度，但严格意义上这不属于自然塌陷范畴。

塌陷也会受到回流焊升温速率的影响。具有固定成分的材料，其黏度会随着温度的上升而下降，在高温下发生塌陷。另一方面，温度上升通常会加速助焊剂溶剂的挥发，导致锡膏固含量升高、黏度增大。图 10.8 所示为温度与溶剂损失量对锡膏黏度的影响。

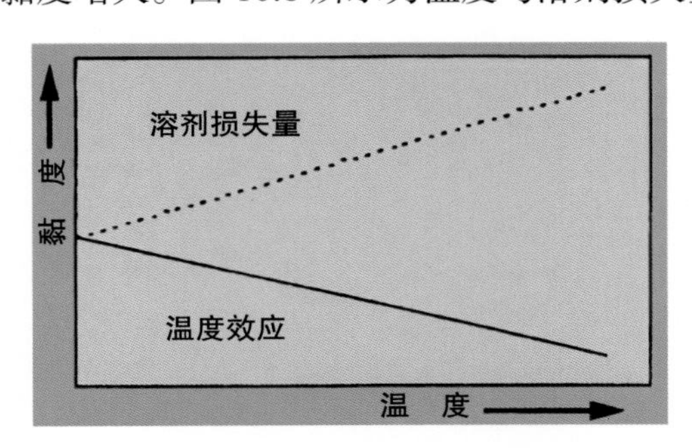

图 10.8　锡膏受热与溶剂损失对黏度的影响

溶剂损失量是动态的，会受升温速率的影响。溶剂挥发速率与溶剂的热能、温度成正比，溶剂损失量与挥发速率和时间的乘积成正比。因此，可通过改善回流焊升温速率来调整溶剂损失量。在任何给定温度范围内，和快速升温时相比，缓慢升温时的溶剂损失量更大。升温速率对锡膏黏度的影响如图 10.9 所示。所以，适当的缓慢升温，可提升锡膏黏度，减少塌陷。锡膏从室温加热到熔化温度，建议使用 0.5 ~ 1℃/s 的升温速率。

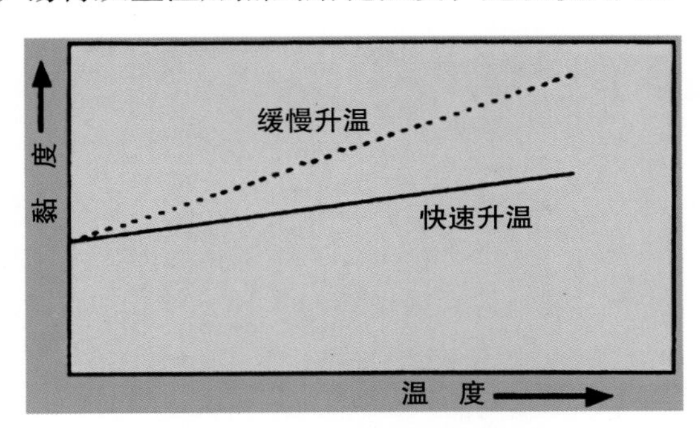

图 10.9　升温速率对锡膏黏度的影响

10.1.10　锡膏黏度低

锡膏黏度低是指贴片期间或贴片后，元件没能被锡膏黏住。锡膏黏度低的原因包括涂覆锡膏量不足、助焊剂黏度不足、焊料含量不当、焊料颗粒分布不均、贴片期间电路板迅速移动、电路板支撑不佳、环境湿度过高等。

锡膏量不足时，元件不能固定在电路板上是很容易理解的。助焊剂黏度是锡膏黏度的决定性因素，因为焊料颗粒本身不具备黏度，所以焊料含量越高，锡膏黏度越低。但焊料含量与锡膏黏度的关系非常复杂，随着焊料含量的逐步降低，锡膏黏度一开始迅速下降，随后下降速度减缓。

焊料含量越低，进行黏度测试时就有越多的锡膏被挤压，测试探针和基板间的间隙就越小。当焊料含量达到约40%后，依据某种锡膏的测试经验值，随着焊料含量的升高，锡膏黏度会略微升高后降低。黏度增大可能是因为填料增强效应产生的内聚力增大。当焊料含量超过某个临界值后，黏度会继续降低，这是因为助焊剂对焊料颗粒的包覆与黏合不充分。

内聚力会随着焊料颗粒尺寸的减小而增大，进而导致黏度增大。此外，某些助焊剂的吸湿率较高，必然会影响锡膏黏度。环境湿度过高可能会导致锡膏表面结块、锡膏变稀及黏度降低，这些问题都应该避免。

10.1.11 锡膏黏度下降过快

锡膏刚刚暴露于空气中时，还具备适当或较高的黏度，但是锡膏黏度会在印刷开始后快速下降，导致作业窗口变得非常窄。黏度下降过快的可能原因包括焊料含量过高、溶剂挥发性过高、焊料颗粒尺寸过大、印刷完成的锡膏表面结块、作业环境空气流动过快或温湿度过高、钢网过薄等。

黏度保持时间会随着焊料含量的升高而缩短。很明显，提高助焊剂含量必然会增加锡膏的黏度保持时间。这样就可以理解许多锡膏供应商都建议焊料含量不得超过90%了。焊料颗粒表面积的增大有助于延长溶剂保留时间，这是焊料颗粒与溶剂间的表面吸附作用增强所致。但是，焊料颗粒过小会导致助焊剂与焊料颗粒间的化学反应加速，可能会产生表面结块，反而会缩短黏度保持时间。

10.2 回流焊中的常见问题

回流焊中的常见问题大致可分为两大类，第一类与冶金现象有关，包括冷焊、不润湿、半润湿、渗析、金属间化合物过厚等。第二类与异常焊点形态有关，包括立碑效应、元件偏移、灯芯效应、桥连、空洞、开路、锡球、锡珠、飞溅物等。

10.2.1 冷 焊

冷焊是指焊点呈粒状、不规则形状，或焊料颗粒熔融充分等回流焊不全的现象，如图10.10所示。

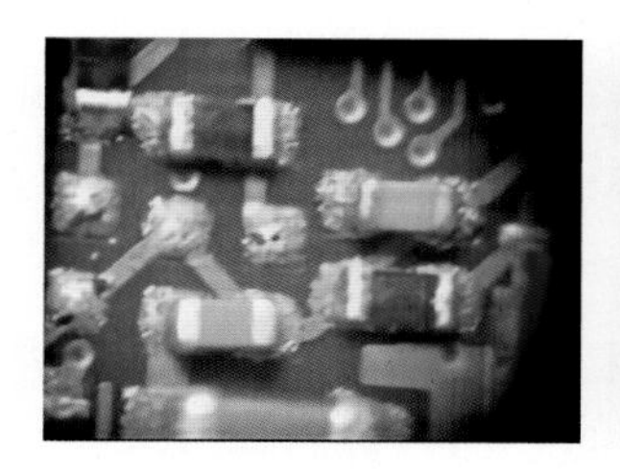

图10.10 冷焊（来源：http：//smta.org.cn）

冷焊表面上是回流焊不充分导致的，实际上还有其他影响因素，回流焊时热量不足、冷却时受扰动、表面污染抑制助焊作用、助焊剂活性不足、焊料颗粒质量不良等。回流焊时热量不足，可能是因为温度设置过低或液相线以上温度停留时间设定过短，导致焊料颗粒熔融不充分。对于共晶锡铅焊料，建议峰值温度约为 215℃，液相线以上温度停留时间要达到 30 ～ 90s，具体应该依据电路板材料以及实际元件状况进行调整。

冷却时受扰的焊点表面高低不平。尤其是在略低于熔点的温度下，焊料是非常柔软、黏稠的。扰动可能是冷却空气过于强烈或者传送带不平稳造成的。焊盘或引脚及其周边的表面污染会抑制助焊作用，导致回流焊不全，有时会在焊点表面发现未熔融的焊料颗粒。典型污染（如某些焊盘、引脚的金属电镀残留）的处理，应该强化电镀后的清洗。

助焊能力不足会导致金属氧化物清除不完全，进而导致后续回流焊不全。类似的表面污染问题，也时常导致焊点周围出现锡珠。焊料颗粒质量不良也会导致冷焊，如高度氧化的焊料颗粒夹杂在锡膏中。

10.2.2 不润湿

不润湿表现为焊盘或元件引脚的焊料覆盖面积小于目标润湿面积，如图 10.11 所示。

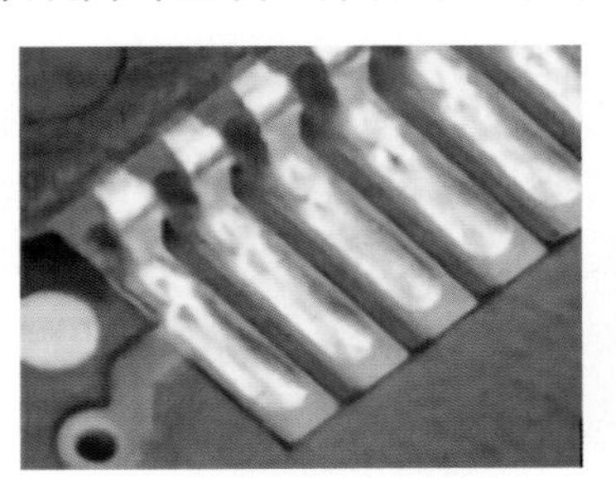

图 10.11 焊盘与引脚不润湿（来源：IPC-A-610D）

不润湿也表现为焊料与焊盘充分接触却没有形成有效键结，可能的原因包括金属润湿性差、焊料颗粒质量不良、助焊剂活性不足、回流焊曲线或气体异常等。金属表面润湿性差可能是焊盘或引脚含有金属杂质、氧化等造成的，具体原因包括化学镍金处理表面磷含量过高、金层针孔形成镍氧化物、焊盘氧化、引脚暴露 42 合金、OSP 层过厚等。

焊料中含有铝、镉、砷等杂质也会导致润湿不良。焊料颗粒质量不良、焊料颗粒形状不规则会导致氧化物含量偏高，消耗更多的助焊剂，出现润湿不良。此时的不良润湿显然是助焊剂活性不佳所致。

时间、温度、回流焊气体、作业时间等对润湿性也可能有很大影响。回流焊时间太短或温度太低，会导致助焊剂反应不全、润湿不良。另一方面，焊料熔化前加热过度不但会加速焊盘与引脚金属的氧化，还会消耗掉更多的助焊剂，这些都会导致润湿不良。

采用热风整平的焊盘很容易被焊料润湿，因为润湿过程本身就是表面镀层和锡膏焊料的融合。对于热风整平以外的表面处理，如 OSP 或化学镍金，焊盘并不易充分润湿，润湿依赖少量焊料在非热风整平表面的扩散，需要能量和时间来维持焊料、表面镀层、基材金属间的反应，进而形成冶金键结。

不润湿对焊点质量有重大影响，因为不润湿焊点没有足够的结合强度与疲劳强度，属于长期可靠性问题。对于细节距应用，为了获得满意的钢网密合性，降低桥连风险，钢网开口尺寸常常小于焊盘尺寸。在这种情况下，非热风整平焊盘边缘的润湿性存在争议，接受与否取决于设计需求，一般认为润湿面积大于 90% 焊盘面积便可接受。

10.2.3 半润湿

回流焊半润湿现象与水滴在不洁表面一样，如图 10.12 所示。焊料最初在表面铺展，但随后聚集成小球状和隆起状。虽然基材金属表面的薄层仍保持着锡膏的颜色，但已经很薄，且可焊性差。这个薄层主要是金属间化合物。

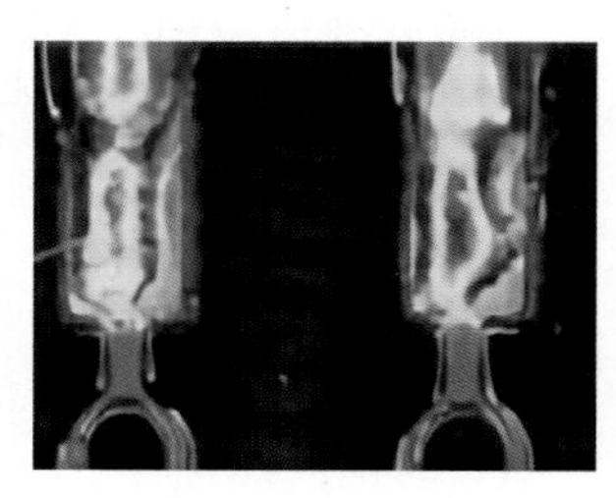

图 10.12 半润湿（来源：IPC）

半润湿的原因有，基材金属可焊性不良与不均匀、基材金属可焊性退化、回流焊温度曲线与气体异常等。即使基材金属最初是可润湿的，但可焊性会随时间退化，仍然会导致半润湿，这可能是锡、锡铅、银或金处理层下面的污染物在焊接时暴露所致。金属间化合物增长也可能产生半润湿问题，因为金属间化合物暴露于空气中会迅速变成不可焊物质。

元件与熔融焊料接触时因有机物热裂解或无机物作用而释放水汽、水受热汽化等都可能导致半润湿。在焊接温度下，水蒸气导致熔融焊料膜表面或熔融焊料的金属间化合物表面发生氧化，变得不润湿。

回流焊曲线与环境气体异常也可能导致半润湿。回流焊温度过低或时间过短都会加重润湿不良，导致焊料与基材金属界面出现更多不润湿点。温度过高也可能导致可焊性退化或半润湿。可润湿表面的涂覆焊料熔解，导致隐藏在基材内的金属污染物暴露，也会出现半润湿。

半润湿的改善措施包括提升基材金属的可焊性、排除基材金属杂质与气体来源、采用惰性或还原性回流焊气体、应用适当的回流焊曲线等。

10.2.4 表面金属渗析

表面金属渗析是在回流焊时基材金属熔解到熔融焊料中的现象。这些异相金属渗入焊点会达到饱和状态并产生松散结构，这种结构可能含有以此金属为主的大量金属间化合物颗粒。这种颗粒堆积在焊点表面会形成砂粒状外观。基材金属过度渗析可能会导致表面处理层被完全夺取，进而发生不润湿现象。

表面金属渗析的原因包括基材金属在焊料中的熔解速率过高、表面处理层过薄、助焊剂活性过高、回流焊温度过长、回流焊时间过长等。图 10.13 所示为几种典型金属在 $Sn_{60}Pb_{40}$ 中的熔解速率。

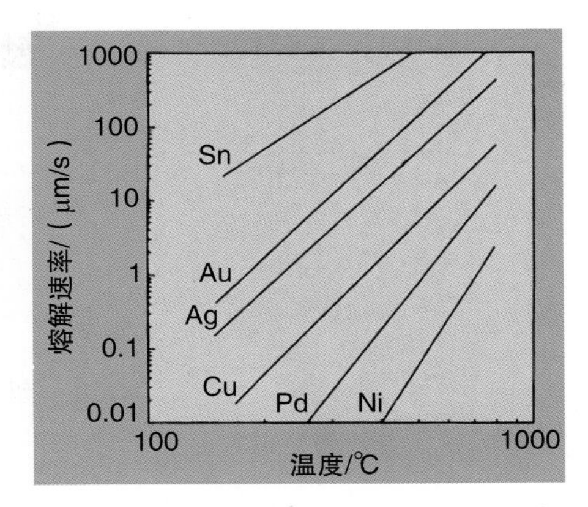

图 10.13 几种典型金属在 $Sn_{60}Pb_{40}$ 中的熔解速率

理论上，渗析问题是基材金属的熔解速率过高引起的，可通过调整金属成分或加入一些较低熔解速率的金属来改善。锡的熔解速率非常高，且熔点较低，因此只能用于表面处理，不能作为基材金属。以铜、钯或镍作为基材金属可以降低渗析率，但铜易于氧化必须用某些表面涂层来保护，如 OSP。

钯是稳定金属，但可焊性较差。镍也是易于氧化的金属，必须用表面涂层保护。较实用的办法是采用混合结构，如在化学镍层外加一层薄金，以 2 ~ 6μin 厚的金层作为防止镍层氧化的保护层。镍层厚度一般为 100 ~ 200μin，用于阻挡熔解和扩散。对于化学镍金表面，焊接时金会在零点几秒内完全熔解到焊料里，焊料和未氧化的镍层间会直接形成冶金键结。

有些应用会采用化学镍金与电镀镍金等表面处理。不得不使用银时，为了在降低熔解速率的同时满足可焊性需求，通常使用银钯合金。基材表面处理层过薄就会发生渗析问题，因为轻微熔解就会把它从基板上完全熔除，从而导致不润湿。基材金属熔解率过高，可通过焊料掺杂来解决。例如，加入少量的银到焊料中，可有效降低 $Sn_{60}Pb_{40}$ 焊料中银的熔解速率。但此法不能用在金表面处理，锡铅焊料掺入金里会形成过多的金属间化合物 $AuSn_4$，过多的 $AuSn_4$ 会把焊料变成黏性流体，从而导致润湿不良。

尽管渗析是冶金现象，但也会受助焊剂活性的影响，使用更高活性的助焊剂经常会导致渗析加重。具有较高活性的助焊剂，去除金属氧化物更迅速，因此会很快形成金属间直接接触，这样熔融焊料与基材金属的接触时间就更长。采用相同的回流焊温度曲线时，接触时间越长，意味着渗析越严重。

回流焊温度过高和时间过长，会加速金属层的熔解，使渗析加重。另外，助焊剂活性也会随着温度的升高而上升，进一步增加渗析。回流焊的峰值温度一般为（220 ± 15）℃，峰值温度作业时间一般为（75 ± 15）s，它们的变化对渗析的影响更大。例如，当作业时间由 60s 增加到 90s 时，$Sn_{60}Pb_{40}$ 中金的熔解率增大了 1.5 倍。但是，当焊接温度从 205℃提高到 235℃时，$Sn_{60}Pb_{40}$ 中金的熔解率大约增大了 3 倍。改善渗析的措施包括以低熔解率金属替换基材金属、改善表面处理方式、在金属中掺杂低熔解率元素、在焊料中掺杂基材金属元素、提高厚膜烧结质量、使用低活性助焊剂、减少热量输入等。

10.2.5 立碑效应

立碑效应是无引脚元件（如电容、电阻）的一端翘起，而另一端黏在电路板上的现象，如图 10.14 所示。立碑效应也被称为曼哈顿效应、吊桥效应等，是回流焊时元件两端润湿力不平衡所致。

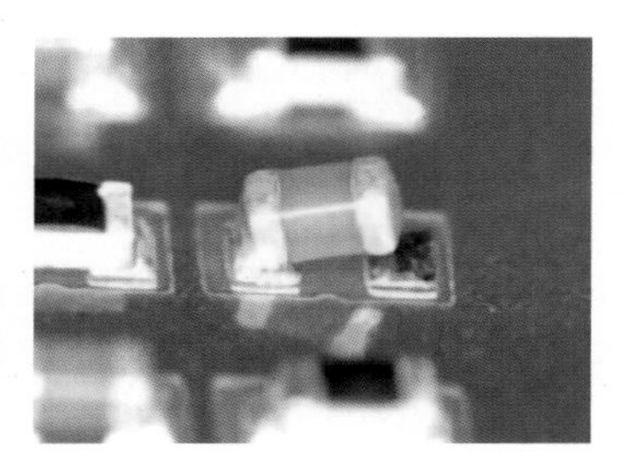

图 10.14 立碑效应（来源：IPC）

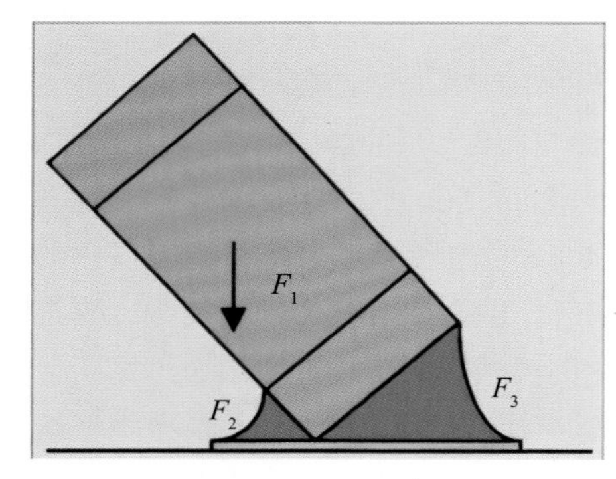

图 10.15 立碑效应模型

润湿力不平衡会导致元件两端熔融焊料的表面张力不平衡，最终导致单边翘起，如图 10.15 所示。经分析，有三个力施加在颗粒式元件上：颗粒式元件的重力 F_1，颗粒式元件下方熔融焊料的表面张力产生的垂直向量 F_2，颗粒式元件右边熔融焊料的表面张力产生的垂直向量 F_3。F_1 和 F_2 都是向下的拉力，使元件保持在适当位置。而 F_3 为使颗粒式元件翘起的力。当 F_3 大于 F_1 和 F_2 的合力时，就会发生立碑效应。

焊盘的间距和大小、颗粒式元件的端子尺寸和热量分布，对立碑效应有重大影响。颗粒式元件两端焊盘距离不当时，容易产生立碑效应，距离过小会导致颗粒式元件在熔融焊料上漂移；距离过大容易造成元件一端翘起。根据李宁成博士与 Evans 的研究，对于 0805 电阻，立碑率最低的焊盘距离大约为 43mil。焊盘距离减小导致立碑率升高，大概是由于较多熔融焊料容易让元件偏移。另一方面，颗粒式元件与焊盘临界重叠也会导致立碑率升高，这是焊盘一端容易脱离所致。因此，若只考虑立碑效应，焊盘最佳距离可定义为稍小于颗粒式元件端子距离。

焊盘超过颗粒式元件端子外延部分太少会减小焊料接触角，导致焊接界面的拉力垂直向量增大，立碑效应加重。若焊盘太宽，则颗粒式元件势必会漂移并导致元件两端润湿力失衡，进而形成立碑效应。有观察指出，圆形焊盘的立碑率比矩形焊盘低，但造成此差异的确切原因仍有待验证。

颗粒式元件金属端子的宽度和面积过小，会导致颗粒式元件上向下的拉力（用来抵消立碑效应的驱动力）减小，加剧立碑效应。温度分布不均和附近元件的阴影效应也会导致立碑效应。温度分布不均主要来自电路板内层散热层或大铜面对焊盘温度的影响，当焊盘连接到大面积散热层时，其温度会比其他焊盘低，因而产生立碑效应。

元件阴影效应会阻碍热流，可通过优化电路板设计进行改善，也可通过选择合适的回流焊方式来减轻影响。较短波长红外线回流焊更容易受阴影效应的影响，强制对流则不受此效应的影响。

元件引脚与焊盘的可焊性不一致（可能是受到污染或氧化所致），就容易在元件两端产生不平衡力，产生立碑效应。另外，对于采于锡铅表面处理的焊盘，焊料一旦熔化便会立即润湿，因此对焊盘温度梯度更敏感，立碑率往往比普通铜焊盘更高。业者发现，使用润湿较快的助焊剂时，这种趋势更加明显，较短的润湿时间会导致立碑率升高。这可以理解为颗粒式元件一端完全润湿后另一端才开始润湿。在没有改变润湿力的情况下，可以通过调整活性剂含量来控制润湿时间。

焊料熔化和润湿过快也可能会产生立碑效应。如果使用普通锡膏出现严重立碑效应，那么使用活性较弱的锡膏就可能不会出现立碑效应。使用黏滞温度范围较宽的焊料，可产生延时熔化的效果。某些组装厂发现，使用 $Sn_{62}Pb_{36}Ag_2$ 锡膏时的立碑率比使用 $Sn_{63}Pb_{37}$ 锡膏时低；与 $Sn_{63}Pb_{37}$ 相比，$Sn_{62}Pb_{36}Ag_2$ 的黏滞温度范围更宽，可降低立碑率。

电路板的温度梯度随着回流焊升温速率的提高而加大。因此，与红外线回流焊或热风回流焊等相比，气相回流焊的立碑率往往更高。这就是气相回流焊曾经盛行于 20 世纪 80 年代，又于 90 年代逐渐淡出主流市场的原因之一。

颗粒式元件两端的润湿力平衡可能会因助焊剂激烈释放气体而被打破，可能的原因包括助焊剂溶剂挥发、回流焊升温速率过高，如气相回流焊。在回流焊前进行预干燥或使用长保温区温度曲线，可以减轻助焊剂挥发的影响，减少回流焊阶段的气体释放量。由于立碑效应只在焊料开始熔化时发生，经过熔点时降低升温速率可减小温度梯度，从而进一步降低立碑率。

锡膏过厚也可能导致立碑率上升，因为元件容易在大量熔融焊料中移动。元件放置精度太差将直接导致颗粒式元件两端润湿不平衡，因此也会导致立碑率上升。

制程或设计方面的改善措施

◎ 使用金属端子宽度和面积较大的颗粒式元件
◎ 采用适当的颗粒式元件端子焊盘距离
◎ 焊盘适当凸出元件端子区，圆形焊盘的立碑率比矩形焊盘低
◎ 减小焊盘宽度
◎ 改善温度分布均匀性，包括优化焊盘与散热层的连接
◎ 采用合适的电路板设计和回流焊方法，尽量减轻阴影效应
◎ 对于铜焊盘，以 OSP 或镍金、锡镀层代替锡铅表面处理
◎ 减轻元件端子或电路板焊盘的污染和氧化程度
◎ 减小锡膏印刷厚度
◎ 提高元件放置精度
◎ 回流焊时使用低升温速率，避免采用气相回流焊
◎ 回流焊前预干燥锡膏或使用有长保温区的温度曲线，以减少助焊剂的气体释放
◎ 通过焊料熔点时，使用低升温速率的温度曲线

材料方面的改善措施

◎ 使用低润湿速率的助焊剂
◎ 使用低气体释放速率的助焊剂
◎ 使用延时熔化焊料

10.2.6 元件偏移

元件偏移是元件在水平面上移位，导致回流焊时元件偏离焊盘的现象，如图 10.16 所示。

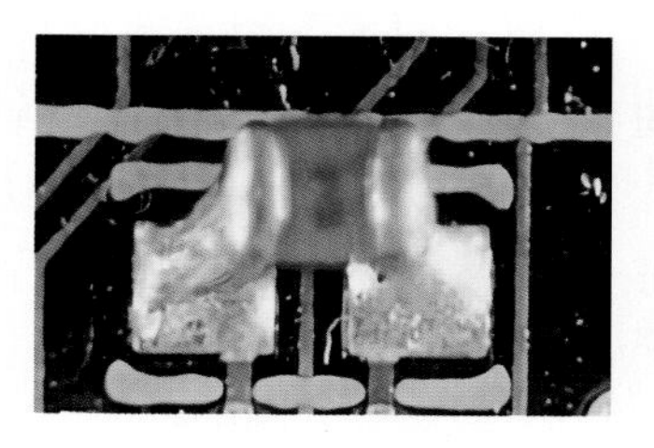

图 10.16 元件偏移（来源：IPC）

元件偏移是元件两端熔融焊料的表面张力不平衡所致，实际上被认定为立碑效应的早期阶段。导致立碑效应加重的因素，也会加重元件偏移程度。回流焊时元件被高密度热流体举起、颗粒式元件两端焊盘设计不平衡、元件金属端子宽度和面积过小、元件引脚表面镀层可焊性不良、焊盘过窄等，都会导致元件偏移。

Klein Wassink 等人研究过焊盘大小对偏移的影响，他们分析了焊盘宽度对元件自对准的影响。在宽焊盘上，当元件端子移动到一侧时，自对准效应会逐渐增强；当元件端子一边凸出焊盘边缘约 400μm 时，元件自对准效应会突然增强。在窄焊盘上，自对准效应在元件端子移动的初期可忽略，当元件端子凸出焊盘边缘约 400μm 时才会突然增强。因此可推断，比元件端子窄的焊盘容易产生元件偏移。

制程或设计方面的改善措施

◎ 降低回流焊的升温速率，避免采用气相回流焊

◎ 平衡元件两端焊盘设计，包括焊盘大小、热量分布、散热层连接、阴影效应等

◎ 增大元件端子宽度与面积

◎ 增大焊盘宽度

◎ 减轻元件与焊盘污染程度并改善储存条件

◎ 减小锡膏印刷厚度

◎ 提高元件放置精度

◎ 回流焊前预干燥锡膏，以降低助焊剂气体释放速率

材料方面的改善措施

◎ 使用低气体释放速率助焊剂

◎ 使用低润湿速率助焊剂

◎ 使用延时熔化焊料

10.2.7 灯芯效应

灯芯效应是指熔融焊料在润湿元件引脚时从焊点位置上爬，导致焊点缺锡或开路，如图 10.17 所示。

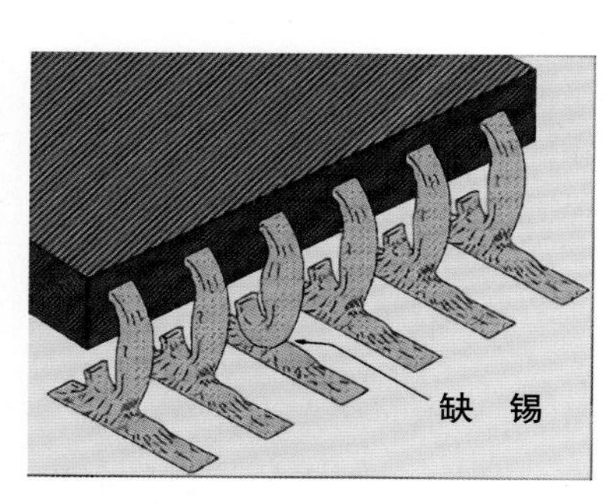

图 10.17 灯芯效应：焊料上爬至引脚中部，导致焊点缺锡

灯芯效应的形成可以分为三个阶段，如图 10.18 所示。

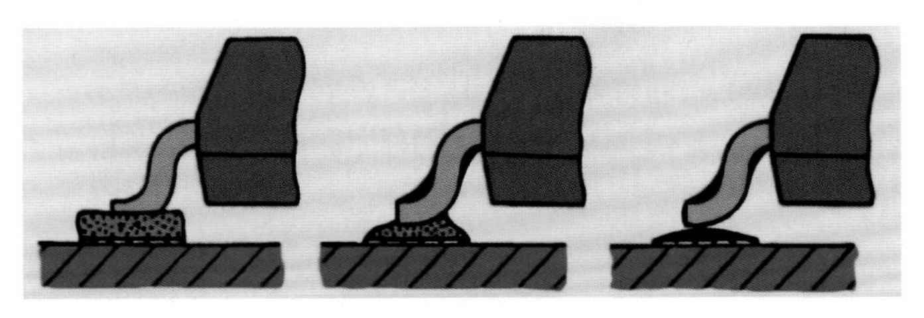

图 10.18 灯芯效应的形成

第一个阶段，引脚被放到锡膏块上。第二个阶段，锡膏受热融化且爬上引脚。第三个阶段，大部分焊料沿引脚上爬，焊盘上只剩下少量焊料。灯芯效应的直接驱动力，是引脚和焊盘间的温度差异及熔融焊料的表面张力。在回流焊过程中，引脚由于热容量较小，其温度通常会高于电路板。另一方面，受内部压力的影响，较大曲率的引脚往往会截留更多的熔融焊料，加重灯芯效应现象。

图 10.18 所示的灯芯效应是引脚热容量较小，升温速率高于电路板所致。对此，可采用底部加热法先熔化焊料，润湿电路板焊盘，让引脚后升温，这样一般不会产生严重的灯芯效应现象。受限于回流焊炉设计无法实现底部先加热时，使用较低的升温速率也可改善灯芯效应。

灯芯效应导致的缺陷如缺锡或开路，会因引脚共面性不良而进一步恶化。任何可能让引脚更易润湿的工艺，都会加重灯芯效应。如采用共晶锡铅表面处理的引脚，更容易被熔融焊料润湿，加大产生灯芯效应的概率。使用高润湿速率助焊剂或易润湿焊料，也会加重灯芯效应。对应的，使用熔化速率低或黏滞温度范围较宽的焊料，可减轻灯芯效应。使用高活化温度助焊剂，让引脚和焊盘在助焊剂活化前有更长时间达到温度平衡，也可减轻灯芯效应。采用锡铅表面处理的板面，如果焊盘附近有镀覆孔，就很容易发生灯芯效应。因为此处有焊料很容易流入镀覆孔，导致翼形引脚的趾部缺锡，如图 10.19 所示。

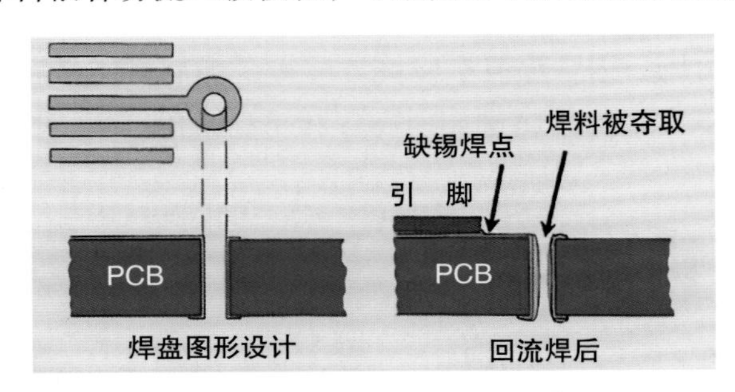

图 10.19 镀覆孔附近发生的灯芯效应

在焊盘与通孔间设置阻焊或焊料隔离带，可用阻焊遮盖或塞住小孔，采用非可熔性表面处理，对灯芯效应有一定的改善作用。整体而言，要消除灯芯效应，具体的改善措施如下。

制程或设计方面的改善措施

◎ 降低回流焊的升温速率，避免采用气相回流焊

◎ 采用底部加热法获得均衡升温速率
◎ 改善元件引脚的共面性
◎ 电路板与引脚采用锡表面处理或非可熔性表面处理
◎ 电路板加镀锡铅前，在焊盘与镀覆孔之间加印阻焊进行焊料隔离
◎ 对导通孔进行塞孔处理
◎ 减小引脚曲率

材料方面的改善措施

◎ 使用小塌陷率锡膏，使用较高黏度的锡膏
◎ 使用低润湿速率助焊剂
◎ 使用高活化温度助焊剂
◎ 使用延时熔化焊料

10.2.8 桥 连

桥连是局部焊料过多导致邻近焊点互连的现象，可能会跨越两个或多个焊点。桥连常见于翼形引脚间，颗粒式电容、电阻引脚间也有可能发生桥连，如图 10.20 所示。

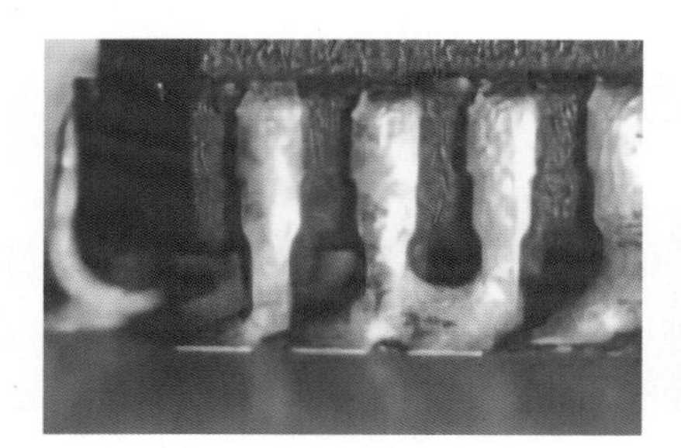

图 10.20 焊点桥连（来源：IPC）

焊点桥连的首要原因是锡膏桥连。锡膏桥连的可能原因包括锡膏量过大、锡膏塌陷、贴片压力过大、锡膏污斑。锡膏涂覆量应该适应每个焊盘。回流焊时，锡膏塌陷可能会形成跨越多个焊盘的连续锡膏带，进而引发焊料重新分配问题。图 10.21 所示为锡膏塌陷的桥连模式。

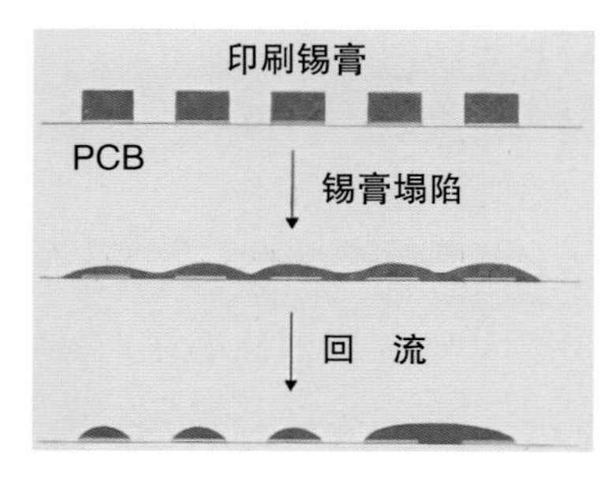

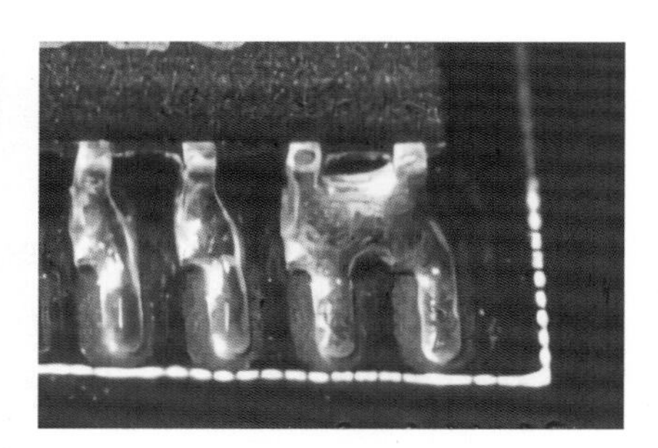

图 10.21 锡膏塌陷的桥连模式（来源：IPC）

控制锡膏量可降低桥连风险。发生桥连，说明锡膏涂覆量至少应减小 1/3，可以通过调整钢网厚度（阶梯蚀刻）或开口尺寸与形状来实现。桥连风险会随着引脚间距的减

小而增大，主要是因为锡膏印刷厚度的减小量有限，如 50mil 节距引脚的锡膏印刷厚度一般为 8 ~ 10mil，而 25mil 节距引脚的锡膏印刷厚度一般为 5 ~ 6mil。

桥连风险会随着回流焊温度的递增而增大，因为低焊料含量或低黏度的锡膏对回流焊温度较敏感。这也直接反映了塌陷与回流焊温度的关系。减少或消除桥连问题的改善措施如下：

◎ 使用交错开口的薄钢网，或减小开口尺寸以减小锡膏量
◎ 增大开口间距或元件引脚节距
◎ 降低贴片压力
◎ 避免污斑产生
◎ 采用较低的回流焊温度或较低的升温速率
◎ 确保电路板升温快于元件，避免采用气相回流焊
◎ 采用低润湿速率助焊剂
◎ 采用较低溶剂含量的助焊剂
◎ 采用高树脂软化点助焊剂

10.2.9　空　洞

空洞缺陷通常与焊点有关，常见于表面贴装元件焊点，如图 10.22 所示。

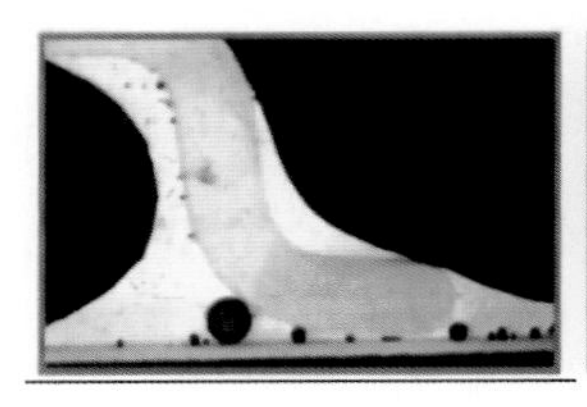
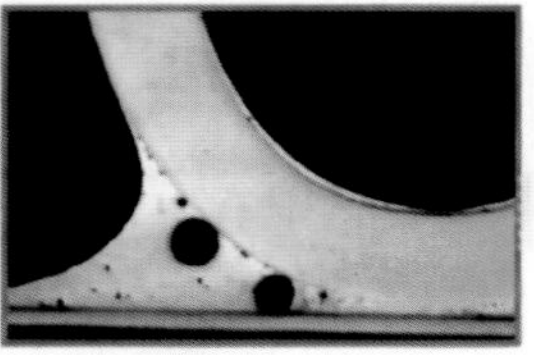

图 10.22　表面贴装元件的焊点空洞

空洞缺陷会影响焊点的电气性能、机械强度、延展性、蠕变、疲劳寿命等，多空洞贯连便形成延伸性裂缝，进而发生断裂现象。图 10.23 所示为 BGA 焊点微空洞连通产生的断裂现象。

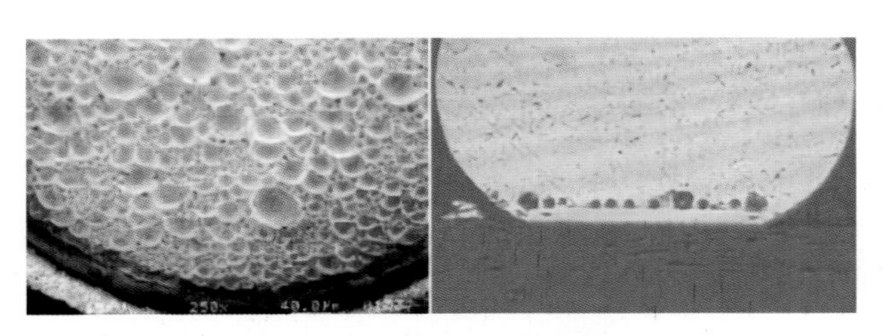

图 10.23　BGA 焊点微空洞连通产生的断裂现象

空洞的肇因包括焊料凝固期间收缩、焊接镀覆孔时材料释放气体、焊点内部含有助焊剂等。而与锡膏有关的空洞，形成机理更加复杂。锡膏成分与结构对空洞的形成有重大影响。Hance 与李宁成博士指出，多数空洞都没有有机物残留，如助焊剂残渣。这表明多数空洞是助焊剂释放气体，气体冷却凝结所致。

根据测试结果，空洞随着助焊剂活性的升高而减少，较高的助焊剂活性会带来较多的助焊剂反应产物。可以认定，助焊剂或活性剂反应产物不是气体释放的主要原因。换句话说，助焊剂释放气体是空洞的主要成因，空洞量较少说明助焊剂剂量较低。在回流焊过程中，锡膏中的助焊剂直接接触焊料颗粒表面氧化物和待焊表面，因此任何残留氧化物都会黏附一些助焊剂。可以想象，活性较高的助焊剂去除氧化物的速度更快，只留下少量氧化物与助焊剂黏附。

空洞并不是单一的润湿时间问题，其对电路板可焊性的敏感性比对助焊剂活性的敏感性更高。若回流焊过程中锡膏的凝固比基板氧化物的去除更快，助焊剂便会黏附于基板氧化物表面并陷入熔融焊料。陷入熔融焊料的助焊剂会不断释放气体，直接形成空洞。

不管整体空洞率如何，空洞直径越大，空洞数越少。空洞率会随着助焊剂活性的降低而升高，空洞数也会随着锡膏覆盖面积的减小而减少，因为在锡膏印刷厚度和最终焊点高度不变的情况下，印刷宽度减小意味着截面焊料量增大，有利于气体排除，避免焊点截留助焊剂。随着极细节距焊接技术的发展，锡膏覆盖面积会越来越小，这无疑也有利于空洞问题的解决。

由于空洞主要出现在回流焊期间，是焊点截留助焊剂释放气体所致，因此空洞率会随着金属镀层可焊性与助焊剂活性的提升而下降，随着焊料含量与引脚覆盖面积的增大而升高，减小焊料颗粒尺寸只会略微提高空洞率。锡膏凝结越快，空洞率越高。有效改善空洞缺陷的措施包括提高元件和焊盘可焊性、使用高活性助焊剂、减少焊料颗粒氧化物、使用惰性加热气体、缩小元件引脚覆盖面积、焊接时隔离熔融焊料、降低回流焊前预热的速率以促进气体排除、采用适当的峰值温度与作业时间等。

10.2.10 枕头效应

枕头效应是指引脚搁置在焊料凸块上，却没有形成电气接触的现象。如图10.24所示，它是焊料未润湿引脚所致。枕头效应的改善措施与不润湿的改善措施相同。

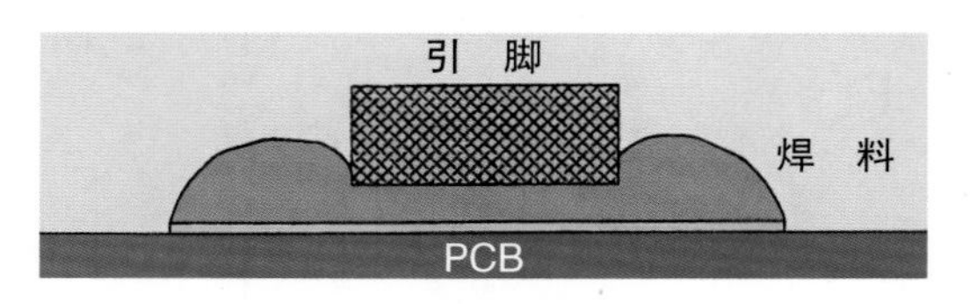

图10.24 枕头效应

10.2.11 焊点浮离开路

焊点浮离是一种特殊形式的开路。如图10.25所示，细节距QFP器件的翼形引脚焊点在回流焊后完全浮离，但焊点保持结构完整。一个可能原因是在回流焊后进行引脚拉力测试时，机械应力传至引脚。

焊点浮离也可能是机械操作损伤电路板所致。一旦波峰焊引起不完全的二次回流焊，就可能严重削弱焊点强度。内部累积应力因焊点浮离而得以释放，这方面Barrett等人在研究报告中提到过。

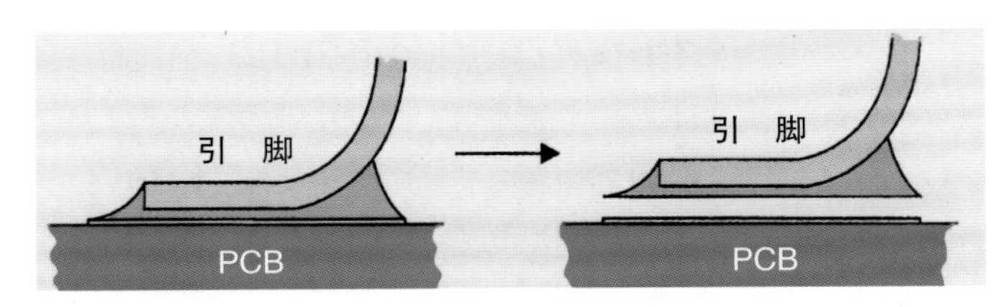

图 10.25 焊点浮离

焊点浮离常见于 PBGA 器件的组装，主要原因是材料之间的热膨胀系数（CTE）不匹配。对于较大型器件，四角的机械应力与应变最大，受较大温差的影响容易出现焊点浮离。对此，组装业者常用的方法之一，就是在对角焊点进行点胶补强，如图 10.26 所示。

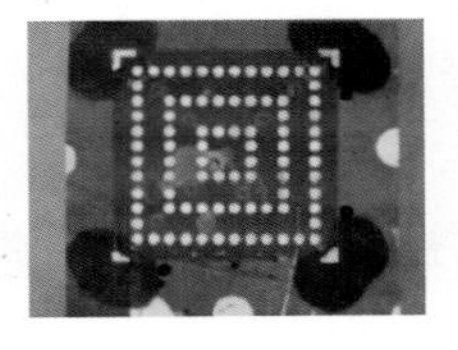

图 10.26 PBGA 器件组装后的点胶补强

10.2.12 共面性不良开路

开路也可能是引脚共面性不良或锡膏印刷厚度差异所致，常见于 QFP 器件的组装。图 10.27 所示为典型的共面性不良开路。

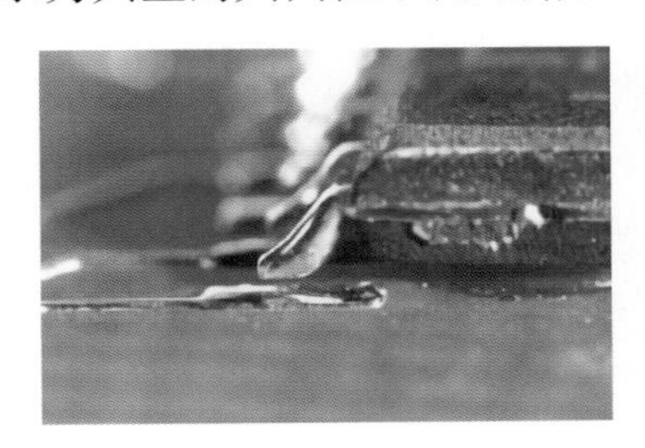

图 10.27 典型的共面性不良开路

使用 125μm 厚的钢网和传统矩形焊盘设计，回流焊产生的焊料凸块高度一般为 70μm 左右，并且凸块顶部呈现球面状。若引脚共面性不良，那么开路问题难以避免。开路问题可通过减小器件引脚共面性差异或增大锡膏印刷厚度予以改善，前者依赖于器件制造商的能力，后者会带来潜在桥连风险。

共面性不良也可通过调整焊盘外形来改善，如加大焊盘面积。图 10.28 所示为一般矩形焊盘加大面积后的图形，以及回流焊后的焊料凸块外形。加大面积的焊盘的局部凸块高度高于矩形焊盘的凸块高度，高出部分可克服部分引脚共面性不良，在一定程度上避免了开路。

整体而言，开路的可能肇因包括不良润湿、立碑效应、灯芯效应、元件与电路板翘曲或热膨胀系数不匹配、元件偏移、引脚共面性差、焊点界面的金属间化合物过厚等焊接缺陷，以及拉力测试、锡膏印刷厚度差异等人工操作缺陷。

开路的改善措施包括消除焊接缺陷（如润湿不良、立碑效应、灯芯效应）、避免元

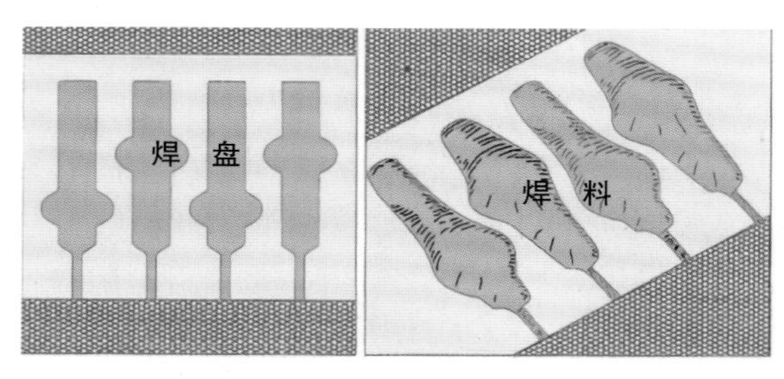

图 10.28 加大面积后焊盘图形（左）和回流焊后的焊料凸块外形（右）

件局部受热、提高贴片精度、减少电路板与元件之间的温差、避免热风整平时形成过多金属间化合物、优化测试顺序和焊盘设计等。

10.2.13 锡 球

锡球是回流焊时焊料离开焊接区域，聚集在非焊接区域，凝固形成不同尺寸的小球状颗粒，如图 10.29 所示。

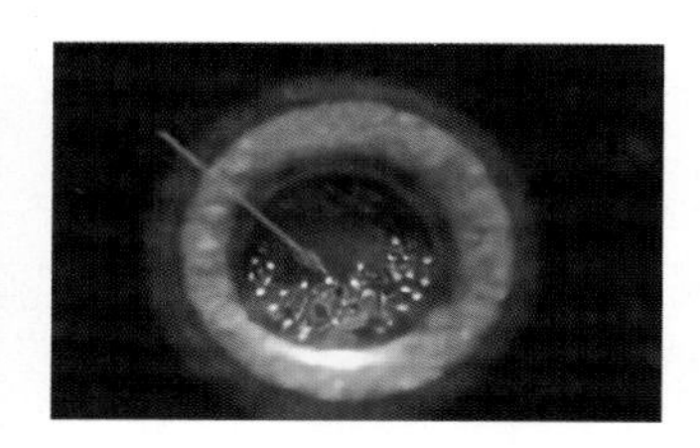

图 10.29 锡球（来源：IPC）

多数状况下，锡球是所用锡膏中的单一焊料颗粒构成的，但也可能是数个焊料颗粒相结合的结果。锡球是十分常见的锡膏技术问题，可能会导致电路桥连或漏电，也可能导致焊点焊料不足。随着细节距组装技术与免洗焊接工艺的发展，锡球成了表面贴装工艺面临的严峻考验。锡球常因为不当印刷污斑引起，如印刷时钢网密贴不良导致的锡膏渗漏。印刷对位不良也会造成同样的结果。锡膏过度塌陷会使锡球问题更加严重。

锡球问题也可能是元件引脚、焊盘表面镀层可焊性不良引起的。表面镀层上累积的氧化物会加速助焊剂的消耗，导致助焊能力下降，进而导致锡球的产生。锡膏广泛暴露于氧化环境、使用已用过的锡膏、没有让锡膏保持干燥的作业条件，都会导致锡球的产生。

锡膏挥发物会导致回流焊中出现焊料飞溅，进而产生锡球。在回流焊前进行锡膏干燥可以减少锡球的产生。过去，锡膏干燥经常在空气中进行，从 50℃加热到 170℃。但是，过度干燥会加速焊料颗粒氧化，反而会产生更多的锡球。不当的回流焊曲线和升温速率会导致焊料飞溅，产生锡球。尤其是激光焊接，长时间预热也会加速焊料颗粒氧化，导致锡球的产生。

目前的回流焊技术很少进行锡膏干燥，这是出于批量生产需要，也是回流焊炉和锡膏技术进步所致。降低升温速率，采用渐升式回流焊温度曲线，可以缓解锡球问题。但是，回流焊中使用的助焊剂含有不当挥发物，是产生锡球的另一个原因。一些加热方法会使锡膏表面硬化，导致硬化表面下包覆的挥发物喷溅，进而在回流焊中产生飞溅锡球。

许多锡膏暴露在潮湿环境中都会变质，导致回流焊容易产生锡球。因为吸湿会加速焊料氧化，进而在回流焊时产生飞溅物。建议将锡膏使用环境的相对湿度控制在60%以下。少数锡膏可承受85%相对湿度的环境，且搁置24小时后使用都不会出现锡球问题。

灯芯效应也是锡球产生的原因之一。元件（如颗粒式电容、电阻）间距过小时，阻焊会将焊料颗粒与溶剂封闭在元件下方，进而导致锡球产生。阻焊与锡膏间的相互作用，可能是另一个产生锡球的原因。一些 T_g 值较低的阻焊在回流焊时会释放挥发物，影响锡膏，进而导致锡球产生。助焊能力不足也会导致锡球产生，这可能是助焊活性不良所致，也可能是焊料颗粒氧化物或污染物过多所致。焊料颗粒尺寸过大也会导致同样的结果。随着焊料颗粒尺寸的减小，锡球数量会剧增，原因可能是更多焊料颗粒参与聚集，颗粒有更多机会遗留下来。

制程方面的改善

◎ 调整印刷作业，更频繁地擦拭钢网底面
◎ 提升元件与基板的可焊性
◎ 不使用残留钢网上的锡膏
◎ 控制锡膏作业环境湿度，多数锡膏可承受的相对湿度不超过50%
◎ 采用适当的锡膏干燥条件
◎ 采用适当的回流焊温度曲线，避免升温速率不当
◎ 选择合适的回流焊方法，底面加热或渗透加热可有效降低锡球产生率
◎ 对于无引脚元件区域，去除阻焊或减小阻焊厚度，避免锡膏产生灯芯效应
◎ 选择适当的阻焊材料，避免锡膏与之相互作用
◎ 印刷时精确对位
◎ 缩小钢网开口，开口向焊盘边内缩 50μm
◎ 对于铜焊盘，减小焊料涂覆厚度或使用其他薄的表面处理层
◎ 使用惰性气体回流焊环境

材料方面的改善

◎ 使用助焊能力更强的锡膏
◎ 降低焊料颗粒的氧化物或污染物含量
◎ 减少细焊料颗粒含量
◎ 调整助焊剂配方，减少锡膏塌陷和吸湿
◎ 使用较高焊料含量的锡膏
◎ 只要条件允许，使用较粗的焊料颗粒
◎ 对于某些回流焊技术或回流焊曲线，调整助焊剂挥发性，以消除飞溅物

10.2.14 锡 珠

锡珠是大锡球，此时可能有或没有出现微小锡球，多数形成在离板高度非常小的元件（颗粒式电容、电阻）周边，如图10.30所示。

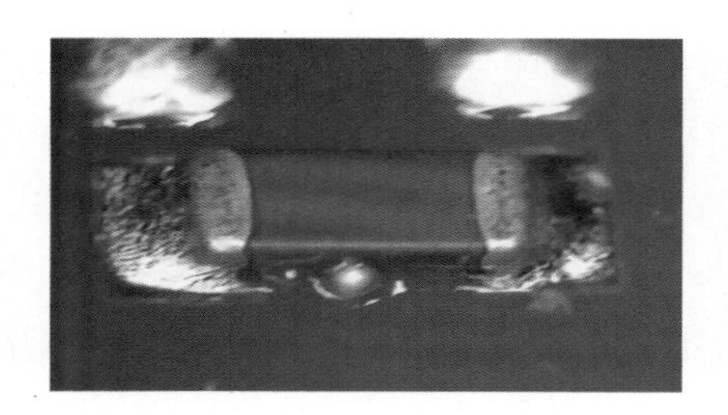

图 10.30 锡 珠

锡珠是牢固黏在电路板上的，只有通过水洗或溶剂清洗才能清除。对于波峰焊产生的锡珠，在电路板操作和振动测试中会移动，有导致短路的风险。对于回流焊产生的锡珠，在振动测试中不会移动，除非导致短路，否则不影响可靠性。在预热阶段，助焊剂释放气体摆脱锡膏内聚力的拘束，促使孤立的锡膏聚集在离板高度非常小的元件的下方。在回流焊阶段，孤立锡膏熔化并从元件底部溅出，便会凝结成珠。显然，预热温度越低，气体释放率越低，锡膏溅出越少。

锡珠的产生会受助焊剂活化温度的影响。理论上，活化温度指的是助焊剂在某个时间内湿润所需的最低温度。实际焊接应用中，润湿时间以 20s 为标准，具体要考虑所用的回流焊技术。锡珠产生率会随着锡膏焊料含量的升高而下降，这是焊料含量升高时焊料颗粒接触更紧密所致。另一方面，焊料含量也会影响锡膏黏度，锡膏黏度会随着焊料含量的升高而升高。高黏度锡膏有利于保持印刷完整性，减少气体释放，可以降低锡珠产生率。

氧化物含量较高的锡膏，会呈现高锡珠产生率。较高的氧化物含量意味着焊料颗粒之间的阻挡层较多，彼此间容易产生冷焊。若助焊剂的反应时间不变，那就需要较高的活化温度来清理氧化物，这会影响锡珠的产生。换言之，如果助焊剂需要更高活化温度，可能会有较高的锡珠产生率。锡珠产生率会随着锡膏印刷厚度的增大而升高，这可理解为塌陷风险增大、助焊剂增多所致。

业内常用的降低锡珠产生率的方法是，优化钢网开口图形设计，以减小元件底部印刷面积，降低该区域的锡膏量。锡珠问题错综复杂，有许多研究基于不同应用及作业状态提出了不同的论点，某些观点还认为红外线预热温度与处理时间对锡珠的产生有重大影响，钢网厚度的影响并不大。因此，具体的改善方法还需根据实际应用而定。

制程方面的改善措施

◎ 减小钢网厚度

◎ 减小钢网开口尺寸

◎ 使用元件下方锡膏量较小的钢网开口设计

◎ 增大锡膏印刷间距

◎ 减小焊盘宽度

◎ 降低预热升温速率

◎ 降低预热温度，延长预热时间

◎ 降低贴片压力

◎ 使用元件前进行预烘

■ 材料方面的改善措施

◎ 采用活化温度较低的助焊剂

◎ 采用焊料含量较高的锡膏

◎ 采用焊料颗粒尺寸较大的锡膏

◎ 采用焊料颗粒氧化物较少的锡膏

◎ 采用不易塌陷的锡膏

◎ 采用挥发溶剂量适当的锡膏

10.2.15 飞溅物

飞溅物是波峰焊或回流焊过程中助焊剂或焊料溅射到焊点周围所致，飞溅距离可达几毫米。对于波峰焊工艺，焊接完成后会利用热风刮除引脚上的多余焊料。若此时电路板表面气流受到扰动，或者阻焊表面过干，就容易出现残锡飞溅或形成引脚尾翼，如图 10.31 所示。

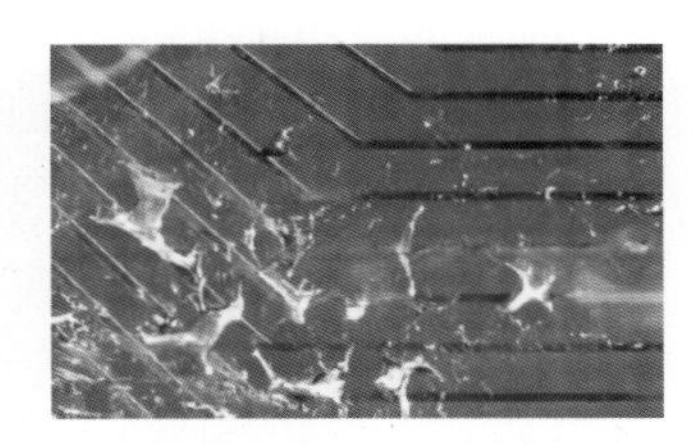

图 10.31 波峰焊后热风处理导致残锡飞溅或产生引脚尾翼的现象

焊料飞溅到连接器区域，会轻微破坏凸块、干扰连接。若飞溅物不是焊料，而是助焊剂，则会形成水印污点或微小助焊剂液滴。水印污点对功能没有影响，但会影响电气连接质量。飞溅物也可能是回流焊过程中焊料颗粒内部熔化后凝聚引起，一旦焊料颗粒表面氧化物被助焊剂去除，无数微小焊料液滴就会熔合并聚集成一体。助焊反应速率越高，飞溅越严重。

利用干燥处理可以减少飞溅物，飞溅物会随干燥时间的增加或温度的升高而减少。干燥对飞溅的影响主要表现为吸收的水分被烘干；干燥时更多氧化物聚集减轻了凝聚作用；挥发物损失提高了助焊剂黏度，使得助焊剂与氧化物的反应变慢、焊料颗粒凝聚变慢。

■ 制程方面的改善措施

◎ 避免在潮湿环境下进行锡膏作业

◎ 采用预干燥处理

◎ 采用温区较长的温度曲线

◎ 采用热风回流焊

■ 材料方面的改善措施

◎ 采用低吸湿率助焊剂

◎ 采用低润湿速率助焊剂

10.3 回流焊后的常见问题

回流焊后出现的问题，主要源自助焊剂残留物对可靠性及后制程的影响。

10.3.1 板面白斑

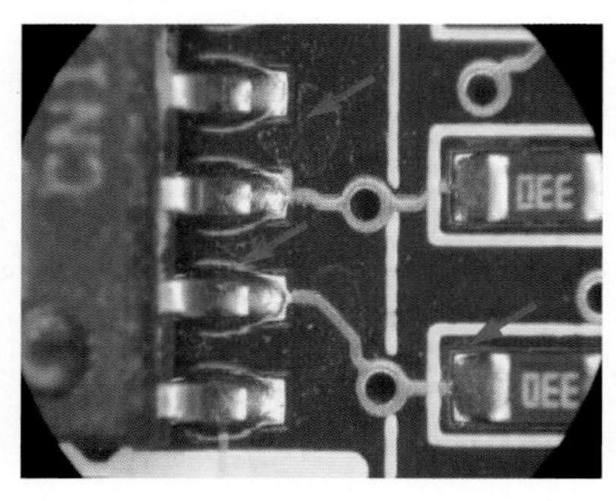

图 10.32 焊点周围出现的白斑

板面白斑是焊接清洗后电路板上的助焊剂残留物呈现的斑点，可用水溶性或有机溶剂清洗。斑点可能呈现黄、灰或褐色，但在焊点上或周围表现为白色薄膜或微小有机固体颗粒斑，如图 10.32 所示。在某些情况下，白斑也会在焊点周边阻焊上表现为白色薄膜，特别是在细节距 QFP 器件相邻焊点之间的区域。白斑的成分非常复杂，可以是助焊剂本身或碳化的助焊剂成分，也可以是助焊剂与金属、清洁剂、层压板材料或阻焊等的反应产物。

根据上述推论，白斑成分可能是聚合松香反应物、氧化松香产物、水解松香、压合材料与助焊剂反应物、焊料与活性剂反应物、松香酸盐、焊料溶剂反应物、压合材料卤化物与助焊剂反应物、流变剂、含水清洁剂等。清洗前，助焊剂残留物通常呈透明或半透明状。清洗时，清洁剂只能萃取或除去残留物的可溶解成分，不能溶解的泡沫、松散结构物质等会残留原处。

白斑的消除方法因材料而异。提升助焊剂热稳定性与抗氧化性，可以减少助焊剂相关成分（包括松香、树脂、活性剂、流变添加剂等）的聚合、碳化、氧化反应。同样，选择不会形成不溶解金属盐（如氯化铅、溴化铅等）的助焊剂，采用能促进金属盐溶解到助焊剂，或含有能溶解金属盐的溶剂的助焊剂，都可避免金属盐成为白斑。当然，最好选择恰当的压合材料或阻焊材料，适当进行聚合固化，避免其与助焊剂发生化学反应。

选择适当清洁剂，可快速溶解及消除白斑。要注意的是，清洁剂的溶解能力和清洗效果因残留物成分而异。助焊剂残留物是由极性差异较大的多种成分构成的，当选用的清洁剂对多数成分都呈现较高的溶解能力时，剩下的少数不可溶解物质会被多数可溶解物质带走，这样所有残留物都有可能被完全清除。但是，当选用的清洁剂只对少数成分具备溶解能力时，残留物将很难被清除。清洁剂的清洁效果会随着使用时间的增加而变差，如带走效应降低，容易残留不溶解物质而形成白斑。

一般而言，要防止清洁剂与助焊剂残留物反应生成不可溶解的产物。但值得注意的是，清洁剂（如皂化剂）与助焊剂间的反应，会增强助焊剂残留物的可溶性，可以改善助焊剂残留物的可清洗性。加强机械搅拌（如应用超声波搅拌或高压喷淋），提高清洗温度，理论上可以得到较好的清洗效果。因为提高清洗温度不仅能软化残留物，还能提升清洁剂的溶解能力。

实际上，清洗温度对清洗效果的影响要复杂得多。有时，提高清洗温度会导致清洗效果变差，产生更多残留物。例如，焊接时助焊剂通常会与 SnO_2 反应生成金属盐，在高温清洗水中水解生成不溶解的Sn（OH）$_2$，其残留在板面上便会形成白斑。一些其他残留物的夹杂物，如氧化物粉尘，可能会使白斑转换成黑斑。在水温较低的情况下，金属盐会溶解在水中，反而不会产生残留物。

降低回流焊温度、减少回流焊时间，可减少助焊剂残留物的氧化交联，形成可清洗性较高的残留物。采用惰性气体回流焊，可以防止氧化，减少白斑的形成。整体而言，白斑问题的改善措施如下：

◎ 采用热稳定性较高的助焊剂
◎ 采用抗氧化性较高的助焊剂
◎ 采用不易形成不溶解金属盐的助焊剂
◎ 采用正确聚合固化的阻焊与电路板压合材料
◎ 采用对助焊剂残留物有较高溶解能力的清洁剂
◎ 采用较低的回流焊温度
◎ 采用较短的回流焊时间
◎ 采用机械搅拌或喷淋设备增强清洗效果
◎ 采用适当的清洗温度

10.3.2 碳化残留物

碳化残留物是过度加热产生的，可能无法被顺利清洗干净。碳化源自过度加热与氧化，助焊剂膜越薄，碳化越严重。难以清洗的碳化残留物一般分布在助焊剂扩散边缘及焊料凸块顶部，因为这两处的助焊剂膜比其他地方薄，更容易发生氧化和碳化。碳化残留物的主要成分是氧化物，可以认为碳化残留物是白斑的一种特殊形式。消除碳化残留物的措施如下：

◎ 采用热稳定性较高的助焊剂
◎ 采用抗氧化性较高的助焊剂
◎ 降低回流焊温度
◎ 减少回流焊时间
◎ 采用惰性气体回流焊，以减少氧化与碳化反应

若在回流焊后进行清洗，可以采用下列三种方法来减少碳化残留物：

◎ 采用溶解能力适当的清洁剂，以清洗助焊剂残留物
◎ 使用机械搅拌、喷淋、振荡辅助设备进行清洗
◎ 采用适当清洗温度

10.3.3 测试探针接触不良

电路板在线测试可能因为存在助焊剂残留物而出现探针接触不良的情况，主要表现为焊盘或焊点上出现绝缘性残留物。采用免洗工艺可以避免使用清洁剂而造成污染，还可以减少清洗步骤，节约成本。

为了进一步发挥免洗工艺的优势，业内已逐步用回流焊替换波峰焊，这也带来了在

线测试问题。测试探针无法刺穿助焊剂残留物，或者很快就黏附残留物，阻碍电气连接。尤其是测试点处于引脚末端时，问题会更严重。有人建议加大探针压力，但是这样可能会损伤焊点及探针本身，不利于整体作业成本与治具寿命等。

焊盘上的助焊剂残留物越多，越不利于探针形成有效电气连接。图 10.33 所示为典型的助焊剂残留物。

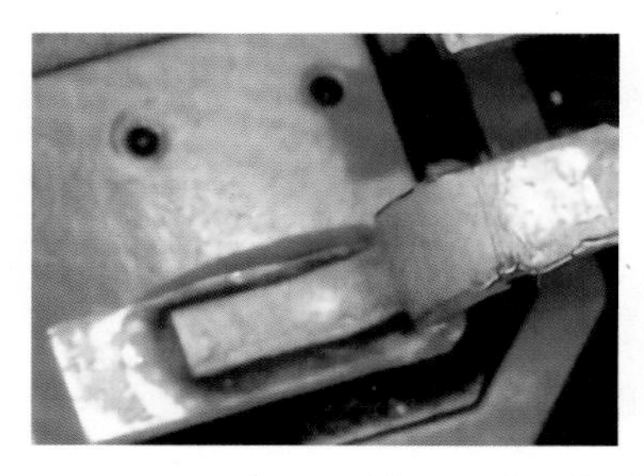
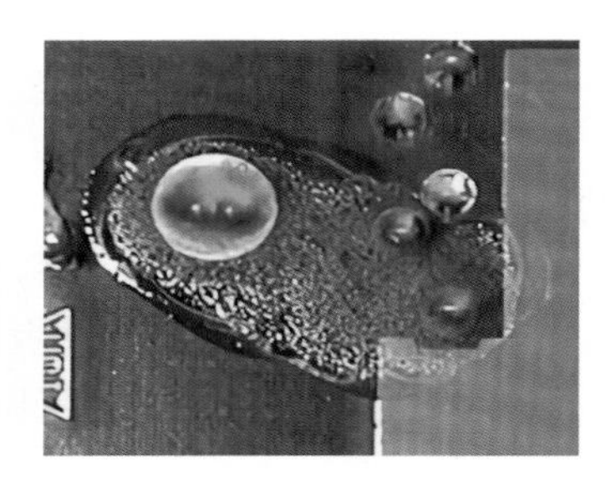

图 10.33 典型的助焊剂残留物

10.3.4 电化学迁移

根据 IPC 的定义，电化学迁移是在直流电压的作用下，线路上生长出金属细丝的一种现象。它可能发生在外表面、内部界面或穿过整体复合材料内部。金属细丝是含金属离子溶液的电解质沉积产生的，金属离子从正极溶解出来，在电场作用下迁移到负极并沉积。电化学迁移主要表现为表面枝晶与导电阳极丝（CAF）。在污染与电压的作用下，表面枝晶从负极向正极生长，如图 10.34 所示。CAF 沿树脂 – 玻璃纤维界面，从正极向负极生长，如图 10.35 所示。导致 CAF 生长的阴离子通常是氯化物和溴化物。

图 10.34 枝 晶

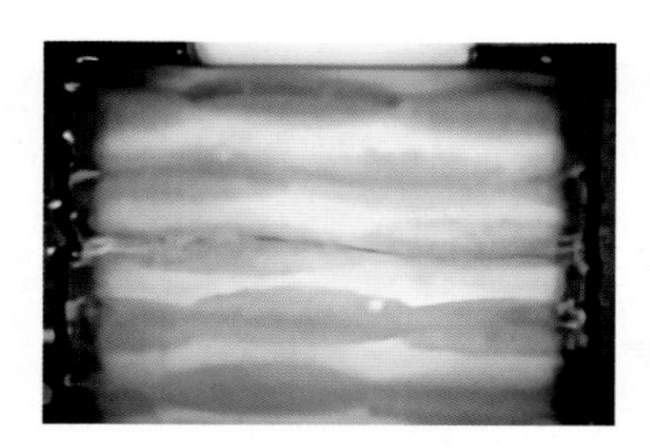
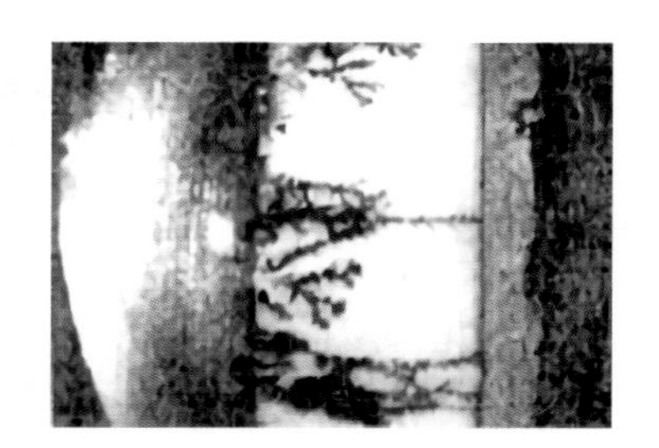

图 10.35 导电阳极丝（CAF）

氯氟烃被禁用后，低残留免洗助焊剂迅速发展。为了减少残留物，许多助焊剂会降低松香含量或不使用松香。这类助焊剂的绝缘电阻比松香助焊剂低，专家认定是没有松香包覆残留物所致。离子迁移测试表明，在残留物较少的情况下，离子迁移几乎在电场作用下瞬间完成。

焊接温度对离子迁移也有很大影响。通常，焊接温度越低，助焊剂消耗量越小，残留在电路板上的助焊剂活性物质越多。在提高温度、湿度和电压的测试条件下，助焊剂活性物质会与电极产生反应、电解，或在电场作用下产生离子迁移，形成低电阻枝晶。另一方面，对多数水溶性助焊剂的测试表明，随着焊接温度的升高，CAF 数呈现增多趋势。因为高温会加速助焊剂吸湿，湿气渗入电路板环氧树脂与玻璃纤维界面，便会加速 CAF 生长。

目前的电子组装普遍采用免洗工艺，对组装材料、锡膏、波峰焊助焊剂都有具体要求。然而，免洗工艺只能确保元件清洁度经历焊接后不降低。若来料元件和电路板的清洁度较差，就会带入污染，增大离子迁移风险。因此，有必要对清洁度较差的元件与电路板进行清洗。同样地，使用质量更好的元件和电路板有助于提高整体质量，因为在电路板上未完全固化的树脂与多孔性材料都可能导致离子迁移。

灌胶或封胶不但可以保护组件免受机械损伤，也可以防止湿气及空气污染，进而减少离子迁移问题。助焊剂与阻焊相互作用会产生一层吸湿性表层，增大离子迁移风险，尤其是采用水洗助焊剂时。

类似于助焊剂与阻焊的相互作用，锡膏助焊剂残留与波峰焊助焊剂间也有可能产生不良反应，进而导致离子迁移。多数助焊剂的化学成分都是商业机密，使用前最好进行兼容性测试。

整体而言，离子迁移的改善措施如下：

◎ 采用低腐蚀性助焊剂

◎ 采用低 pH 与低游离物含量助焊剂

◎ 采用适当的焊接温度

◎ 进行保护性涂覆或封胶

◎ 提高元件清洁度

◎ 必要时清洗来料元件

◎ 采用质量较好的电路板

◎ 确保电路板与助焊剂兼容

◎ 采用合适的助焊剂配方

10.3.5 灌胶或封胶的分层 / 空洞 / 固化不全

许多产品的灌胶或封胶等保护性措施，如顶部灌胶或底部填充，都紧跟在焊接处理之后。尽管它们并不介入焊接，但也会受助焊剂特性的影响，特别是免洗助焊剂。常见问题包括底部填充空洞、聚合物层分层（包括表面涂层、灌胶封装化合物、底部填充等）、聚合物未完全固化等。

空 洞

倒装芯片组装的底部填充空洞，可能原因是底部填充材料含有高挥发性成分、基板表面吸水、芯片放置速度不当、基板表面不平整、填充材料流动性差等。这里主要讨论与焊接有关的空洞。对于免洗焊接工艺，空洞经常随着助焊剂残留物质的增多而增多，可能是物理性阻碍所致。另外，底部填充材料的流动会因助焊剂残留润湿不良而受阻，即使残留物很少。例如，低表面张力助焊剂残留，就较容易产生不良润湿，因此更有可能产生底部填充空洞问题。

分 层

分层是底部填充空洞的一种特殊形式，一般是助焊剂残留物润湿不良所致，常发生在吸湿后紧接着回流焊的制程中。和底部填充空洞相比，分层对倒装芯片可靠性的威胁更大，因为它是直接由底部填充材料与基材间贴附不良造成的。虽然实际的发生机制目前仍然不清楚，不过助焊剂残留物溶解度应该有较大影响。若助焊剂残留物能迅速溶解到底层填料中，就可以认定这种助焊剂对底部填充没有损害。当然，助焊剂残留物还是越少越好。

封胶固化不完全

热固性封胶材料，如封胶化合物，可能会受免洗工艺中某些助焊剂的影响而固化不完全。为此，可采用与助焊剂兼容的封胶材料，或者根据需要进行清洗处理。

改善措施

◎ 减少助焊剂残留
◎ 采用残留物能迅速溶解进聚合物的助焊剂
◎ 确保热固性封胶材料与助焊剂兼容
◎ 必要时进行清洗处理

10.4 小 结

虽然回流焊技术已经非常成熟，但为了进一步提高良率并降低成本，每个阶段都要小心处理锡膏问题。多数回流焊的缺陷都与锡膏有关，业者应减少锡膏印刷不良造成的后续质量困扰。

回流焊期间出现的问题经常会导致返工，由于所有元件已经焊接到电路板上，返工势必会危及产品可靠性，导致生产成本增高。一般而言，问题都可从材料、设计、工艺三方面解决，但一般会从设计和工艺方面着手，因为这两方面的调整相对快速而有效。

焊接后出现的问题也不少，其中很多与助焊剂残留有关，如白斑、碳化残留物、探针接触不良、表面绝缘电阻不良、枝晶与 CAF 生长、底部填充空洞、灌胶或封胶分层与固化不全。这类缺陷多数可通过选择适当的助焊剂进行改善，焊接后进行清洗处理也非常有效。

第 11 章

免洗工艺

1992 年以前，多数电路板组装工艺都使用 CFC 去除助焊剂残留。随着新的环保法规开始限制使用含氯溶剂（特别是氯氟烃），电子产业不得不寻找新的助焊剂去除方法，或者采用免洗组装工艺。此外，持续更新的环保法规对空气、水及废弃物排放都提出了更严格的要求，由此带来的成本压力，使得业者意识到采用免洗组装工艺的必要性。

11.1 概 述

“免洗”并不意味着不需要清洁工作，波峰焊拖盘治具、印错板及治具等仍然需要清洁。常见的免洗工艺主要有两种类型，分别是低残留免洗工艺及直接残留免洗工艺。部分新工艺的残留量非常低，但出于各种原因（多数与成本有关），并未成为主流。

低残留免洗工艺

低残留免洗工艺通过采用特定助焊剂、锡膏、焊接气氛及特殊设备设计来减少电路板组装后的残留物。这些少量残留物不经过放大很难发现，对针床电气测试的干扰也较小。

直接残留免洗工艺

直接残留免洗工艺采用低活性助焊剂及锡膏，残留物的量一般是低残留免洗工艺的两到三倍。直接残留免洗工艺并不需要特殊焊接气氛或设备，其与标准设备兼容，且通常比低残留免洗工艺更稳定。直接残留免洗工艺的劣势是，它会产生大量目视可见的助焊剂残留，可能会干扰飞针测试。由于活性剂被包覆在残留物内，要清洁污点提升测试能力，就必须使活性剂暴露在外，这可能会对组装可靠性产生不利影响，也可能会干扰覆形涂层。

免洗工艺的选择

若目标只是简单地降低组装成本，并不考虑探针测试和外观，则直接残留免洗工艺是不错的选择。直接残留免洗工艺最吸引人的地方是变异较小、工艺窗口较大。图 11.1 所示为直接残留免洗工艺组装后的板面状态。

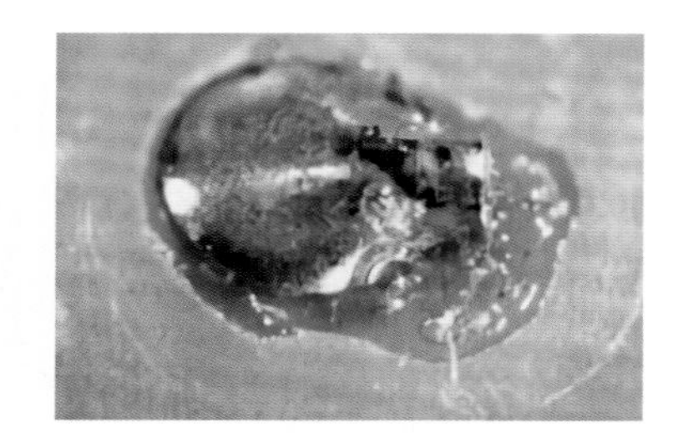

图 11.1 直接残留免洗工艺组装后的板面状态

若没有强制性要求，较简单的低成本方法就是使用直接残留免洗工艺，或者采用低残留免洗与直接残留免洗的组合工艺。可惜的是，采用直接残留免洗工艺也意味着同时限制了工厂的组装类型，且必须要与高残留免洗工艺兼容。

多数产品没有清洗的必要，选择哪种工艺主要看组装客户的需求。当电路板足够复杂且有探针测试或外观要求时，低残留免洗工艺可能就是唯一选择。组装业者经常选择低残留免洗工艺，主要是出于产品需求的考虑。选择免洗工艺时要考虑的问题见表 11.1。

表 11.1 选择免洗工艺时要考虑的问题

问 题	选 择
任何残留都会对产品生命周期中的电气性能产生负面影响（如腐蚀或漏电）	对于需要较长寿命的产品，或产品要用于严苛的环境时，最好进行清洗。采用何种免洗工艺有待验证
产品的工作频率非常高（如高于 50MHz）或有高阻抗需求	要么采用低残留免洗工艺，要么清洗去除绝缘的非离子残留物，以免高频时产生干扰噪声，降低线路间的阻抗
保护线路可能会因为存在残留而无法发挥功能	只有波峰焊面存在保护线路，可先用低残留免洗工艺，后用水洗或是半水洗工艺。其他部分可使用免洗工艺
顾客在乎外观上的助焊剂残留	低残留免洗工艺会比直接残留免洗工艺更具优势
残留对后制程有负面影响，如线路测试及覆形涂层残留	选择兼容清洗工艺或低残留免洗工艺的材料，特别考虑与测试及涂层的兼容性
组装密度是否高而需要采用探针测试引脚或焊盘	使用清洗工艺或使用新型测试探针——它们可提供较高的压力，对低残留免洗工艺有效

弃用成熟的清洗工艺，改用免洗工艺的代价较高，需要供应链上各方的共同努力。当然，多数厂商转换到免洗工艺也并不全是出于环境因素的考虑，都会经过仔细评估后确定可降低整体成本。

尽管执行成本较高，但实际转换为免洗工艺后的整体成本通常低于使用水溶性或半水溶性助焊剂的清洗工艺。表 11.2 给出了转换为免洗工艺后的成本变化。

表 11.2 转换为免洗工艺后的成本变化

成本降低部分	成本增加部分
清除助焊剂及纯化水设备的占用空间减小	新的回流焊及波峰焊设备
清除助焊剂的工程与纯化水的设备技术支持减少	工艺研发
维护工作、材料耗用、废弃物与锡渣减少	氮气接口设备以及材料
手工焊接对清洁度较敏感元件的影响减小	较好的手工焊接工具
无意义的修补返工减少	作业人员训练以及产品的再次验证

此外，转换为免洗工艺还可以获得以下好处：

◎ 避免元件与清洗工艺的兼容性问题

◎ 解决水或溶剂吸附在连接器、电容器上的问题

◎ 减少连接器及接触式按键上的助焊剂残留

◎ 避免接触有毒清洗物质

◎ 许多免洗锡膏比水性清洗锡膏更稳定，减少频繁更换印刷钢网的问题

转换为免洗工艺省去了所有助焊剂清洗步骤及相关操作、空间占用成本，但还是需要一些必要的清洁工作，如受污染的来料电路板和元件的清洁、组装中产生的锡球的去除、错印板及印刷钢网的清洗、波峰焊治具的清洁等。

转换为免洗工艺后的成本增加主要体现为以下几个方面：对于特定类型的元件，免洗工艺印刷钢网需采用特殊开口设计；印刷钢网的清洗可能需要不同类型的化学品和设备；必须制定某些特殊的错印板处理方法。此外，回流焊最好在氮气环境中完成，高质量波峰焊也依赖氮气保护，它们都会导致操作成本的增加。

实际上，低残留免洗工艺与直接残留免洗工艺也是依据回流焊或波峰焊后的助焊剂残留量来界定的，见表 11.3。

表 11.3 低残留免洗工艺与直接残留免洗工艺的助焊剂残留量

助焊剂残留量	直接残留免洗工艺	低残留免洗工艺	超低残留免洗工艺
波峰焊后	15% ~ 40%	1.5% ~ 4.0%	1.5% 以下
回流焊后	40% ~ 70%	20% ~ 30%	20% 以下

实际上，组装业者会使用各种各样的材料组合来达到不同效果。例如，许多组装业者会使用直接残留锡膏及低残留波峰焊助焊剂，以获得最佳组装稳定性与最少波峰焊组装残留。

只有少数业者会使用混合工艺，在利用直接残留锡膏及有机酸波峰焊助焊剂的同时，组装后以去离子水清洗来补偿元件引脚焊料填充不足的问题。直接残留免洗工艺的残留物不会受去离子水清洗的影响，而有机酸助焊剂残留会被去离子水去除。

11.2 转换为免洗工艺的主要考虑

转换为免洗工艺后，原有清洗设备仍有其重要性，要注意每个可能进入制程的对象。对于焊接组装，许多对象都需要例行清洁，如错印板、框架内的元件及返工过的组件，以免产生大量错印板，难以进行电气测试，使用较强助焊剂补偿不良的可焊性等。

几乎每个组装步骤都需要一些调整，其他与生产无关的安排也可能会影响免洗工艺的顺利进行。成本因所用工艺而异，量产者必须参与控制焊接材料入厂的工作。材料工程师必须确定哪些元件要进行认证，以及如何认证。生产管理系统及数据库中也要包含可能的变化：哪些元件经过了认证，哪些还没有。检验标准及统计过程控制（Statistical Process Control，SPC）也要有所改变，为作业人员及检验员提供新的要求和训练。文件数据必须进行更新，以适应新制程。

▌来料质量保证（IQA）

确认来料电路板与元件的可焊性及清洁度。若组装厂不在内部实施这些检验，刚必须评估确认供应商的方法或其他支持项目。另外，可能需要额外资源，将元件及电路板供应商的产品纳入一致性管控系统。

▌印刷钢网开口设计及印刷钢网最终表面处理

为了防止产生锡珠（常见于电路板锡膏面无源元件附近），有必要优化印刷钢网开口设计，防止锡膏在元件放置时受到挤压，如图 11.2 所示。印刷钢网的最终表面处理（如电镀镍、钼薄膜，激光蚀刻等）对印刷效果有明显影响，但关键是开口侧壁必须平滑，以便顺利释放锡膏。最廉价方法是使用标准印刷钢网材料（如 42 合金），利用蚀刻工艺及电解研磨来平整化表面。采用电解研磨处理会增加 10% ~ 20% 的印刷钢网制作成本，但是值得。

图 11.2 优化印刷钢网的开口设计，用来消除锡珠

印刷钢网的清洗

印刷钢网的清洗，在表面贴装工艺中常常被忽略。若印刷钢网没有进行适当清洗，助焊剂残留会粘连在开口侧壁上，导致锡膏通过钢网变得困难，进而导致焊点焊料不足，在细节距引脚容易出现开路且难以诊断。因此，监控清洗介质的活性与浓度，对于印刷质量控制极其重要。当清洗用皂化剂的浓度偏离控制下限时，局部助焊剂残留就会产生影响，且不易通过目视检查发现。这些残留可用大量酒精去除，之后用无尘布清洁擦拭和干燥。也可以在清洁过程中用橡皮刮刀辅助刮除钢网上过多的锡膏，以减少和引导出流出物。钢网应该在取下后立即进行清洗，防止锡膏、助焊剂残留变得干硬而影响开口状况。清洗前后的印刷钢网状态如图 11.3 所示。

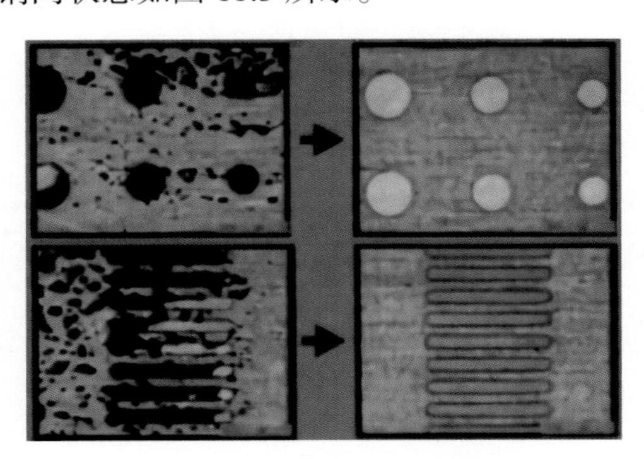

图 11.3 清洗前后的印刷钢网状态

清洁错印板

对于错印板，去除锡膏及用酒精布擦拭电路板并不是清洁工作的全部，因为焊料颗粒仍会残留在焊盘与阻焊间。某些设备可同时来清洗钢网及错印板。对多数锡膏而言，错印板应该在印刷后 1 小时内完成清洗。

钢网印刷

低残留锡膏的流变性比多数 RMA 锡膏更好，任何可改善钢网印刷质量的方法都值得尝试。对于钢网印刷机，具有方便设置与操作的稳定程序是基本要求。刮刀材料对钢网印刷良率有明显影响，有机材料刮刀有陷入钢网开口的倾向，陷入的方向与刮刀行进方向垂直。

贴　片

元件抓取与放置本身不受免洗工艺的影响，但是低残留免洗工艺对贴片等待时间有严格限制。因为低残留锡膏的黏度保持时间较短，大量电路板同时堆积在缓冲器中等待贴片时，锡膏就会变得没有弹性。特别是贴片后至回流焊前，锡膏黏度会继续降低。实际上，如果一片电路板停留75%黏度保持时间后还没有开始贴片，就应该按错印板进行清洁处理后重新印刷。相对湿度高于50%时，锡膏黏度保持时间会明显缩短。表11.4给出了典型组装工艺的锡膏黏度保持时间。

表 11.4　典型组装工艺的锡膏黏度保持时间

工艺类型	锡膏黏度保持时间 /h
RMA/ 直接残留免洗工艺	24
低残留免洗工艺	2 ~ 6
水性清洗工艺	1 ~ 2

氮　气

依据设备所需的氮气体积与纯度，可采用液态氮气或现场直接制氮（半透膜分离、压力偏转吸收等）。氮气可以提升焊料的润湿能力，并减少润湿时间。氮气的氧含量极低，可避免基材和塑料连接器变色、减少助焊剂残留。表11.5给出了不同免洗工艺的氮气氧含量要求。

表 11.5　氮气的氧含量要求

免洗工艺类型	最高氧含量
直接残留免洗工艺	21%（空气）
低残留免洗工艺	（100 ~ 500）$\times 10^{-6}$
超低残留免洗工艺	（50 ~ 100）$\times 10^{-6}$

氮气获取成本因地区而异。在氮气获取成本较高的地区，可以考虑采用直接残留免洗工艺，以便直接在空气环境中作业。

回流焊

许多研究显示，回流焊质量会随着氮气环境中氮气纯度的增加而明显提升。组装业者通常会利用转换为免洗工艺的机会，将回流炉升级为强制对流回流炉，以获得更好的组装温度控制能力，减小所有组装元件间的温度差异。

但设备升级带来的时间及维护成本都很高。部分锡膏挥发物会析出到回流炉的冷却器表面，需要定期分解设备并进行清洁，特别是在回流炉使用特殊冷却尾段时。残留越低的锡膏材料，在排气区与冷却区的析出量越大。并且，挥发物残留也会妨碍氧含量的检测取样，使得检测结果的准确性变差（这可以根据流量计的状态很快诊断出来）。

波峰焊

波峰焊助焊剂的选择，要根据功能需求优先级而定，如：

◎ 焊接缺陷率（跳焊、冷焊、网状残锡等）

◎ 目视残留量

◎ 与其他工艺化学品的兼容性

◎ 与电气测试的兼容性

◎ 表面绝缘电阻

◎ 离子污染等级

◎ 挥发性有机化合物（VOC）含量

◎ 析出稳定性

有时，单一功能需求就会主导助焊剂的选择。例如，当客户对任何可目视的残留物都非常敏感时，残留量就是主要影响因素。在限制挥发性有机化合物的领域，无挥发性有机物助焊剂可能是唯一的选择。这些助焊剂一般使用水来替代醇类溶剂，没有燃烧风险，但需要预热去除多余的水。当电路板进入焊料波时，如果底面残留水分，就会导致熔融焊料飞溅，进而在底面产生锡球。

助焊剂可采用标准发泡涂覆法或波峰涂覆法进行涂覆，但喷涂法可能是更好的选择。发泡涂覆法和波峰涂覆法难以控制多数低残留助焊剂的比重，因为这些材料一般都具有较高的醇含量（大约 98% 质量分数）和挥发速率。比重控制对于固含量低于 5% 质量分数的助焊剂是没有用的，而有必要采用滴定检测监控助焊剂的成分。助焊剂中的大量醇类会快速挥发，产生明显的有机物散溢现象。发泡涂覆法需要频繁执行清洁，而污染过的助焊剂只能被抛弃并成为危险废弃物。

助焊剂的喷涂又有旋转鼓喷涂、超声波喷涂、空气喷涂、无空气喷涂等方式。最稳妥的方法是将助焊剂保持在封闭容器中，这样污染风险小、成分变化小，也无须太多控制。采用喷涂法可较好地控制电路板上的助焊剂涂覆量，进而降低助焊剂耗用量，可使用比波峰涂覆法更稀薄的助焊剂。表 11.6 为不同助焊剂涂覆法的优缺点。

表 11.6 不同助焊剂涂覆法的优缺点

助焊剂涂覆法	优 点	缺 点
发泡或波峰涂覆	设备便宜	难以控制助焊剂的成分和析出量，溶剂挥发损失高，需要频繁清洁
旋转鼓涂覆	作业简单，助焊剂析出量控制比发泡或波峰涂覆容易	处于开放环境中，助焊剂问题与气泡或波峰涂覆相同
超声波喷涂	助焊剂的析出量控制和成分控制良好	对气体释放变化敏感，大型组件的中间与边缘会出现助焊剂分布差异
空气喷涂	助焊剂的析出量控制和成分控制良好，组件中央与边缘的助焊剂分布均匀，维护简单	过度喷涂现象明显
无空气喷涂	助焊剂的析出量控制和成分控制良好，组件中央与边缘的助焊剂分布均匀，维护简单	过度喷涂现象明显，喷涂均匀性比空气喷涂差

波峰焊设备改用免洗工艺后，最大的不同就是增加了氮气钝化保护，可减少 80% ~ 95% 的锡渣，较少产生漏焊、冷焊、网状残锡等缺陷，也较少需要调整焊料成分。采用氮气钝化保护波峰焊工艺，一般是为了减少停机维护时间，减少锡渣移除时的危险废弃物排放等，但是并没有办法改善设计或元件可焊性。理论上，锡渣产生率与焊接气氛中的氧含量直接相关，见表 11.7。

表 11.7 锡渣产生率与焊接气氛中氧含量的关系

氧含量 / $\times 10^{-6}$	对应的锡渣产生率 /%
5	1
50	2
500	4
1000	5.2
5000	9
10000	10.8

焊接设备的选用及升级，与期待的设备钝化保护程度有关。可以对波峰焊设备进行整体钝化保护，也可以只对预热段及锡炉进行钝化保护。各种钝化方式的优缺点见表 11.8。

表 11.8 各种钝化方式的优缺点

钝化方式	优 点	缺 点
全钝化	防止电路板与元件在预热中的氧化	需专用设备，气体消耗量大
部分钝化	减少电路板与元件在预热中的氧化	气体消耗量小于上者，氧化程度重于下者
仅锡炉钝化	简 单	无法防止电路板与元件氧化

波峰焊免洗工艺的常见问题是，焊料会跳过半导体器件及较厚元件。元件放置方向必须与焊料波方向垂直，避免一个元件被另一个元件遮蔽。

手工焊接

直接残留材料有几个重要功能：润湿焊接表面，活化并提供焊接工具与工件间的良好热传递，保护烙铁头表面并提供加热抗氧化保护功能。对于工件上的助焊剂残留，延长加热时间可克服可焊性不足问题，并降低对焊接温度与焊头维护的依赖性。

低残留手工焊接材料则没有这种优势，它活化快速并在较低温度下发生反应，在焊接中容易挥发，因此要求工件有较好的可焊性。其残留物无法保护烙铁头表面，因此需要频繁进行维护。焊接必须在尽可能低的温度下进行，越快完成越好，以防止残留物累积在烙铁头上。

另外，使用内含助焊剂的焊线时，许多状况下都要使用液体助焊剂适当清洁表面。焊接完成后可利用手工工具上的热氮气流进行残留物挥发处理，这种做法也可确保所有助焊剂完全活化。即便如此，部分组装还是需要通过区域清洁来确认可测试性，提升外观质量。

顺利执行低残留手工焊接的关键是，训练、纪律、使用恰当的焊接工具并进行有效的维护。即使是手工焊接经验丰富的作业者，如果对新材料或产品不够了解，也无法快速响应作业要求。一般作业要求如下：

◎ 在尽可能低的温度下进行焊接

◎ 不使用烙铁时记得要关闭它

◎ 烙铁头存放前需保持表面浸锡

◎ 尽量使烙铁头与工件的接触面积最大化（时常是短钝的一边）

▌在线测试

测试方面也应该与免洗工艺有适当的兼容性，部分测试探针应该更换为能施加较大压力或可以旋转的探针。在许多案例中，使用免洗工艺会产生测试问题，其根本原因在于治具设计，必须确保治具可以实现紧密接触。

11.3 免洗组装的可靠性

免洗工艺的最大问题便是组装的可靠性。但是，在讨论可靠性之前，首先要讨论组装残留物的化学特性。应根据化学特性选择恰当的测试方法，否则会影响测试结果的准确性。另外，组装锡膏残留、波峰焊助焊剂、返工助焊剂及它们之间的相互作用都会影响测试结果。表 11.9 给出了免洗工艺残留物的类型。

表 11.9 免洗工艺残留物的类型

残留物类型	低残留免洗工艺	直接残留免洗工艺
锡 膏	流变剂、增黏剂、松香或树脂	松香、活性剂
波峰焊助焊剂	己二酸、丁二酸、表面活性剂	松香、活性剂
返工助焊剂	己二酸、丁二酸	松香、活性剂

若一种免洗材料（如手工焊接时涂覆的液体助焊剂）没有被完全活化，则残留的未反应的活性剂会导致腐蚀。材料交互作用很关键，因为两种材料独立存在可能是安全的，但混合后承受高温、高湿或偏压时，就可能会导致漏电、腐蚀或离子迁移。组装后比较容易测试到的物质包括电路板或元件离子污染、铅与锡金属盐类、电路板及元件被升温到回流焊温度后释放的有机副产物等。

业者通常执行三种免洗工艺认证的可靠性测试，分别是表面绝缘电阻（SIR）测试、离子污染测试及高加速应力测试（HAST）。另外，可根据最终产品所需适应的环境进行特定的可靠性认证测试。当然，还有其他方法可用来检测残留，如离子色谱分析、高效液体色谱分析等，但多数都不适合在生产环境下使用，因为相应的设备昂贵且需要训练良好的人员进行操作和数据解读。

▌表面绝缘电阻测试

表面绝缘电阻测试或许是最有效也是最广泛使用的方法，可判定组装残留物安全与否。在某些案例中，常会发生锡膏助焊剂、波峰焊助焊剂、返工助焊剂及特定类型阻焊间不相容的问题。

常用的测试程序是 IPC TM650 2.6.3，具体方法是将测试材料涂覆到 IPC B25 交错梳状线路上，经过正常操作程序处理后，测量高温与高湿环境下的漏电状况。测试条件为 85℃、85% 相对湿度，或者 40℃、95% 相对湿度。要点是选择一组条件并保持稳定，以比较不同温度与湿度条件下的结果。如果梳状线路设计在板边区域，则可利用绝缘电阻测试来监控制程。

离子污染测试

离子污染测试可通过微欧计、离子分析仪来监控有机酸助焊剂的清洁效果。这类测试设备的使用方法大同小异，主要依靠溶解及分解任何可能存在的助焊剂残留物到醇水溶液中，根据溶液的电导率来估算污染程度。

问题在于，许多免洗材料并不会顺利溶解到醇水溶液中，难以有效检测。这种方法可用于来料质量监控（如评估阻焊稳定性）及免洗工艺控制，但没有办法真正确认组件是否已经达到可接受的清洁度。

高加速应力测试（HAST）

采用 HAST 测试也可评估残留物对可靠性的影响：将待测助焊剂涂覆在 SOT23 元件及测试电路板上，经过正常处理程序后暴露在 85℃、85% 相对湿度的环境下，再施加 20V 反向偏压并持续 1000h。这种测试方法对离子残留非常敏感，特别是氯及溴类物质。部分助焊剂配方虽然号称“免洗”，但实际上都包含少量氯活性剂。

11.4 对电路板制造的影响

由于电路板组装后倾向于不再清洁，因此裸板在进入组装程序前必须足够清洁。一些需要清洁的组装工艺并不会过分强调裸板清洁度，较实用的规则是制定稳定的裸板清洁度等级，其残留物量大约等于最终产品的一半。若最终产品残留物量为 20μg/in^2，则裸板组装前就应该要保持在低于 10μg/in^2 的残留物量，以预留组装产生助焊剂残留的空间。最有效的方法是，要求电路板制造商在包装运送前取样，进行相关测试。

免洗助焊剂的活性明显低于清洗助焊剂，因此可焊性较差的电路板就无法再靠使用较强助焊剂来改善。在波峰焊及回流焊中，使用氮气保护并不能提升难以焊接表面的润湿性。遗憾的是，没有一种可靠又便宜的方法可以量化可焊性，以取代目前广泛接受的浸泡直接观察法：将涂覆标准助焊剂的电路板样本浸入锡炉焊料中，观察相关的润湿或拒焊现象。这种做法其实并不理想，但聊胜于无，多数电路板厂商也都会进行这类测试。

在波峰焊过程中，电路板离开焊料波时都会有小锡球粘在底部。这是常态现象，一般不需要理会，因为这些锡球几乎都会在后段清洗中被去除。在焊接过程中，影响锡球产生的部分因素如下：

◎ 阻焊材料的选择

◎ 阻焊表面的粗糙度（依表面处理而异）

◎ 阻焊聚合的温度曲线

◎ 热风整平用助焊剂的类型

◎ 波峰焊用助焊剂的类型

其中，影响最明显的因素是阻焊材料的选择，可通过实验组合不同波峰焊、热风整平助焊剂类型及阻焊聚合温度曲线来减少锡球问题，但效果有限。尽管既麻烦，成本又高，但新阻焊认证可能是消除锡球的唯一方法。热风整平是保护与提升电路板可焊性的传统表面处理工艺，但是这种工艺存在难以控制平整性、焊料厚度稳定性等问题。

过薄的焊料涂层会导致铜锡金属间化合物暴露，使焊接更加困难。过厚或不稳定的焊料涂层会导致组装困难，因为有锡凸出的电路板焊盘会阻碍钢网与电路板的密贴，导致过多锡膏转移到电路板上，回流焊时容易出现桥连。厚焊料涂层也会产生冠状焊盘，使得元件放置困难。

为此，许多组装业者将表面处理工艺转换为有机可焊性保护（OSP）处理。OSP 表面十分平整且可焊性良好，离子污染等级较低，工艺简单，其最大问题就是可焊性、储存寿命及有机可焊性表面保护膜的稳定性等。

11.5 免洗工艺问题的改善

免洗工艺问题的改善，参见表 11.10。

表 11.10 免洗工艺问题的改善

问　题	可能的原因	补救方式
电路板锡膏润湿不良	回流焊炉中氧含量过高（低残留免洗工艺）	检查炉体渗漏，检查排气平衡
	板面可焊性不良	测试电路板可焊性
无源元件附近产生锡珠	钢网开口尺寸不佳	检查钢网开口，优化钢网设计
细节距焊点开路	涂覆锡膏量不足（钢网开口堵塞）	检查钢网开口是否堵塞，清洁钢网，改用新锡膏，必要时检查钢网清洁剂浓度
	元件共面性不良	测量 30 个元件并计算平均值与标准偏差，当 CPK 值小于 1.33 时应请供应商确认
锡膏印刷面焊料短路	锡膏或焊料过多	检查电路板是否存在焊料过多的现象
	元件偏离	在贴片后、回流焊前检查元件对位精度
细致焊料颗粒出现在锡膏印刷面焊盘周边	印刷钢网与电路板偏离	检查印刷对位精度，看锡膏是否正确印刷在焊盘上，并调整对位精度
	错印板清洁不良	检查错印板是否清洁彻底
	底面擦拭不足	以无尘布清理印刷钢网的底面

续表 11.10

问 题	可能的原因	补救方式
波峰焊发生焊点开路	电路板底面没有与焊料波紧密接触	检查焊料波及电路板高度、托盘治具状态
	助焊剂覆盖不完整	进行助焊剂覆盖性测试，检查电路板的位置
波峰焊发生焊料短路	元件方向错误	检查元件方向与焊料波呈 90°
元件对位不良	锡膏黏度保持时间短（低残留免洗工艺）	检查从钢网印刷到贴片的时间是否超过 3h，是则清洁后重印
		检查锡膏停置在钢网上是否超过 6h，是则清洁钢网、使用新锡膏
	电路板冠状金属面（热风整平残留焊料过多）贴片错误	返工裸板
		检查贴片精度
锡膏印刷模糊	擦拭问题	以干燥无尘布擦拭印刷钢网底面
	对位问题	检查印刷钢网与电路板的对位精度
	印刷钢网清洁问题	清洁印刷钢网
	皂化液浓度问题	检查皂化液浓度
	锡膏老旧	若印刷钢网上停置锡膏超过 6h 或规定时间，则清洁印刷钢网并换用新锡膏
粒状焊点	回流焊温度偏低	检查回流焊温度曲线
	锡炉中氧含量过高	检查氧含量，若氧浓度恰当，则再检查气体是否流经分析器；若氧浓度过高，则检查锡炉及排气系统的设置参数
无源元件附近出现大锡珠	印刷钢网开口设计不良	重新设计印刷钢网，开口形状应采用可防止焊料挤压到底面元件区的设计
在电路板顶面焊盘与阻焊间出现小焊料颗粒	印刷钢网对位不良	检查印刷钢网与印刷机的对位精度
	焊盘尺寸比印刷钢网的开口尺寸小，导致锡膏印刷在焊盘与阻焊间，无法在回流焊中形成焊点	检查电路板特征尺寸
		重新设计印刷钢网，采用较小开口

第 12 章

阵列封装焊料凸块

随着封装朝着轻、薄、短、小的方向发展，芯片内外引脚形式也进一步从周边引脚转换为阵列引脚。对于传统周边引脚封装，12 ~ 16mil 节距几乎是这类技术的极限。阵列引脚封装可以满足高引脚数封装需求。图 12.1 所示为各种表面贴装封装。

图 12.1 各种表面贴装封装

目前，阵列封装器件的组装技术仍然以焊接为主，其对模块互连、一级与二级组装也一样重要。为此，有必要了解不同类型的焊料与焊接工艺，尤其是选用工艺的特性、操作参数、局限性等，这些知识非常重要。

12.1 焊料的选择

焊料的选择，必须依据技术及产品可靠性需求而定。除了要满足润湿性要求，焊料还应该在后制程中维持其物理性能、机械完整性等，以免形成的焊点发生损害性改变。

另外，焊点在使用期间会承受各种考验，焊料合金应该具备足够的疲劳强度及结构强度，以吸收元件间热膨胀系数差异带来的形变。前者意味着焊料应该满足剪力、张力、蠕变、抗疲劳等机械性能要求；后者则要求焊点要具备一定的高度，这方面可通过焊料表面张力（轻元件）或利用高熔点材料进行间隙支撑（重元件）来实现。

对于阵列封装组装，通常有两个互连阶段：预先在封装上制作焊料凸块，然后利用焊接技术将带有焊料凸块的封装组装到下一级封装。焊接所用的焊料可以与凸块材料相同，也可以不同。

倒装芯片凸块与焊料

对于倒装芯片封装，凸块制作与焊接所用的焊料合金必须具备高熔点，如 $Pb_{97}Sn_3$ 或 $Pb_{95}Sn_5$，保证焊点在后续共晶焊料组装过程中不会再次熔化。当然，随着无铅法令的施行，这些材料都要更新。对于芯片直接连接（DCA）封装，芯片凸块及下一级封装通常会采用共晶或接近共晶焊料。

在特定条件下，为了获得更好的疲劳强度或金镍镀层表面兼容性，业者常会选用含铟焊料，如 $Pb_{81}In_{19}$。金锡合金焊料体系也常见于一些免助焊剂倒装芯片技术应用中，一般会将 $Au_{80}Sn_{20}$ 焊料制作在金凸块或镍凸块顶部。对于引脚凸块，可选用 $Sn_{97.5}Ag_{2.5}$ 合金焊料制作。

BGA、CSP 锡球与焊料

对于重元件，如陶瓷柱栅阵列（CCGA）或陶瓷球栅阵列（CBGA）封装器件，柱状引脚或锡球的典型焊料是 $Pb_{90}Sn_{10}$，但也在进行无铅转换。图 12.2 所示为典型的 CCGA、CBGA 封装范例。

图 12.2 典型的 CCGA、CBGA 封装

这些柱状引脚由金属铸造而成，之后使用 $Sn_{63}Pb_{37}$ 焊料焊接在阵列封装上。对于 CBGA 所用的 $Pb_{90}Sn_{10}$ 锡球，一般以 $Sn_{63}Pb_{37}$ 锡膏进行焊接，以 $Sn_{63}Pb_{37}$ 或 $Sn_{62}Pb_{36}Ag_2$ 共晶焊料进行二级组装。使用高熔点焊料 $Pb_{90}Sn_{10}$ 可以获得较大的封装器件离板高度。

对于轻元件，如塑料球栅阵列（PBGA）封装器件，可采用 $Sn_{63}Pb_{37}$、$Sn_{62}Pb_{36}Ag_2$、$Sn_{96.5}Ag_3Cu_{0.5}$ 制作锡球，之后利用助焊剂或相同合金体系的锡膏进行组装焊接。芯片级封装（CSP）使用的焊料合金与 PBGA 封装所用的类似，但其二级组装倾向于使用锡膏而不是纯助焊剂。

无铅焊料的发展

随着无铅法令的施行，业者在 2006 年后开始改用无铅焊料进行基础组装。到目前为止，锡银铜合金仍然是主流的焊料合金体系，不过各家供应商都有自己的微调配方。表 12.1 给出了一些典型的无铅焊料。

在阵列封装上，这些合金焊料可代替共晶锡铅焊料，但至今还没有找到高熔点焊料的替代品。多年来，业内累积了一些无铅焊料的相关经验。不过，面对多样化的产品需求，业者还需要在实际应用中持续累积更多的经验与数据。

表 12.1 一些典型的无铅焊料

熔点或熔距 /℃	合金焊料
227	$Sn_{99.3}Cu_{0.7}$
221	$Sn_{96.5}Ag_{3.5}$
221 ~ 226	$Sn_{98}Ag_2$
205 ~ 213	$Sn_{93.5}Ag_{3.5}Bi_3$
207 ~ 212	$Sn_{90.5}Bi_{7.5}Ag_2$
200 ~ 216	$Sn_{91.8}Ag_{3.4}Bi_{4.8}$
226 ~ 228	$Sn_{97}Cu_2Sb_{0.8}Ag_{0.2}$
213 ~ 218	$Sn_{96.2}Ag_{2.5}Cu_{0.8}Sb_{0.5}$
232 ~ 240	$Sn_{95}Sb_5$
189 ~ 199	$Sn_{89}Zn_8Bi_3$
175 ~ 186	$Sn_{77.2}In_{20}Ag_{2.8}$

续表 12.1

熔点或熔距/℃	合金焊料
138	$Sn_{42}Bi_{58}$
217 ~ 219	$Sn_{95.5}Ag_4Cu_{0.5}$
216 ~ 218	$Sn_{93.6}Ag_{4.7}Cu_{1.7}$
217 ~ 219	$Sn_{95.5}Ag_{3.8}Cu_{0.7}$
217 ~ 218	$Sn_{96.3}Ag_{3.2}Cu_{0.5}$
217 ~ 219	$Sn_{95}Ag_4Cu_1$

12.2 焊料凸块制作技术

蒸镀与电镀

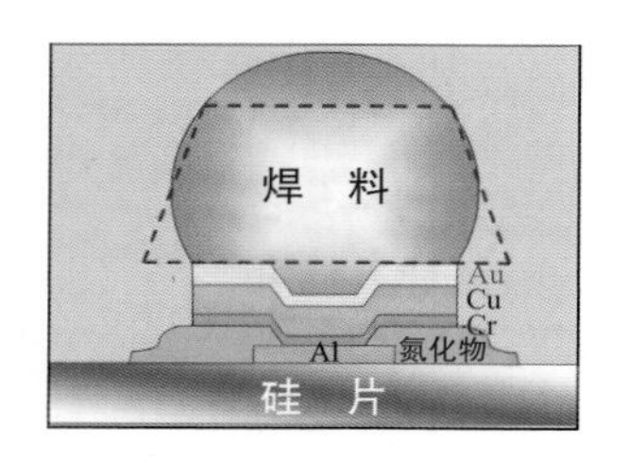

图 12.3 芯片焊料凸块蒸镀：蒸镀后的焊料呈红虚线形状，在回流焊中受表面张力的影响而成球

阵列封装焊料凸块的制作技术，常见的有干式制作法（如蒸镀）和湿式制作法（如电镀）两种。蒸镀的典型应用是芯片凸块制作，如图 12.3 所示。以 IBM 的 C4 工艺为例，先将金属钼制成的钢网与芯片焊盘对齐并贴紧，接着沉积铬铜金金属化层（Under Bump Metallization，UBM），然后蒸镀已知成分与体积的焊料（$Pb_{97}Sn_3$ 或 $Pb_{95}Sn_5$）。最后移除钼钢网，以回流焊熔融焊料形成凸块。采用蒸镀技术得到的焊料成分与沉积质量都非常好，但是成本相对较高。

电镀也是目前普遍采用的芯片凸块制作技术。类似于电路板的化学沉铜，先对晶片进行金属化处理，在其表面建立金属种子层。之后，通过图形转移产生图形，把要制作凸块的位置露出来。随后以晶片为阴极进行电镀，电镀后去除光致抗蚀剂并蚀刻掉种子金属层，最后涂覆助焊剂，利用回流焊使电镀沉积焊料变成凸块。图 12.4 所示为典型的芯片焊料凸块电镀流程。

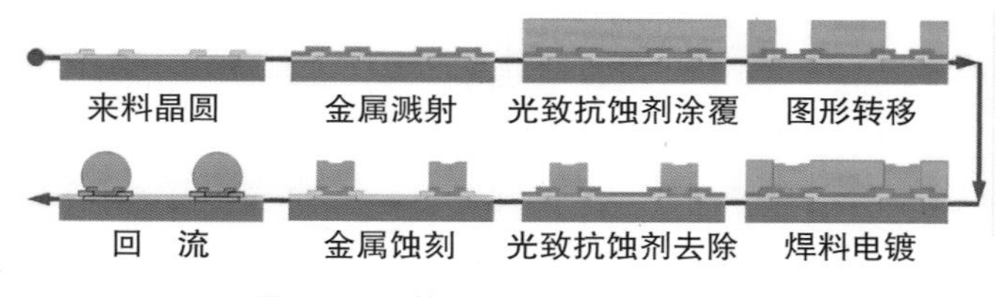

图 12.4 芯片焊料凸块电镀流程

回流焊前观察到的电镀凸块尺寸或许非常平均，但经过回流焊后会发生变化，邻近焊料凸块也可能存在直径不同的情况。小凸块看上去有更多颗粒，且凸块颗粒结构中可能出现更多的空洞，特别是焊料与焊盘界面附近辨别不出明显空隙。高温回流焊后可能会出现更严重的问题，以最低峰值温度 265℃作业一般会获得较好效果。另外，凸块在芯片上的分布也不均匀，有时候会出现一边质量较差的现象，这可能是电镀过程中杂质

侵入或电镀条件不佳所致。图 12.5 所示为回流焊后的凸块形貌。

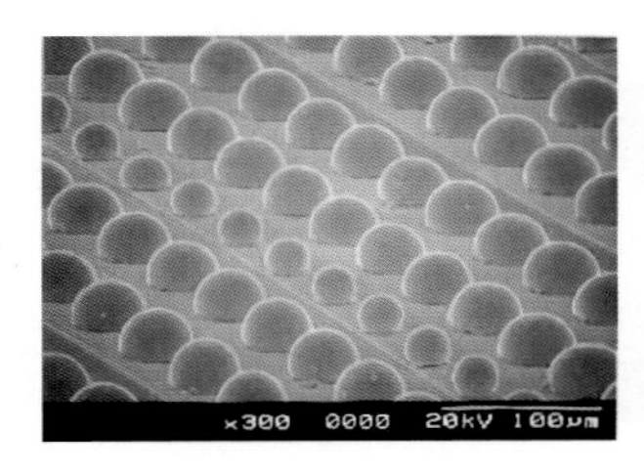

图 12.5 回流焊后的凸块形貌

电镀焊料或底部金属化层可能会有杂质，在回流焊高温下出现剧烈的气体释放现象，导致熔融焊料顶部飞溅，进而导致相邻焊料凸块相互接触而抢夺焊料，最终导致邻近凸块体积不一致。此外，杂质经常会阻碍熔融焊料融合，并导致晶粒间出现微孔，最终形成空洞。焊料与焊盘的界面附近会出现较多微孔，这表明杂质也可能源自 UBM 材料。小凸块呈现多种样貌也可能源自杂质影响，因为杂质飞溅可能会改变焊料体积。对此，建议改善镀层质量或 UBM 质量，以减少杂质、降低回流焊温度。

焊料喷射

焊料喷射是一种利用动力将熔融焊料液滴喷射出去的技术，其原理类似于喷墨打印。各厂商生产的设备工作模式不同，目前用得较成功的是压电模式。关于喷射技术的研究与发展，美国桑迪亚实验室、IBM、MPM 等机构都发表过相关文献。焊料喷射技术可直接用熔融焊料制作焊料凸块，免除其他凸块制作技术所需的中间步骤，如电镀、回流焊、清洗等，是极具潜力的低成本芯片凸块制作技术。目前的焊料喷射技术能力大约是 3mil 节距。

焊料喷射技术的主要问题在于生产效率仍然相当低，其最大喷射速度只有 250 点每秒，量产能力存疑。另外，其凸块尺寸控制也不理想。喷射技术对焊料质量较敏感，若没有附加合理的清洗机构，熔融焊料很快就会堵塞喷嘴。鉴于此，这类芯片凸块制作技术的进一步研究最近已经近乎中断，相关技术讨论与进展信息也不多见了。不过，锡球生产的精度和尺寸一致性要求较宽，一些锡球制造商又开始尝试利用焊料喷射技术。

植 球

对于 BGA 类器件的植球，常见做法是使用吸放机把锡球转移到涂覆了助焊剂或锡膏的基板上，接着进行回流焊。典型的 BGA 器件植球流程如图 12.6 所示。

完成封胶后，BGA 封装就会进入植球程序。目前常用的植球方式有三种，其中一种是吸放式。先制作与元件引脚位置完全相符的吸盘，之后利用自动化吸放设备从布满锡球的盘中吸取锡球，并蘸取助焊剂。接着，以光学对位设备进行封装对位，对准后放置锡球。完成植球的器件经过检验后，便可进行回流焊。

随着 BGA 类封装日渐风行，有设备商利用振荡对位方式进行锡球整列，经过整列筛的整列与对位后，将整齐的锡球移转到封装上。与此同时，进行助焊剂印刷，完成印刷的封装器件会被送入对位治具与锡球连接。前述吸放式与振荡对位方式，都依赖助焊剂的黏性来临时固定锡球。

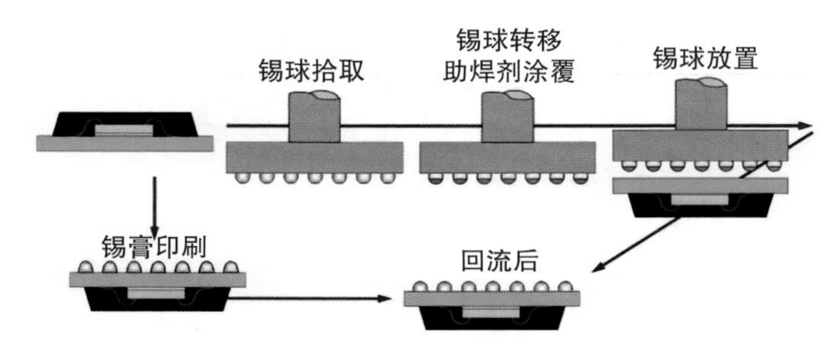

图 12.6 典型的 PBGA 植球流程

某些球体较小的封装，可采用类似于芯片凸块制作的方式，直接印刷锡球。这种植球方式仅需要印刷适当锡膏到封装引脚位置，之后进行回流焊。图 12.7 所示为印刷锡球与凸块。

图 12.7 印刷锡球与凸块

印刷锡球的优点是作业快速且没有吸球或振荡产生的锡球氧化问题，缺点是难以制作大球体，且球体体积也不稳定。不过，通过印刷锡球制作引脚或凸块，要求锡膏有良好的黏度与对位效果，印刷缺陷率会随着助焊剂黏度的降低而升高。缺陷率同样会随着溶剂挥发性的提升而降低，这是因为低沸点溶剂在回流焊过程中更容易挥发，使得助焊剂黏度增大。

助焊剂涂覆量过大可能会导致印刷缺陷率升高，原因在于助焊剂具有阻挡效应。在回流焊过程中，锡球与焊盘之间的助焊剂越厚，锡球穿过助焊剂下沉到焊盘时间就越长，在焊料润湿之前越容易出现锡球偏离。经观察发现，印刷缺陷率会随着助焊剂中活性剂含量的提高而增大。较厚助焊剂会加速锡球氧化反应，导致回流焊时释放更多气体，极有可能促使锡球滚动。另外，高活性助焊剂会快速去除锡球氧化膜，使得锡球滚动时间加长，有更多机会与邻近锡球融合。在回流焊过程中，高沸点溶剂有利于助焊剂保持较低黏度，以便更好地扩散并润湿接触面，增强锡球自对准效应。

12.3 焊料凸块的空洞问题

从多数焊料凸块的截面图来看，几乎所有观察到的空洞都存在或靠近焊料与基板的界面，这在共晶焊料凸块上表现得尤其明显，如图 12.8 所示。

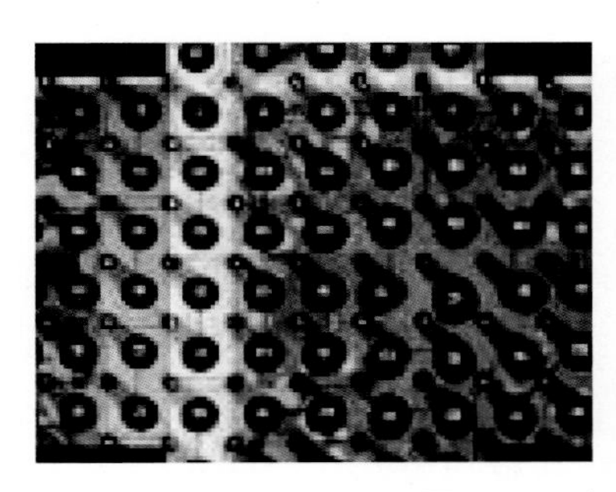
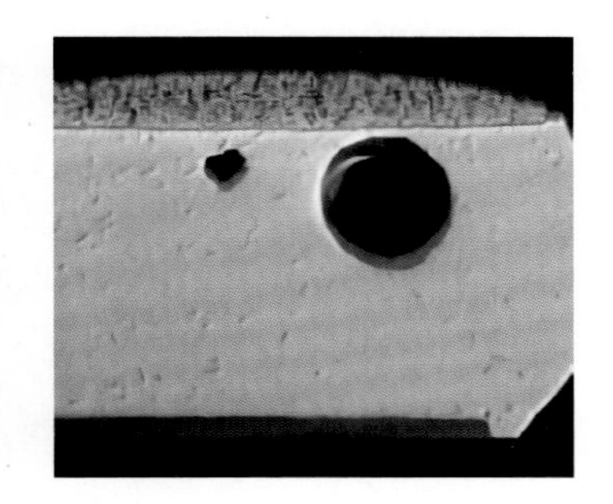

图 12.8 焊料凸块空洞

焊料与基板的界面产生空洞，是板面未润湿位置导入了助焊剂的缘故。几乎所有空洞都出现在界面位置，说明这些位置在回流焊过程中存在气泡滞留，如图 12.9 所示。显然，气泡滞留是因为其浮力未能克服界面吸附力。要获得足够浮力而脱离界面，气泡就必须变得足够大。一旦气泡脱离界面就会很快浮出，浮出路径上就不会留下空洞。

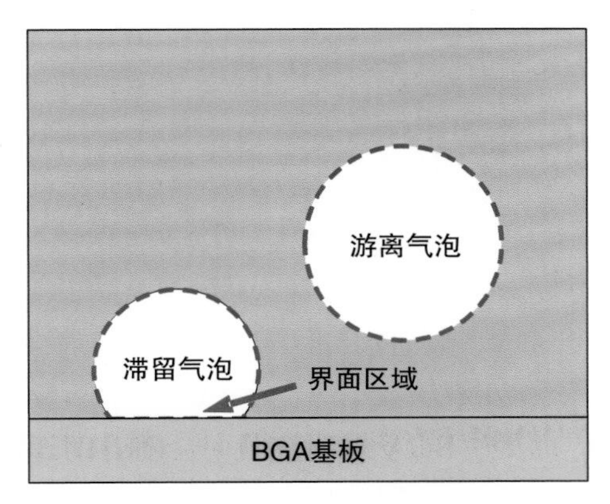

图 12.9 熔融焊料凸块中的气泡

助焊剂活性的影响

在焊料凸块制作阶段，空洞率与助焊剂活性成反比，这也与多数研究结果相吻合。助焊剂活性越高，焊接时板面出现非润湿点的风险越低，其结果是金属直接润湿，助焊剂不易导入焊料与基板的界面，空洞率降低。

焊盘尺寸的影响

空洞会随着焊盘尺寸的增大而增多，这大概要归咎于两个因素。第一个因素是曲率半径，因为所使用锡珠的直径是常数，凸块曲率半径会随着焊盘尺寸的增大而增大。曲率半径的增大使得施加在空洞上的液压减小，出现较大的空洞。第二个因素是气体释放率，假设焊接时，焊盘单位面积上气体释放率是个常数，那么焊盘尺寸越大，气体释放率就越高大，每个焊盘上的空洞越多。锡膏越厚，空洞越低，这是因为随着锡膏增多，消除氧化物的助焊剂也增多，空洞便减少了。

黏度的影响

根据经验，锡膏黏度越高，空洞率越低，这对于松香类助焊剂是正确状态。对于这类助焊剂，黏度高就代表其松香含量高，可提供较好的润湿性，因此空洞率较低。但对非松香类助焊剂而言，该结论未必正确。

▌锡球、焊盘氧化程度的影响

随着作业中锡球的滚动，锡球表面颜色会随着滚动时间的延长而加深，这可作为衡量氧化程度的定性指标。若用氧化严重的锡球进行焊料凸块制作，空洞率就会随着锡珠氧化程度的加深、氧化时间的增加而升高。这是因为熔融焊料中的助焊剂最终会成为气体释放源，导致空洞的产生。锡球氧化物越多，焊接时未被助焊剂去除的氧化物残留越多，结果是更多助焊剂残留在氧化物表面并导致气体释放率升高。另外，空洞率也会随着焊盘氧化程度的加深而升高，这是因为助焊剂润湿焊盘表面的机会减少，导致气体释放率升高。

▌焊料含量的影响

空洞率会随着锡膏焊料含量的升高而升高，这是由于金属氧化物会随着焊料颗粒表面积的增大而增多。

▌回流焊温度曲线的影响

研究发现，焊料凸块制作的回流焊温度曲线长度对空洞也有影响，回流焊温度曲线越长，空洞率越高。可能的原因如下。

（1）助焊剂气体释放率取决于锡膏黏度，回流焊曲线较长，会使得助焊剂挥发物挥发得更彻底，助焊剂残留物黏度更高、更难从熔融焊料内排出。

（2）对于空气环境下的回流焊，较长的温度曲线会导致材料氧化加重。

整体而言，在焊料凸块制作阶段，气泡有形成最小熔融焊料表面积倾向，因此 BGA 封装里出现的空洞总是在界面处，BGA 封装空洞率会随着助焊剂活性的降低、助焊剂或锡膏厚度的减小、锡球焊盘氧化的加重、焊盘尺寸的增大、回流焊温度曲线的增长、锡膏中焊料含量的升高而升高。另外，空洞率也会随着助焊剂和锡膏黏度的降低而升高，这可能是助焊剂活性降低所致，与助焊剂挥发性应该没有关系。

12.4 小 结

焊料凸块制作是未来电路板组装技术中的重要部分。随着阵列封装的普及，焊料凸块制作技术将更受重视。凸块制作技术多种多样，实际上各家厂商采用的制作方法多少有些差异。

对载板而言，吸放植球方式较普遍，其他作业方式只适用于小批量生产或实验。至于更精细凸块的制作，印刷锡球、电镀制作是较成熟的方式。不过，本章着眼于电路板组装，因此只对这些方式做简略介绍。

第 13 章

阵列封装器件的组装与返工

细节距 QFP 采用密集周边引脚结构，其引脚十分脆弱、易弯折。与之相比，阵列封装（如 BGA 封装等）就较容易组装。只要技术运用恰当，BGA 封装器件的组装良率是非常高的。阵列封装的不理想之处在于，内部焊点缺陷难以检测。CSP 的特性与 BGA 封装类似，但因为引脚节距更小，对操作误差会更敏感。本章主要讨论 BGA 封装、CSP 器件的组装、返工，并讨论它们面临的挑战。

13.1 阵列封装组装技术

BGA 封装、CSP 器件组装采用的是典型的表面贴装技术，流程包括锡膏印刷、贴片、回流焊、检验测试。锡膏印刷量与焊点可靠性及封装类型关系密切，不同封装类型对应的钢网设计也不同。

CBGA 与 CCGA 封装钢网

CBGA 与 CCGA 封装的锡球或锡柱一般使用高熔点合金焊料，如 $Pb_{90}Sn_{10}$ 或 $Pb_{95}Sn_5$ 等。在回流焊过程中，高熔点锡球或锡柱不会在作业过程中再次熔化，但涂覆在焊盘、高熔点锡球或焊柱上的共晶焊料会熔化并形成焊点。为了形成足够强的金属键结，必须提供足够的锡膏量。表 13.1 给出了建议的 CBGA、CCGA 封装钢网设计标准。可见，锡球与焊柱的锡膏量需求不同。通常，CBGA 封装比 CCGA 封装需要稍多的共晶焊料锡膏，在回流焊后形成完整包覆层，这样才能满足最低可靠性要求。

表 13.1 建议的 CBGA、CCGA 封装钢网设计标准

封装类型	引脚节距 /mil	锡膏量 /mil^3	建议的钢网规格
CBGA	50	最小体积：4800 额定体积：7000	钢网厚度：8mil 开口直径：34mil 或 35mil
	40	最小体积：2500 最大体积：4600	钢网厚度：7.5mil 开口直径：27mil
CCGA	50	最小体积：3000 额定体积：5000	钢网厚度：8mil 开口直径：32mil
	40	最小体积：2000 最大体积：5000	钢网厚度：8mil 开口直径：29mil

PBGA 封装钢网

对 PBGA 封装而言，焊料合金通常是共晶锡铅或无铅合金。回流焊过程中，在助焊剂的作用下，锡球熔化、塌陷并润湿焊盘。锡膏对焊料量的影响，主要体现在锡膏的焊料含量、钢网开口直径及印刷厚度。通常，锡球体积占焊点最终体积的 80% ~ 100%。此外，焊点的最终焊料量会受锡膏印刷量的影响，若只在焊盘上涂覆助焊剂，锡球就决定了焊点的最终焊料量。

对于 PBGA 封装器件的组装，焊点中熔融焊料的体积占比较高，因此其锡膏印刷量敏感度相对较低。对于标准引脚节距为 50mil 左右的 PBGA 封装，钢网设计厚度通常为

6 ~ 8mil，开口直径为 26 ~ 34mil。对于引脚节距为 40mil 的 PBGA，钢网厚度通常为 4mil 左右，开口直径为 20mil 左右，这样理论上的额定锡膏体积约为 $1200mil^3$。

CSP 钢网

CSP 的锡球体积比 BGA 封装的小，锡膏印刷量不足会导致焊点脆弱。CSP 焊点的临界体积依据 CSP 类型、锡球大小、焊盘大小、引脚节距而异。Cole 指出，当 CSP 的引脚节距为 0.5mm、焊盘直径为 8mil 时，恰当的锡膏印刷量为 100 ~ $500mil^3$。原则上，锡膏印刷量越大，CSP 的焊点可靠性越高，锡膏印刷量上限以不产生桥连为原则。

加大钢网厚度、开口直径及优化开口形状可调整锡膏印刷量。最有效的方法就是改用方形开口，如图 13.1 所示。方形开口必须采用圆角设计，以利于锡膏离板。圆角半径一般为钢网厚度。采用方形开口钢网时，锡膏印刷量会因为四角增加的面积而增大，边长可以减小，这样可获得与加大节距一样的下锡量增大效果，也可降低桥连的风险。采用梯形开口设计时，锡膏通过将更顺利。

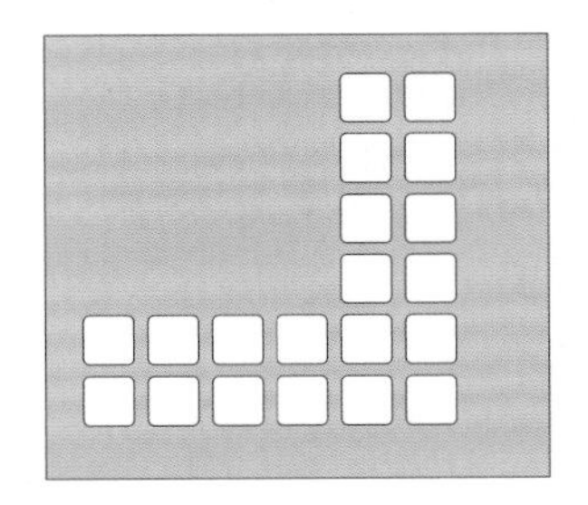

图 13.1 建议的阵列组装钢网开口设计与印刷结果

BGA 封装与 CSP 器件的贴片

回流焊过程中，在熔融焊料表面张力的作用下，BGA 封装器件会自对准，如图 13.2 所示。因此，BGA 封装器件贴片允许某种程度的偏移。引脚节距为 50mil 的 BGA 可接受 50% 的贴片偏移，引脚节距为 40mil 的 BGA 可接受 40% 的贴片偏移。

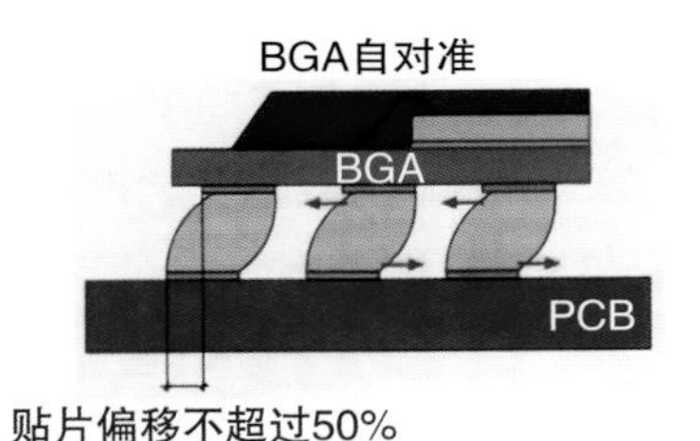

图 13.2 在焊料表面张力作用下，BGA 会自对准

与 BGA 封装器件相比，CSP 器件贴片偏差的影响很大。贴片产生的微小线性偏差都会导致故障，但两度旋转偏移不一定会导致故障。BGA 贴片设备含有固态摄像系统及数字视觉系统，前者用于确定封装边界，可通过计算阵列引脚到边界的距离来限定封装边界；视觉系统可通过识别锡球阵列来确定封装位置。

回流焊作业

与其他元件的表面组装类似，BGA 封装和 CSP 器件也可使用热风回流焊、红外线回流焊及气相回流焊进行组装，其中以热风回流焊更常见。尽管也可采用传统的预热、浸润、回流焊、冷却四段回流焊温度曲线，但采用缓慢线性升温和冷却的“帐篷曲线”效果更好，如图 13.3 所示。通常，“帐篷曲线”的升温速率越低，回流焊缺陷率就越低。

对于周边引脚封装（如 QFP）器件，所有引脚的加热条件相同，引脚温度均匀性较高。但对 BGA 而言，隐藏在阵列中间的锡球受热比四周的慢，温度均匀性较差，此时的

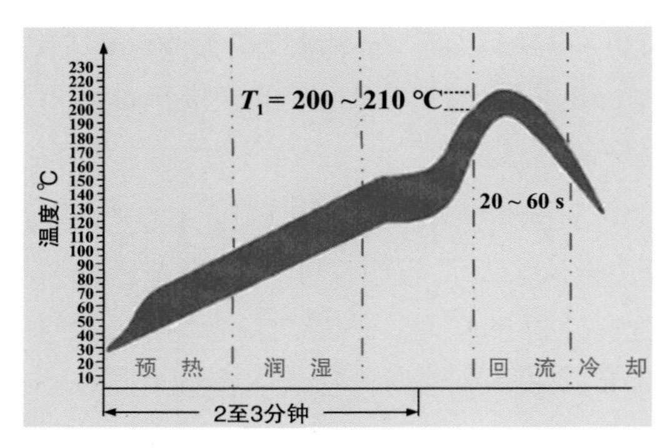

图 13.3 “帐篷曲线”（来源：Heller Industries）

BGA 回流焊温度曲线十分重要，要保证所有锡球能都达到最低回流焊温度，又不会超过器件能承受的最高回流焊温度。

CBGA 与 CCGA 封装器件具有较高的热容量，且含有高铅焊料，这对于回流焊温度曲线的建立是一大挑战：一方面，所有焊点要达到最低回流焊温度；另一方面，最高回流焊温度又不能超过 220℃，以减少高铅焊料中铅向共晶锡铅焊点扩散。当器件的热容量较大时，要实现严格的温度控制非常困难。行业一般通过采用升温速率极低及升温时间较长的回流焊温度曲线来满足要求。

检验测试

BGA 焊点与其他表面贴装焊点类似，理想的焊点状态是，锡球或锡柱与焊料间平滑过渡，包覆层表面不应有显著凹陷。BGA 封装器件不同于传统周边引脚器件，其焊点无法目视检测。虽然采用光学视觉检测系统能够检查周边焊点的润湿性及对位精度，但无法观察大多数隐藏在内部的焊点。因此，要全面检查各个焊点，只能采用 X 射线检测设备。X 射线检测设备能检测出空洞、桥连、偏移、冷焊等缺陷，但不易检测出轻微冷焊。图 13.4 所示为典型的 X 射线检测图像。

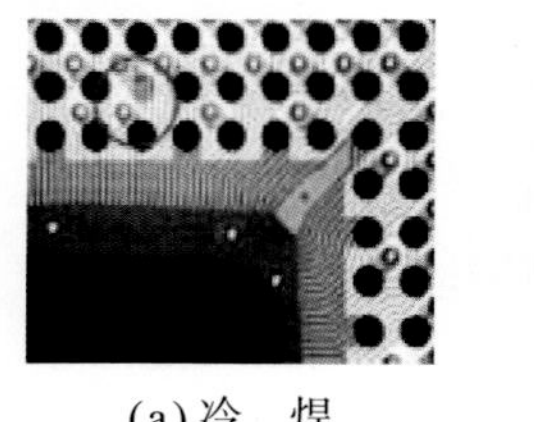
(a) 冷　焊

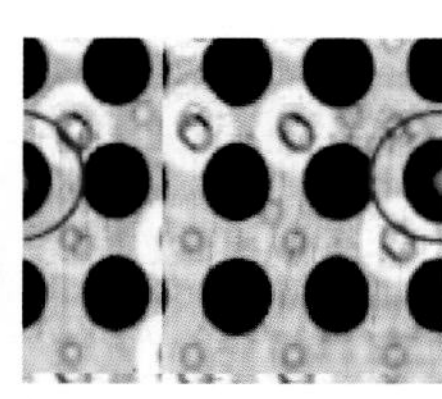
(b) 空　洞

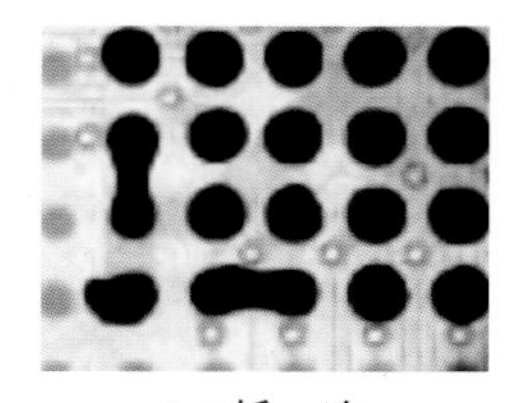
(c) 桥　连

图 13.4 典型的 X 射线检测图像

采用泪滴形设计的焊盘具有较高的润湿性。另外，利用倾斜电路板检测法，可以得到焊点侧面的 X 射线图像，从而获得到更多的润湿信息。图 13.5 所示为典型的 X 射线倾斜检测图像。但是这种检测方式受限于设备空间，不适用于大型电路板的非破坏性检验。断层扫描能够提供更多的焊点外形信息。

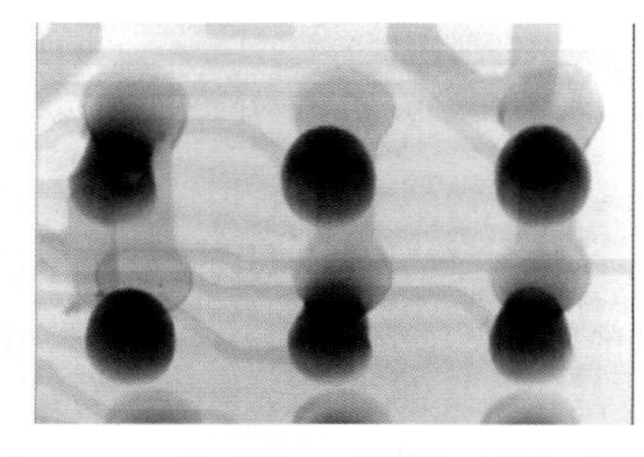

图 13.5 典型的 X 射线倾斜检测图像

13.2 返工处理

BGA 封装与 CSP 器件对潮湿、变形等因素非常敏感，返工时要特别小心。由于结构复杂度较高，它们的返工方式与传统周边引脚封装器件并不相同，业内也有广泛研讨，下面略做讨论。

处理程序

以半自动返工系统为例，微型 BGA 封装器件返工的典型流程如下。

（1）电路板准备：在器件焊点上涂低固含量液体助焊剂，并将板面适度倾斜。

（2）器件拆除：为了防止电路板变形，先在板面上下方进行预热，当温度达到 100 ~ 120℃后，继续将电路板加热到 205 ~ 220℃。图 13.6 所示为局部器件加热状态。

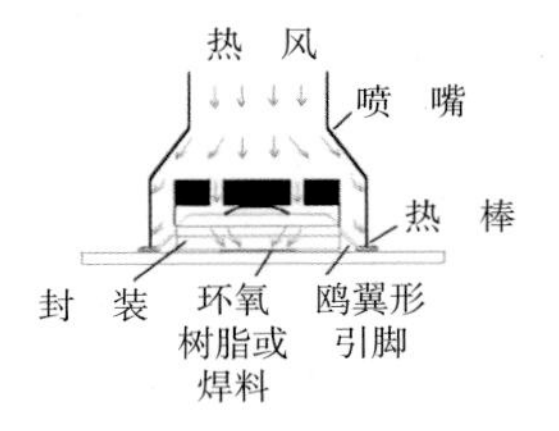

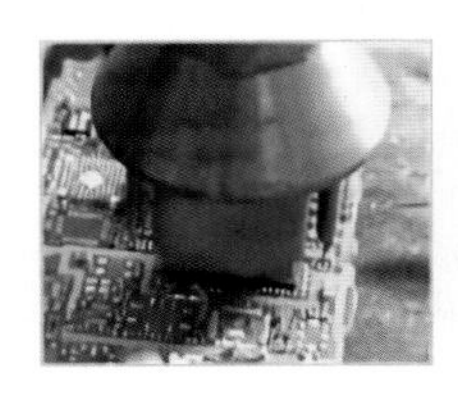
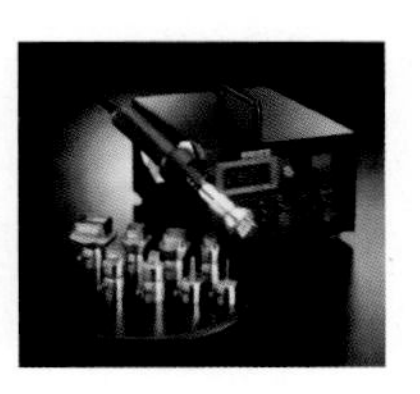

图 13.6 局部器件加热状态（来源：TI，www.cdmatech.com，store1.yimg.com）

（3）返工位置准备：除去焊盘与引脚区域残余焊料，整平、清理焊盘，检查阻焊层与焊盘是否损伤，涂覆助焊膏或锡膏，如图 13.7 所示。

图 13.7 返工位置准备（来源：www.solder.net）

（4）器件安装：以真空吸嘴抓取器件，并利用分光棱镜对位。回流焊前，应先预热电路板以防止变形，有铅锡膏的回流焊峰值温度为 205 ~ 230℃，因此，183℃以上至少应该保持 60s。无铅焊料同样要根据材料特性调整温度。

（5）清洗与检测。

返工的预干燥

PBGA 器件对湿度非常敏感，因此从包装袋中取出后，应该在 8h 内完成组装。所有 PBGA 器件都应该储存在相对湿度为 5% 的干燥箱内。若器件已在室温下暴露 48h 以上，就应该在使用前置入干燥箱中预干燥 48h 以上，或者在 125℃下烘烤 24h，以去除水分。同样，拆除器件前也应预干燥电路板与器件，以提高返工成功率。

器件拆除

进行器件拆除时，应采用与器件组装时相同的温度曲线。但是，如果确定旧器件已经无法再使用，或者电路板并没有产生过高热应力，就可使用快速升温的回流焊曲线。

注意，拆除器件前必须进行预热处理，以防电路板变形。

返工回流焊设备

在返工过程中，返工位置周围不需要拆除的器件，应该尽可能保持在较冷状态下，以免产生热应力破坏问题。图 13.8 所示为典型的半自动表面贴装与拆除设备，上部有排热口，可大幅度降低对相邻元件的热影响。

组装位置的处理与准备

拆除器件后的焊盘上会残留焊料与助焊剂，必须进行清理。例如，拆除 CBGA 与 CCGA 封装器件后的焊盘上会留下高铅锡球或锡柱、共晶焊料，经过清理后的焊盘重新成为平整表面，适合重新安装器件。图 13.9 所示为人工清除多余焊料的作业情况。

焊料补充

焊料补充可以通过以下方式完成：

◎ 在焊盘或元件引脚上印刷锡膏

◎ 通过焊料丝或预制凸块来补充焊料

◎ 利用点涂机补锡，或以浸锡方式来补充液态锡

对 PBGA 封装器件而言，只要在焊盘重新涂覆助焊剂，即可在回流焊时形成润湿良好的焊点。但是，如果焊料补充量不足，就会出现焊点小、可靠性不理想的情况。对于 CCGA 与 CBGA 封装器件，就必须进行植球处理：首先在焊盘上印刷锡膏，然后植上高铅锡球或锡柱，最后通过回流焊固定高铅锡球或焊柱。

图 13.8 典型的半自动表面贴装与拆除设备（来源：www.solder.net）

图 13.9 人工处理清除多余焊料的作业情况

返工器件的贴片

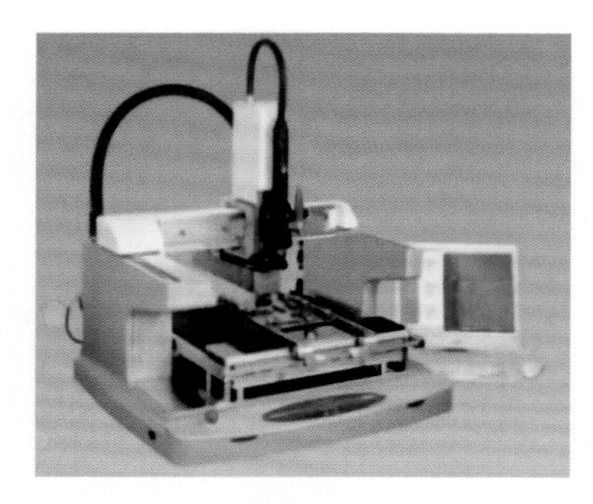

图 13.10 典型的半自动光学对位修补设备（来源：耀景科技）

返工器件的贴片，可利用电路板对角线的对位点进行人工对位。但是，最好采用分光棱镜系统核对锡球阵列与焊盘位置的吻合情况，以保证贴片精度。图 13.10 所示为典型的半自动光学对位修补设备。

原则上，返工时的回流焊温度曲线必须与实际组装时的相同。预热十分重要，对于 CBGA 封装更是如此。CBGA 封装器件对本身与贴片位置间的共面性十分敏感，因此更需要稳定精确的底部预热，尽量减轻共面性差异的影响，保证返工质量。

13.3　组装与返工的常见问题

BGA 封装和 CSP 器件具有稳固的高密度结构，其组装缺陷率远低于 QFP 封装器件。但是，若不能掌握好工艺参数，仍然会出现许多组装问题，下面就相关议题进行讨论。

13.3.1　焊点焊料量不足

焊点焊料量不足，就不能形成可靠焊点。常见原因是印刷锡膏量不足。图 13.11 所示为焊料量不足焊点与正常焊点的对比：左图是单点焊料量不足的状态，虽然是共晶焊料，但仍然有焊接不良的风险；右图所示的 CBGA 封装器件虽然是较难控制焊料量的，但控制得当时，回流焊良好，焊点轮廓完整。

图 13.11　焊料量不足焊点与正常焊点的对比

焊点焊料量不足，也可能是灯芯效应引发的。例如，BGA 锡球中的焊料因为灯芯效应而流入焊盘通孔内，可能是器件对位不良或锡膏流失所致。为了降低这种风险，一些电路板设计要求进行通孔塞孔。为了补偿这种设计不足，有时会使用较厚和较大开口的钢网，在焊盘区印刷更多锡膏。另一种解决方法是，以微孔技术代替通孔设计，进而减少灯芯效应引发的吞锡现象。

若引脚共面性差，那么即使涂覆锡膏量合适，也会导致焊点连接不良或不饱满，这种现象常见于 CBGA 封装器件的组装中。图 13.12 所示为典型的共面性差引发的焊点不饱满现象。

依据经验，焊料不足或其他因素导致焊点不饱满的改善措施如下：

◎ 在焊盘上涂覆足够的锡膏
◎ 对通孔进行塞孔处理或覆盖阻焊
◎ 返工阶段避免损坏阻焊
◎ 提高锡膏印刷时的对位精度
◎ 提高 BGA 封装器件贴片时的对位精度
◎ 返工阶段正确操作器件
◎ 保持电路板的共面性，如返工时适当预热
◎ 改进电路板设计，降低吞锡风险

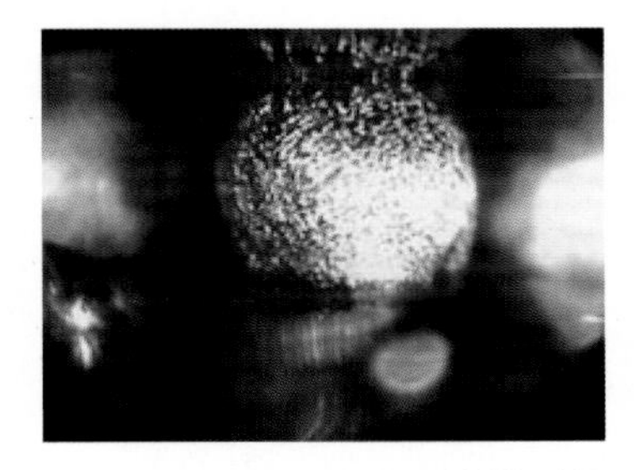

图 13.12　典型的共面性差引发的焊点不饱满现象

13.3.2　组装时自对准不良

PBGA 锡球自对准不良如图 13.13 所示。如前所述，对于引脚节距为 50mil 的 BGA 封装器件，只要对位偏差维持在 50% 以内，就有机会依靠表面张力实现自对准。

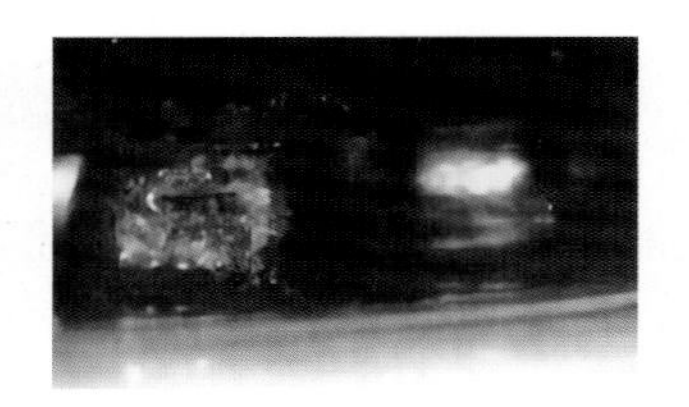

图 13.13 PBGA 锡球自对准不良

有研究指出，不同 BGA 封装的自对准能力有别，但焊料合金成分及锡球与基板界面的影响最大。对于引脚节距较大的阵列封装，回流焊前的对位偏差控制在 50% 以内是较保守的要求。但是，当封装引脚节距缩小时，允许线性偏差也会跟着减小，CSP 更是如此。

不过也有研究发现，对于一些较轻器件，即使对位偏差高达 60%，仍然可以自对准。因此，器件自重也会影响自对位能力。这样看来，自对位不良可归咎两种因素：一是贴片时的对位偏差过大；二是在允许对位偏差内的对位不良偏移，可能的原因和改善措施如下。

▌锡膏量不足

锡膏量不足，焊料的表面张力也会减小，当然无法将器件拉回正确位置。

▌焊料流动性差

当助焊剂活性或焊盘可焊性下降时，回流焊过程中的焊料流动性也会变差，容易形成自对准不良焊点。润湿充分的焊点，焊盘两侧会产生足够的表面张力，有利于焊料均匀润湿并将器件拉回正确位置。

▌表面张力减小

表面张力容易受回流焊环境的影响。在氧化严重的回流焊环境下，若助焊剂活性不足，焊盘表面便会形成氧化物薄膜，导致表面张力、自对准能力下降，无法将器件拉回正确位置。但在惰性气体环境下进行回流焊时，这方面的顾虑就较小。

▌焊料成分变异

对于 CBGA 封装，使用高温锡球与共晶锡膏进行组装时，由于高温锡球所占的体积比较大，焊料流动性较差，不利于自对准。对此，要注意控制贴片位置的偏差量，否则很容易产生组装偏移问题。

▌器件较重

较重的器件，如 CCGA 封装、含有大散热片的器件，自对准能力相对较低。特别是陶瓷封装器件，组装时较容易出现对位偏差。

▌阻焊偏移

阻焊开口位置偏差，也会导致 BGA 封装焊盘覆盖不全，进而导致自对准能力下降。尤其是当电路板胀缩过大时，容易发生阻焊偏移。

▌改善措施

优化焊盘设计可提高 BGA 封装与 CSP 的自对准能力。电路板四角采用较大焊盘设计，可提供较大的允许对位偏差。对于大焊盘，加大锡膏量也有利于自对准。整体而言，BGA 封装与 CSP 自对准不良的改善措施如下：

◎ 提高贴片精度
◎ 加大涂覆锡膏量
◎ 提升焊盘或锡球的可焊性
◎ 采用较高活性的助焊剂
◎ 在惰性气体环境下进行回流焊
◎ 降低 CBGA 封装的凸点成形与贴装工艺的回流焊温度
◎ 提高阻焊的制作精度与对位精度
◎ 优化电路板设计，四角采用大焊盘设计
◎ 器件四角的大焊盘上加大锡膏印刷量

13.3.3 润湿不良

共晶锡铅凸点多数不存在润湿问题，但高度氧化的凸点表面就可能出现润湿问题。凸点氧化常发生在运输或植球阶段，氧化凸点看上去没有光泽。虽然凸点光泽与冶金结构和氧化速率都有关系，但锡球表面处理层的材质才是决定性因素。为了避免锡球氧化，降低不一致性，所有锡球都应该在最短时间内用完。

如果助焊剂活性不足或涂覆量不足，焊接时氧化膜就会残留在锡球表面，使之黯淡无光，如图 13.14 所示。显然，使用活性较高的助焊剂能改善氧化物去除能力，也可减少对焊盘可焊性的依赖。在免洗组装工艺中，使用强腐蚀性助焊剂会出现可靠性问题，因此必须改善焊盘的可焊性。

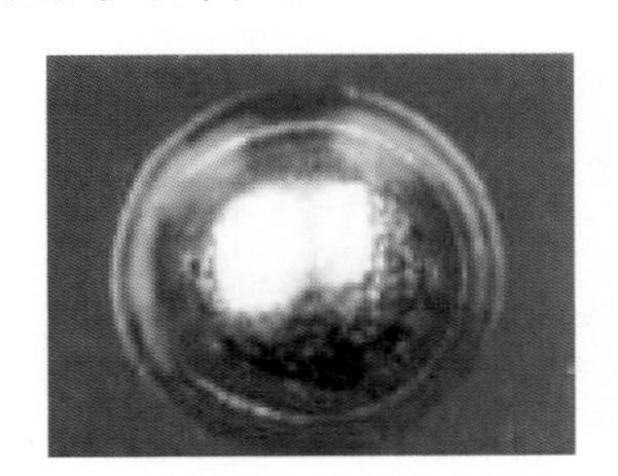
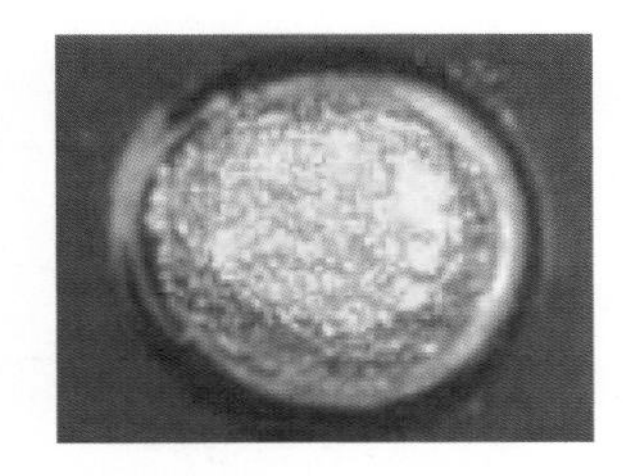

图 13.14 不同助焊剂活性或涂覆量的氧化膜残留状态

对高铅锡球或锡柱而言，表面氧化常会导致润湿困难，阻碍焊接。若氧化物存在于高铅焊料内，则润湿问题会更加严重。

13.3.4 焊点空洞

焊点空洞一直是阵列封装应用的研究重点。PBGA 封装的焊点空洞如图 13.15 所示。空洞会导致应力集中，影响焊点的机械性能，对焊点强度、延展性、蠕变和疲劳寿命造成不利影响。此外，空洞也会导致局部过热，焊点可靠性下降。

另一方面，空洞也被认定为裂纹终点，可以遏制裂纹延伸。可见，空洞与可靠性的关系比较复杂。可惜的是，这方面的研究资料较少。根据知名产品厂商提出的看法，可大致归纳出以下经验：

◎ 较少的空洞可以接受

◎ 过多的空洞一般会被认定会有问题

◎ 可接受的空洞面积比为 15% ~ 25%

为了控制空洞面积，必须了解空洞的特性。根据已有的研究成果，有必要考虑以下影响。

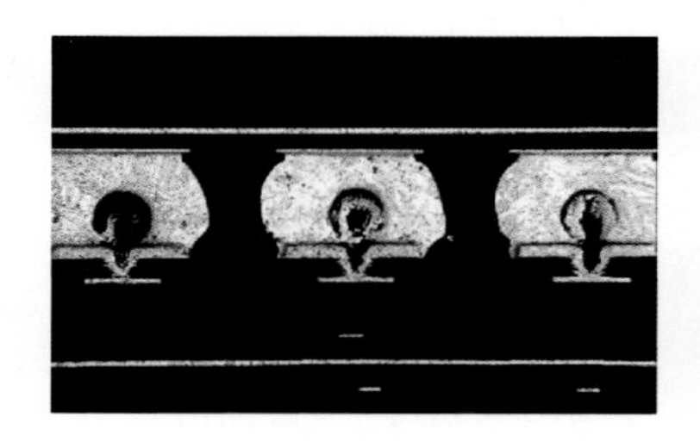
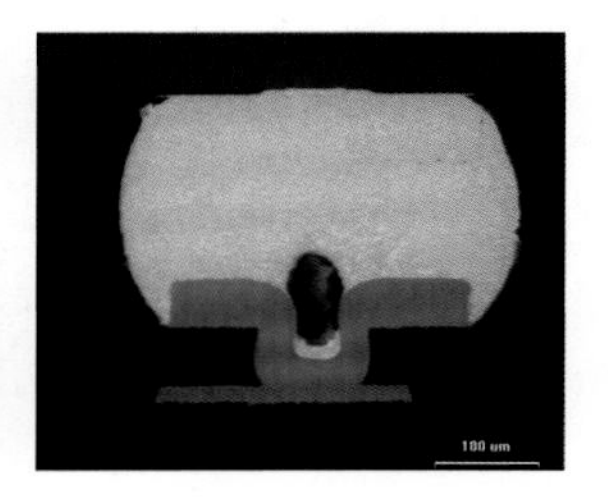

图 13.15 PBGA 封装的焊点空洞

助焊剂溶剂挥发的影响

溶剂沸点对 BGA 封装焊点空洞的影响如图 13.16 所示：使用不同溶剂沸点的助焊剂和锡膏，其中 Sn_{63} 的质量分数为 90%。随着溶剂沸点的降低，空洞会不断增多，这个结论对助焊剂与锡膏体系都适用。

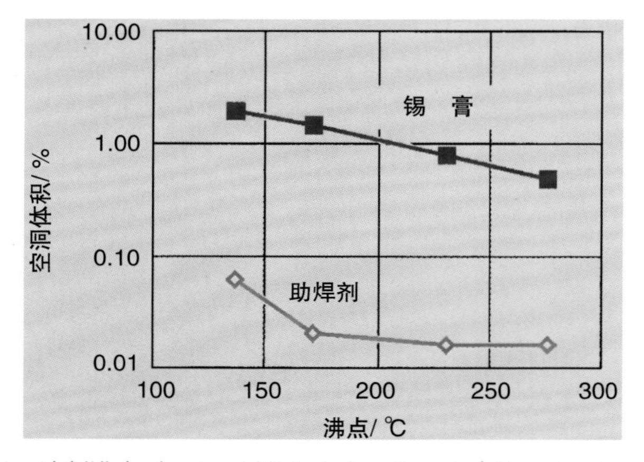

图 13.16 溶剂沸点对 BGA 封装焊点空洞的影响（基于 $Sn_{63}Pb_{37}$ 锡膏）

在典型的表面贴装工艺中，空洞通常源自气泡。在回流焊过程中，助焊剂在熔融焊料里分解、挥发。一旦气体释放不顺利，焊料中便会残留气泡而形成空洞。有研究指出，助焊剂或锡膏使用最低沸点（137℃）的溶剂时，空洞率最高。这是因为溶剂沸点比回流焊峰值温度（226℃）低很多，溶剂在回流焊早期阶段就开始挥发。换言之，回流焊过程中的溶剂残留越到后面越不容易排出，最终导致空洞问题。其他因素，如助焊剂的化学性质或反应副产物等，也对空洞的产生有影响。

助焊剂越容易挥发，残留物黏度越容易增大。高黏度助焊剂残留物很难从熔融焊料内排出，所以更容易包裹在熔融焊料内形成气源，进而产生空洞。换言之，溶剂挥发对产生空洞的影响在于黏度变化大小，而不是溶剂排放问题。溶剂挥发性越高，助焊剂残留越容易包裹在焊料中，因而也越容易形成空洞。

▌回流焊温度曲线的影响

回流焊温度曲线对 BGA 封装焊点空洞的影响如图 13.17 所示。显然，使用较低峰值温度（205℃）的回流焊温度曲线，比使用典型峰值温度（226℃）的回流焊温度曲线所产生的空洞要少，空洞率差异会随着溶剂沸点的升高而明显减小。

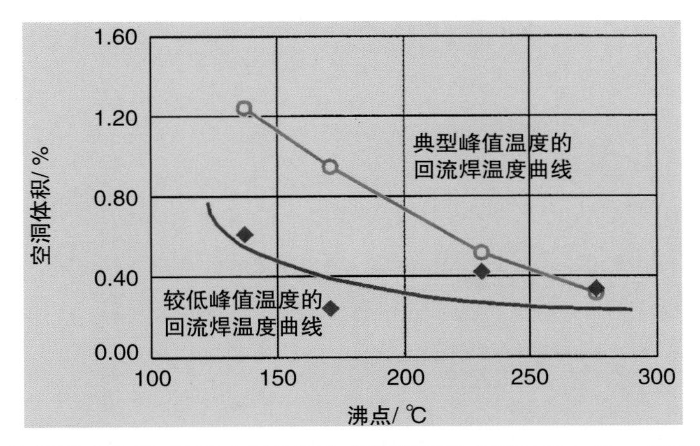

图 13.17　回流焊温度曲线对 BGA 封装焊点空洞的影响（基于 $Sn_{63}Pb_{37}$ 锡膏与空气环境）

相比于典型峰值温度的回流焊温度曲线，较低峰值温度的回流焊温度曲线下的溶剂挥发较慢，而未挥发溶剂可有效降低残留物黏度，有利于助焊剂从熔融焊料中排出，空洞率自然较低。随着溶剂沸点的增高，溶剂挥发变慢，焊料中的残留溶剂较少，对回流焊温度的敏感性相对较低。此时空洞率差异会逐渐缩小，体现在图 13.17 中的两条曲线也就逐渐靠近。

▌锡膏焊料含量的影响

在典型回流焊温度曲线与空气环境下，空洞率会随着焊料含量的增大而增大。当焊料颗粒氧化物增多时，助焊剂反应加剧，气体释放量增大。此外，助焊剂也很难从密实的金属颗粒与高黏度金属盐中排出。

▌锡膏中焊料颗粒尺寸的影响

单位体积内焊料颗粒越多，说明焊料颗粒直径越小、表面积越大，锡膏中的氧化物也随之增多。这样一来，气体释放率便会增大，形成更高黏度的金属盐，导致空洞率升高。

▌回流焊气体的影响

回流焊环境中的氧气，会加重金属氧化，导致可焊性下降。对某些不稳定金属（如铜、镍）进行焊接时，氧化会更严重。润湿不良处容易包裹助焊剂，空洞问题更容易出现。惰性气体环境（如充满氮的环境，氧含量小于 50×10^{-6}）下的焊点空洞率只有空气环境下的一半。在 Premavera 的研究中，表面镀层是稳定的贵金属，其本身就具备可焊性，而 BGA 锡球与焊盘的可焊性也不错，因此对回流焊气体环境不敏感。

▌表面处理的影响

空洞率最低表面处理的是化学镍金，其次是热风整平、经过一次回流焊的 OSP、化学镍钯、化学镍钯金。OSP 焊盘经过溶剂清洗后，空洞率会显著增高。只要电路板上的脏污（如指纹印）增多，空洞率就会增高。

锡膏暴露时间的影响

空洞率会随锡膏暴露时间的增加而增高，这可能是因为暴露增大了氧化风险，导致锡膏吸湿过度。

通孔与微孔焊盘设计的影响

为了提高布线密度，不少电路板采用通孔与焊盘合一的设计，难免出现通孔吞锡问题。用锡膏将 BGA 封装器件安装在通孔焊盘上时，焊点内往往会出现较大空洞，这是表面张力作用的结果。焊料中的气泡受浮力影响会到达焊点顶部，基板与电路板间无法排出的气体就会残留在狭小间隙中。电路板用户一般没有长期采用微孔设计的经验，往往会采用通孔塞孔结合表面电镀的设计，也就是所谓的“盖覆电镀”，如图 13.18 所示。

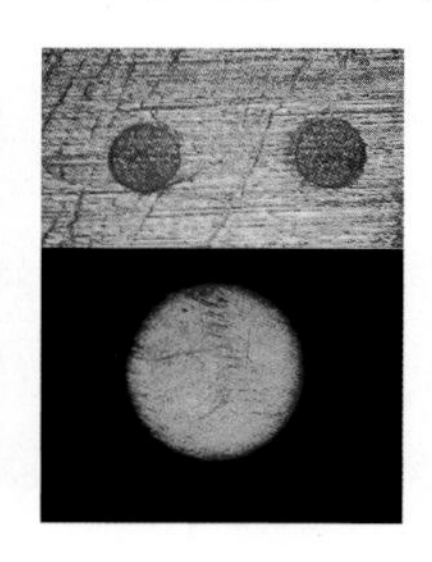

图 13.18　通孔塞孔焊盘

盖覆电镀的具体做法是，用树脂塞孔并进行固化处理，磨刷整平后必须进行粗化处理，以增强键结力。之后，通过金属化与电镀得到所需的厚度。图 13.18 右上图就是经过树脂塞孔、磨刷后的表面状况；右下图为电镀后的焊盘外观，与普通焊盘没有差异。

盖覆电镀焊盘只在可靠性方面与普通焊盘略有差异。因为焊点下方的树脂填充区，会在热循环过程中产生应力不均的应变断裂。为了降低这种风险，必须在塞孔材料选择方面下功夫。至于微盲孔，其孔径小，产生的空洞也小，也有类似于通孔焊盘设计的间隙产生空洞问题。微盲孔结构与 BGA 焊点空洞的截面情况如图 13.19 所示。

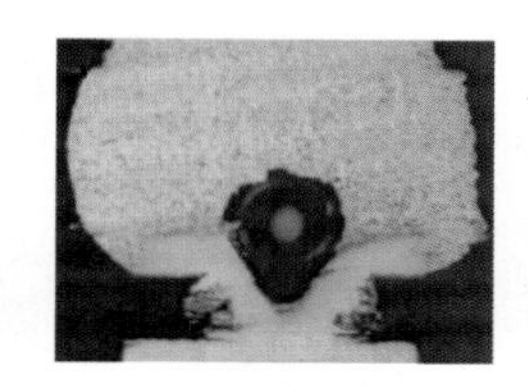
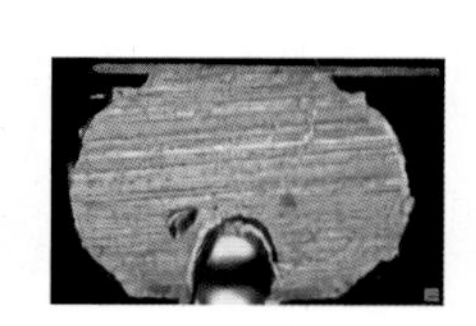

图 13.19　微盲孔结构与 BGA 焊点空洞的截面情况

高密度板大量采用 BGA 封装、CSP 及微导通孔设计，空洞率并不比传统电路板低。典型现象是空洞位于微导通孔的开口端，除非微孔凹陷十分轻微，否则出现空洞的风险非常高。微导通孔出现空洞问题，归咎于其半密封结构、开口狭窄、组装焊接难度较大。

另外，微孔结构不利于电镀时的镀液交换和表面处理，而后处理的清洗效果也不佳，这些都会影响微孔的可焊性。如前所述，空洞是由助焊剂与反应产物挥发引起的，焊盘上任意点不可焊都会导致助焊剂残留，因此很容易导致气体释放不顺，进而产生空洞。

虽然使用活性较高的助焊剂，可弥补可焊性不足，但是考虑到腐蚀与表面绝缘问题及免洗需要，这种做法并不现实。另外，观察多数焊点切面图发现，空洞较容易出现在微孔开口处附近，也就是微孔边缘已成为空洞的一部分。为了排出微孔开口处的气泡，如果没有额外能量增大空洞处的焊料表面积，气泡往往会停留在开口处，直到浮力超过表面能时才会排出。

微孔内的助焊剂残留也比平面焊盘上的更难排除，这同样出于半密封结构的原因。只要助焊剂残留在微孔内，它就会不断释放气体，形成空洞。对于结构性空洞，可采取以下方式改善：

◎ 改善微孔的可焊性，表面处理后尽量清洁彻底

◎ 尽量减少微孔结构的凹陷或予以填充

◎ 采用气体释放量小、适用温度超过焊料熔点的助焊剂

◎ 采用能产生良好润湿与溶剂挥发效果的回流焊温度曲线

目前有相当大比例的电路板采用电镀填孔或半填孔处理，如图 13.20 所示。采用这种结构可以获得较高的连接密度，也可以减少组装焊接时的空洞问题。

不过，填孔工艺不适用于高厚径比盲孔，厚径比在 0.6 以下的盲孔填充效果一般较好。而电路板设计通常需要调整微孔尺寸，未必所有微孔都能够如愿电镀填充完整。不过一旦微孔被填平，焊接时就不会出现空洞问题了。

▌制程的影响

如果周围没有焊料包覆，空洞对焊点的破坏就会很大。图 13.21 所示为经历热循环测试后的 BGA 焊点横截面状况。可以看到，焊点内的空洞非常大，侧面包覆焊料非常少且左右不对称，很容易被热循环应力破坏。

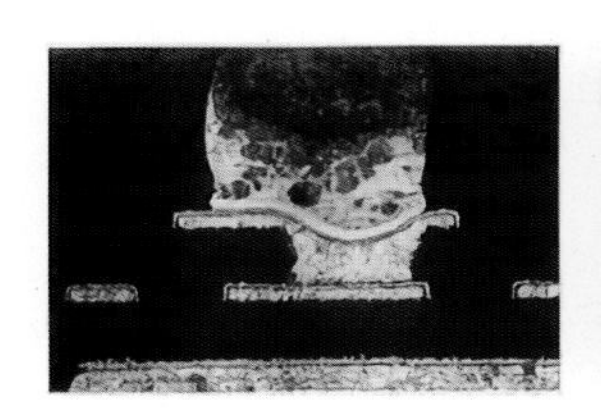
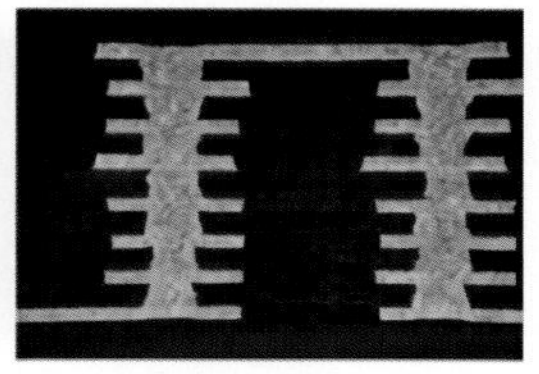

图 13.20 填孔与半填孔结构（右图来源：IBIDEN）

若能将空洞与焊点的面积比控制在较低水平，焊点可靠性是有一定保证的。若能在焊盘尺寸及组装顺序与方向上进行适当优化，就有机会减少空洞问题，如图 13.22 所示。

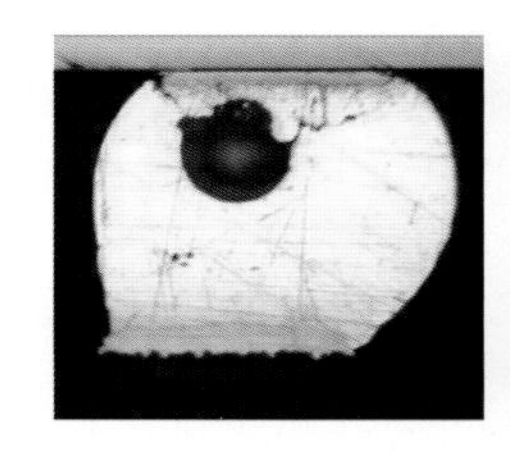
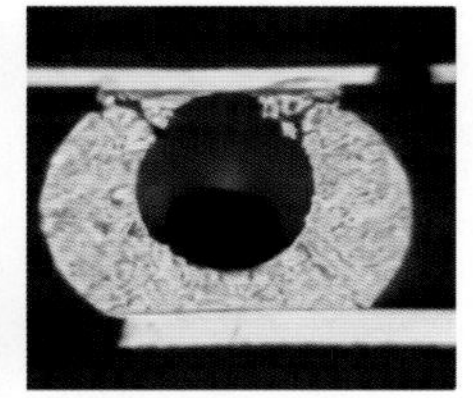

图 13.21 BGA 焊点空洞周围焊料少且不对称

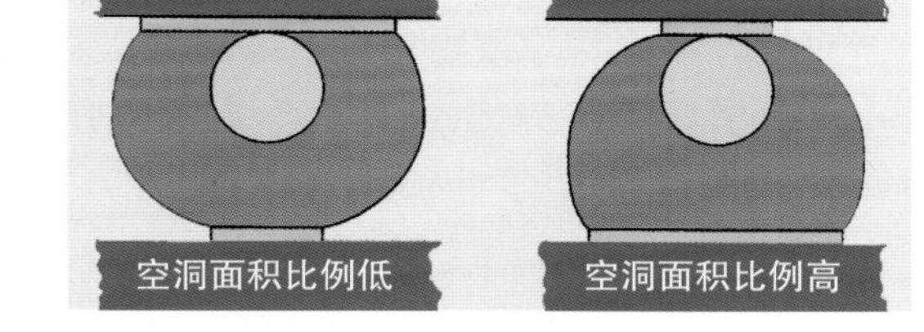

图 13.22 空洞与焊盘的面积比对焊点可靠性的影响

13.3.5 锡球桥连

锡球桥连是 BGA 封装器件的主要组装缺陷之一，如图 13.23 所示。锡球焊接不良，如涂覆锡膏量过大，就会出现桥连问题。而且，除非桥连出现在周边锡球上，否则只能通过 X 射线检查机检测出来。

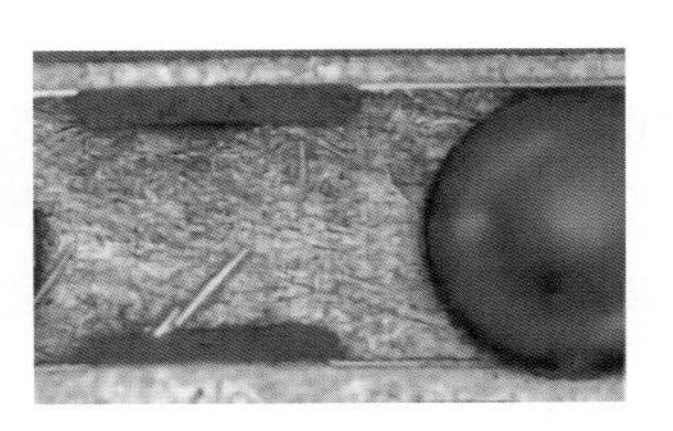

图 13.23 典型的 BGA 锡球桥连现象

另外，PBGA 封装器件的分层与“爆米花”效应，也会附带产生桥连。此时，焊点会变得扁平，这是受板材挤压所致。典型的内部锡球桥连的 X 射线图像如图 13.24 所示。

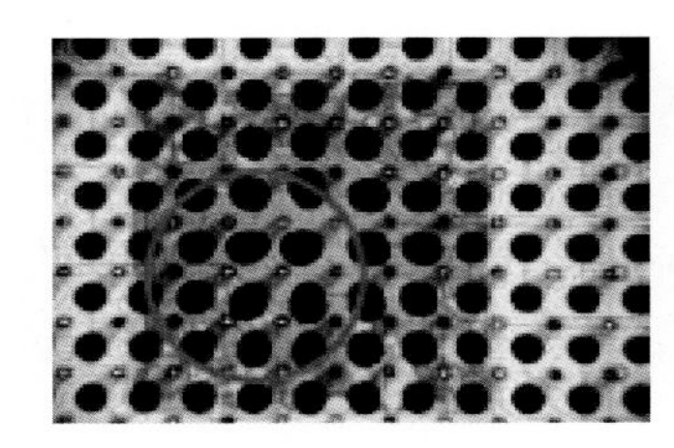
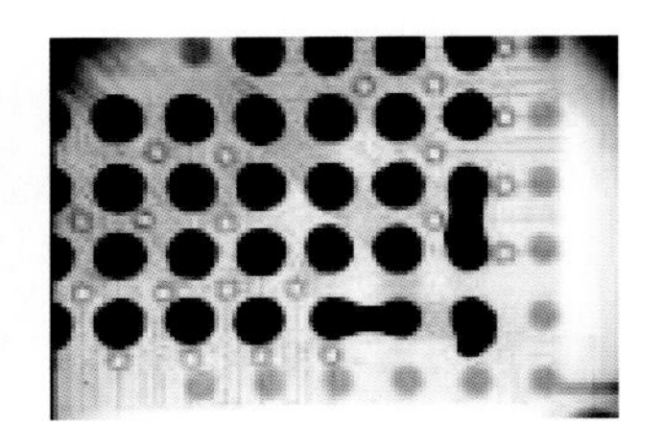

图 13.24 X 射线图像呈现的桥连与锡球变形

贴片偏移往往会加重桥连问题。桥连问题的改善措施如下：

◎ 提升封装器件的可焊性
◎ 适当控制涂覆锡膏量
◎ 完成贴片后避免手工操作
◎ 必要时预烘 PBGA 封装器件，避免出现“爆米花”效应
◎ 防止器件下面残留异物
◎ 避免贴片偏移

13.3.6 冷 焊

冷焊的故障模式包括锡膏量不足、可焊性不良、共面性不良、贴片偏移、热分配不均、阻焊层排气等，下面逐一讨论。

▌锡膏量不足

钢网开口堵塞导致锡膏量不足，就会出现冷焊问题。冷焊特别容易发生在高温焊料接点上，如 CBGA、CCGA 引脚，因为锡膏在整体焊点中的体积占比很小，这些高温焊料在焊接中不会熔化，也就无法补充焊料。

▌可焊性不良

焊盘被污染或氧化，通常会导致润湿不良，如图 13.25 所示。冷焊多数是焊盘污染造成的。

共面性不良

共面性不良通常会直接导致冷焊。原则上，电路板局部区域共面性差异不应超过5mil，整体变异不应超过1%，具体可参考IPC-600系列规范。返工时，应通过预热处理来减少电路板变形。

贴片偏移

贴片偏移可能会导致冷焊。CSP器件的允许贴片偏差较小，若线性偏移和旋转偏移同时存在，冷焊问题会更加严重。

热分配不均

在特定工艺条件下，电路板的温度梯度较大，容易产生内应力而引发剪切效应，导致焊点出现冷焊现象。例如，表面贴装回流焊后往往接着波峰焊，回流焊形成的PBGA封装角部焊点，在波峰焊时可能会开裂，进而形成冷焊，如图13.26所示。

图13.25 PBGA焊点冷焊

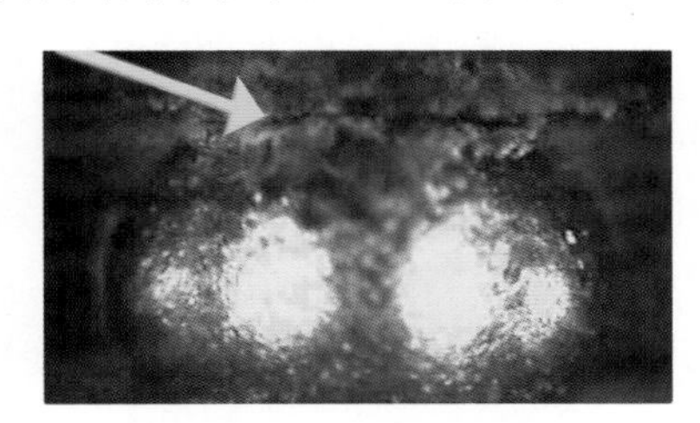

图13.26 回流焊后的PBGA焊点，受热应力影响开裂，出现冷焊

在某些情况下，PBGA封装角部焊点仍然连接着器件及焊盘。但实际上，焊盘已经从电路板上剥离，只是与电路板线路时断时续地接触。出现这种情况的根本原因是电路板与封装间出现了很大的温度梯度。在波峰焊过程中，熔融焊料穿过通孔到达电路板顶层，导致电路板顶层快速升温，焊点温度也迅速上升。但封装本身是靠接点传热的，升温非常缓慢。焊料在熔融状态下的机械强度降低，一旦出现热分配不均，就会在热应力的影响下产生裂纹。

在这种状况下，若焊盘与电路板间的结合强度低于焊点的剥离强度，就会发生焊盘剥离现象。角部焊点由于远离中心点，热分配不均导致的热应力更大。有些厂商采用通孔塞孔的处理办法，据说可减少这类问题。

阻焊层排气

对于阻焊定义焊盘的BGA封装器件的组装，阻焊层排气不良也会导致冷焊。挥发物会强行从阻焊层与焊盘之间的界面排出，把焊料从焊盘处吹走，形成冷焊，如图13.27所示。对此，可通过贴片前预热器件来改善。

综上，冷焊问题的改善措施如下：

◎ 在接点上涂覆足够量的锡膏

◎ 提高焊盘的可焊性

◎ 提高贴片精度

◎ 对影响电路板传热的孔进行塞孔处理

◎ 保持电路板的共面性
◎ 尽量减小电路板的温度梯度
◎ 对器件进行预烘处理

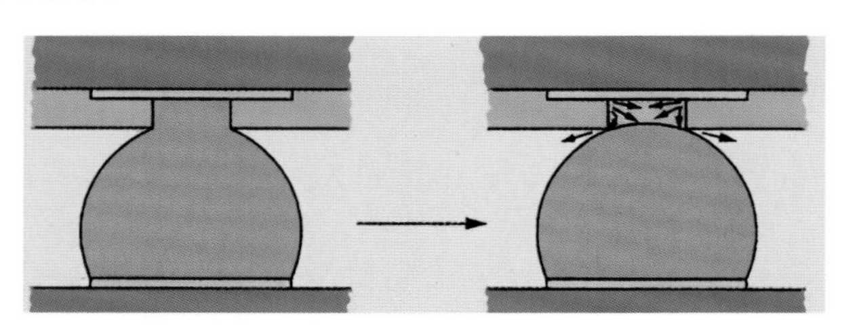

图 13.27 阻焊层排气

13.3.7 焊点高度不均匀

典型的 BGA 与 CSP 焊点呈球状，焊点高度取决于焊料表面张力、焊盘尺寸、焊盘周围的阻焊配置、器件自重等因素。对于双面板，底面贴片焊点会增高少许，增高程度取决于器件自重。多数情况下焊点还是会保持球状，但是器件较重时，焊点就会拉伸。

阵列封装的焊点高度一般是一致的，焊点外形应该保持在可接受范围内。但在一些特殊情况下，温度分布与胀缩差异可能会导致周边引脚与内部引脚翘曲，产生接点拉伸、整体组装高度失衡的现象。某些 PBGA 封装器件的组装，外部焊点因拉伸而增大，内部焊点高度则保持不变，内外高度差可达 6 ~ 8mil。有时还会发现，外部焊点表面粗糙，带有橘皮纹理，呈现局部裂纹。

显然，这些都是器件间 CTE 不匹配导致封装变形所致。封装冷却后，其边缘受向上拉力的作用，封装会发生弯曲变形。随着温度的下降，弯曲变形继续加大，即使焊料固化也不会停止，导致外部焊点比内部焊点高。

较理想的解决方法是，采用 CTE 匹配的封装材料。另一个有成功案例的方法是，在封装载板上增加一层铜箔来提升刚性，以降低弯曲变形的风险。

13.4 小 结

基于高密度、便携式电子产品的需要，BGA 封装与 CSP 已成为当前主流的封装形式。虽然阵列引脚封装器件的组装不需要极细节距的贴片设备，但存在温度梯度问题与焊点不可见的弊端，对组装与返工都构成重大挑战。另外，阵列封装所需的高密度载板，也使得工艺控制进一步复杂化。这方面的技术研讨从未停止，相应的表面处理技术也在持续发展。

第 14 章

回流焊温度曲线的优化

回流焊是表面贴装技术的主要工艺，是影响焊接缺陷率的关键因素。与回流焊温度曲线有关的缺陷类型众多，包括元件破裂、立碑效应、灯芯效应、桥连、锡珠、冷焊、金属间化合物过多、润湿不良、空洞、元件歪斜、碳化、分层、浸析、反润湿、焊料或焊盘分离等。为了稳定批量生产，选择合适的回流焊温度曲线至关重要。回流焊温度曲线的主要参数包括峰值温度、升温速率、冷却速率等。根据缺陷的产生机理规划温度曲线，可以降低产品缺陷率。

14.1 助焊剂反应

对于表面贴装，焊接前首先要用助焊剂清除金属表面的氧化层，以利于焊料润湿。在讨论温度曲线设定前，有必要了解助焊剂反应的时间与温度需求。

时间与温度对助焊剂反应的影响

借助润湿平衡法，可以测试助焊剂反应所需的润湿时间。润湿时间越短，代表助焊剂反应越快。也可通过观察锡膏熔化或回流焊等行为来研究助焊剂的反应形式与状态，锡膏熔化越快，说明助焊剂反应越快。图 14.1 所示为一种粗略的润湿性测试方式。

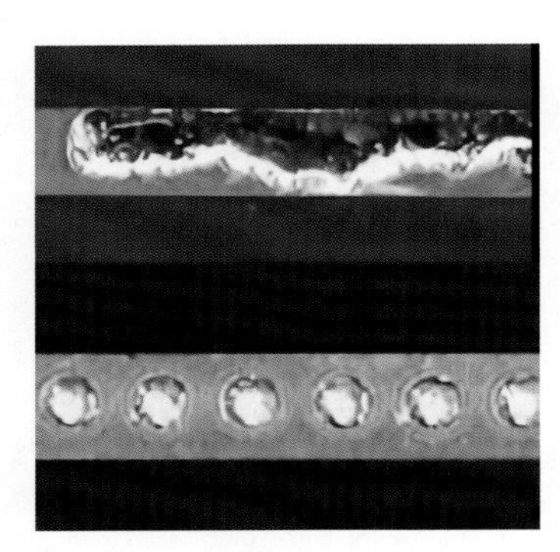

图 14.1 粗略的润湿性测试方法

典型的锡膏回流焊一般在短时间内完成，这很容易验证。可在铜箔上印刷少量锡膏，接着把测试样品放在能提供合适表面温度的热板上测试，锡膏回流焊与铺展过程会在几秒钟内发生。助焊剂的反应时间会更短，利用升温速率较高的温度曲线就可得到满意的回流焊与润湿结果。

助焊剂反应速率与温度的关系

对四种低熔点 RMA 锡膏（$Bi_{46}Sn_{34}Pb_{20}$，熔点为 95 ~ 108℃）进行润湿时间测试发现，不同温度下的助焊剂反应速率如图 14.2 所示。

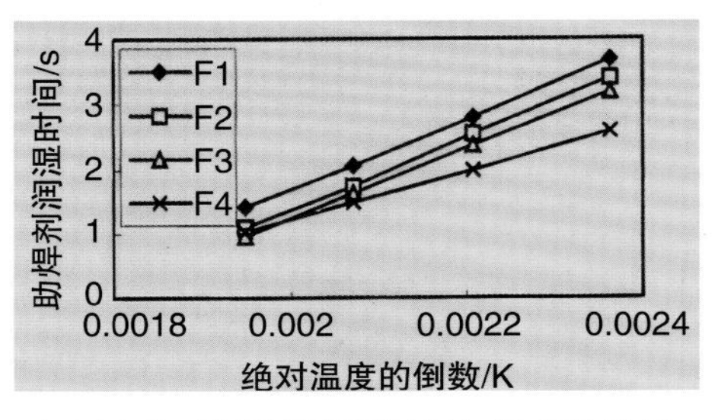

图 14.2 助焊剂润湿时间与温度的关系

实验发现，在 150 ~ 240℃内，润湿时间的对数与绝对温度的倒数成正比。150℃时的润湿时间大约比 210 ~ 240℃时大一两个数量级。由此可判定，温度是助焊剂反应速度的指标因子。另外，在同样的加热时间内，与高温环境下相比，低温下的助焊剂作用可以忽略。

14.2　峰值温度的影响

▌对冷焊与润湿不良的影响

图 14.3　超过可承受温度后产生的元件表面损伤

回流焊温度曲线的峰值温度，通常取决于焊料熔点温度及元件能承受的最高温度。实际操作中，实际锡膏熔融所需的时间，要比润湿平衡测试显示的时间长。图 14.3 所示为超过可承受温度后产生的元件表面损伤。因此，最低峰值温度应该比锡膏熔点高出 25 ~ 30℃，以便顺利完成焊接。若以最低峰值温度以下的温度进行回流焊，就极有可能出现冷焊与润湿不良。对于共晶焊料，建议的最低峰值温度在 210℃以上。

▌对碳化、分层、金属间化合物的影响

理想的最低峰值温度大约是 235℃，超出此温度就可能出现电路板树脂与塑料元件碳化、分层问题。另外，还有可能形成过多的金属间化合物，这会加大焊点脆性而损害可靠性。图 14.4 所示为基材受热碳化的状态。

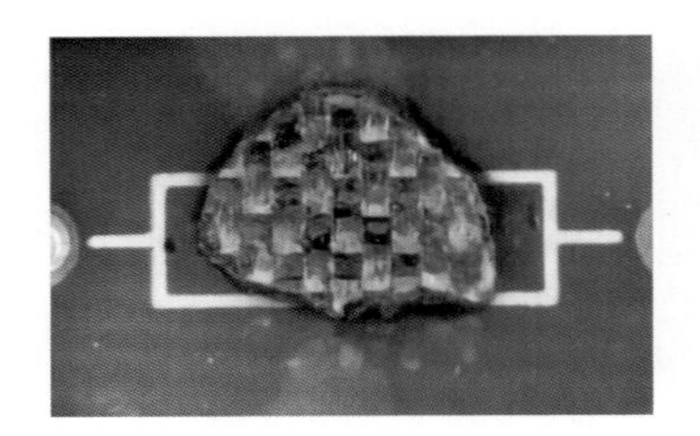
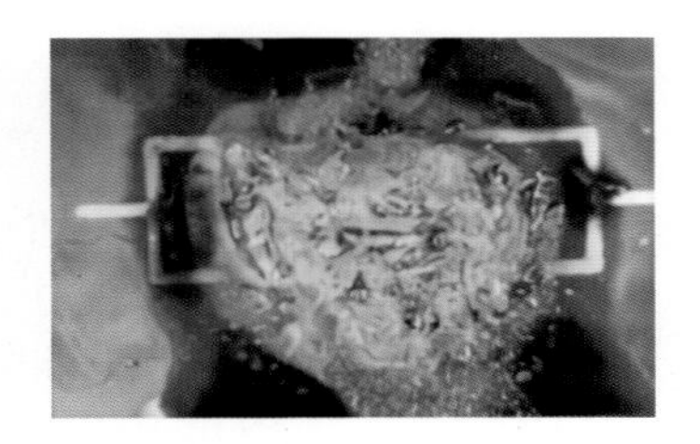

图 14.4　基材受热碳化的状态

如果焊盘表面处理层大量熔入焊料中，就应该考虑浸析问题。浸析程度取决于峰值温度。使用较低峰值温度可减轻浸析，缩短液相线以上温度的停留时间也可以减轻浸析。

14.3　升温速率的影响

▌锡膏塌陷与桥连

锡膏塌陷是产生桥连的直接原因，多数发生在锡膏熔化前的膏状阶段，因此研讨应着眼于焊料熔点以下的时间。锡膏的黏度会随着温度的上升而下降，这是因为温度上升会加剧材料内分子的热振动。高温下，锡膏黏度较低，自然容易塌陷。同时，温度上升也会加速溶剂挥发，进而导致固相成分的比例升高，黏度也相应增大。热振动是物质的本性，只与温度有关，并不受时间影响，因此不受升温速率的影响。

但是，溶剂挥发会受升温速率的明显影响。溶剂挥发速率与温度成正比，溶剂挥发量正比于挥发速率与挥发时间的乘积。换言之，溶剂挥发量是温度与时间的函数，因此可通过改变升温速率来调整溶剂挥发量。在给定温度下，升温速率越低 / 时间越长，溶剂挥发量越大，锡膏黏度越大。可见，升温速率对锡膏黏度的影响超过热振动的影响。此时，温度上升导致的锡膏黏度下降会减小；若控制得当，还会让黏度增大。这样，塌

陷就会减少。经验人士推荐的升温速率，从室温到焊料熔点间保持（0.5 ~ 1）℃ /s 为宜。

锡 珠

锡珠是预热阶段助焊剂挥发、释放气体，导致锡膏在低元件下分离所致。回流焊时，分离的锡膏熔化后从元件下冒出而产生锡珠，如图 14.5 所示。控制焊料熔化前的升温速率，可以限制气体释放。在较低的升温速率下，助焊剂挥发缓慢，不会产生猛烈的气体喷发，也就可以避免锡珠的产生。

图 14.5 锡珠的产生机制

灯芯效应

灯芯效应是焊料润湿元件引脚后，沿引脚上爬，以至于焊点产生焊料不足或空焊问题。这是焊料熔化阶段，元件引脚温度高于焊盘温度所致。对此，可加强电路板底部加热或拉长焊料熔点附近的加热时间、采用低升温速率，使元件引脚在焊料润湿之前与焊盘达到温度平衡。一旦焊料润湿焊盘，焊料形状就会保持不变，不再受升温速度的影响。

立碑效应与元件歪斜

立碑效应与元件歪斜，是元件两端润湿力不平衡导致的。类似于灯芯效应，拉长焊料熔点附近的加热时间、采用低升温速率，使部件两端在焊料熔化前达到温度平衡。低于熔点时，升温速率对这两种缺陷没有影响；高于熔点时，润湿通常已经结束，升温速率也没有影响。

锡 球

组装过程产生锡球，是锡膏飞溅引起的。在焊料颗粒熔化之前，如果升温速率超过 2℃ /s，产生锡球的可能性就比较高。降低升温速率，对防止锡膏飞溅非常有效。但升温速率过低会导致氧化过度，进而降低助焊剂活性。锡球也可能是焊料颗粒过度氧化产生的，减少焊料熔化前的吸热量可以减轻氧化。因此，要兼顾飞溅与氧化两个方面。减少锡球产生的简单办法是，在温度到达焊料熔点前进行线性升温。

润湿不良

润湿不良是焊料颗粒在预热和焊接过程中过度氧化所致。和锡球问题类似，可通过减少预热时的焊料吸热量来减轻氧化，加热时间应尽可能短。若有其他因素导致加热时间无法缩短，则可采取从室温线性升温到焊料熔点的回流焊温度曲线，减轻焊料颗粒氧化。

空 洞

空洞主要是因为助焊剂释放的气体受阻于焊料与电路板或焊料与引脚界面的未润湿污点。可以通过减轻氧化来减少未润湿污点，也就是尽可能缩短加热时间，或从室温到焊料熔点温度采用线性升温的回流焊温度曲线。若电路板的可焊性非常好（如热风整平板），则润湿不成问题，可通过降低助焊剂残留物的黏度来减少空洞，使用峰值温度较低的回流焊温度曲线即可。

虚　焊

虚焊主要是灯芯效应或不润湿所致。如果是灯芯效应导致的，可参照灯芯效应对应的改善措施处理；如果是不润湿导致的，也就是所谓的“枕头效应”，这时虽然元件引脚已经浸入焊料中，但并未形成真正结合或润湿，如图 14.6 所示。改善措施可参考“润湿不良”。

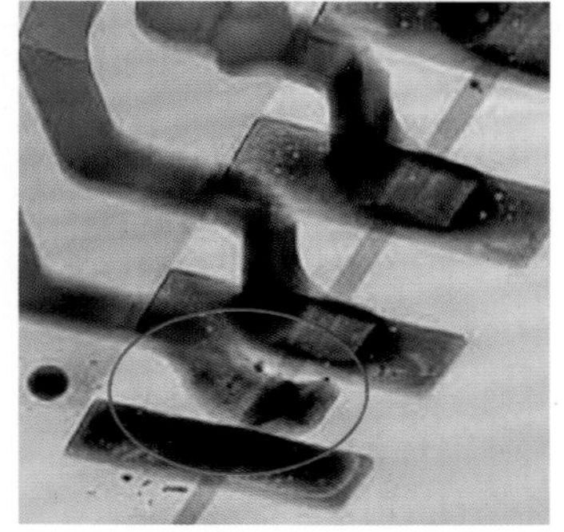

图 14.6　未完全润湿导致的虚焊

14.4　冷却速率的影响

金属间化合物的产生

最佳冷却速率是回流焊阶段相对确定的部分。在熔点以上，冷却速率过低会导致过量金属间化合物的产生。为了尽量减少金属间化合物的产生，必须采用较低的冷却速率。

合金晶粒的尺寸

受退火效应的影响，低冷却速率通常会导致焊料在熔点与略低于熔点的温度下形成晶粒结构较大的焊点，呈现较低的疲劳强度。若能采用较高的冷却速率，则可获得细小晶粒结构的焊点。

内应力导致元件产生裂纹

允许的最大冷却速率通常取决于元件的抗热冲击能力，如颗粒式电容容许的最大冷却速率约为 4℃ /s。回流焊炉是利用强制对流达到冷却目的，快速冷却依赖气流快速通过熔化的焊点，这可能会导致焊点变形。理论上，只要冷却速率不超过 4℃ /s，焊点变形便可以忽略。图 14.7 所示为元件受应力影响而产生的裂纹。

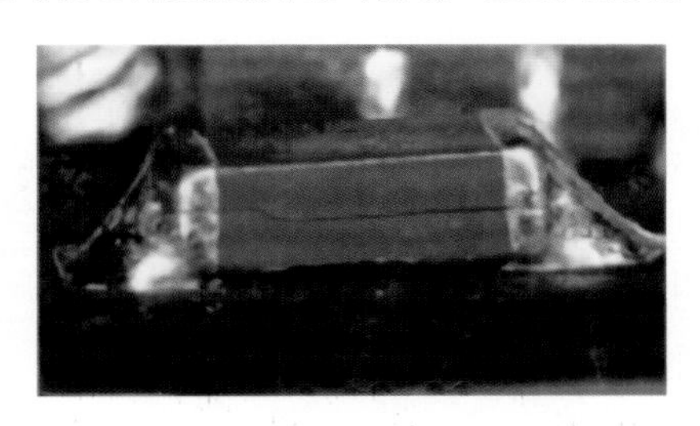

图 14.7　元件受应力影响而产生的裂纹

内应力导致焊料或焊盘分离

冷却速率同样会导致焊盘与电路板或焊点与焊盘分离。多数状况下，冷却速率过高会导致元件与电路板之间产生很大的温度梯度，不同热膨胀系数的元件胀缩失衡，进而导致焊点周围产生内应力，焊点从焊盘上脱落，或焊盘从电路板上剥离。例如，BGA 封装器件的角部就可能出现焊点脱落问题。图 14.8 所示为典型的焊盘分离现象。

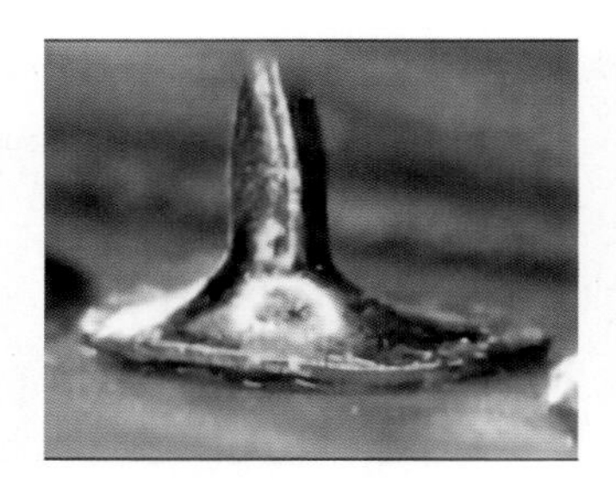
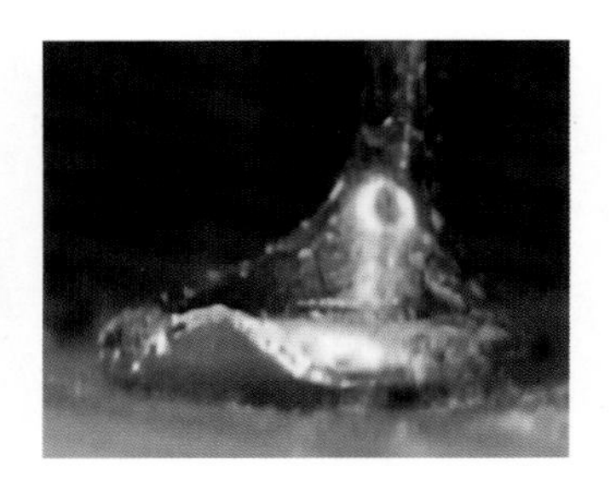

图 14.8 典型的焊盘分离

14.5 回流焊各阶段的控制优化

升温与浸润阶段的升温速率控制

为了减少焊接缺陷（如塌陷、短路、锡珠、锡球等），从室温到熔点的加热应该采用较低的升温速率，建议线性升温。虽然多数回流焊炉都在不断改善传热效率，但整个板面仍然会存在不同程度的温度差异。为了减少熔点附近的温度梯度造成的缺陷（如立碑、歪斜、灯芯效应等），建议浸润阶段保持一段时间恒温。传热效率越低，需要的浸润时间越长。浸润焊料熔化前要保持一段时间缓慢升温。假定回流焊曲线的长度不变，则需要的浸润段时间较长，前段升温速率较高。对于传热效率较高的回流焊工艺，30s 的浸润时间应该足够了。

回流焊尖峰段的温度变化设定

在回流焊温度曲线上，峰值温度附近的温度曲线较陡峭，这段曲线也被称为尖峰段。考虑到内应力会导致元件破裂，升温速率和冷却速率以 2.5 ~ 3.5℃ /s 为宜。为了避免损伤陶瓷器件，最高升温速率应不超过 4℃ /s。对回流焊而言，若能保证电路板上的温度差异在 5℃以内，就说明设置的尖峰段温度较合适。

回流焊温度曲线的优化

表 14.1 给出了典型缺陷对应的回流焊温度曲线优化措施。

表 14.1 典型缺陷对应的回流焊温度曲线优化措施

缺 陷	产生机理	回流焊温度曲线优化措施	升温速率	冷却速率
元件破裂	温度变化过快导致内应力陡增	降低温度变化速率	低	低
立碑效应	元件两端润湿力不平衡	降低接近和超过焊料熔点时的升温速率，减小元件的温度梯度	低	
歪 斜	元件两端润湿力不平衡	降低接近和超过焊料熔点时的升温速率，减小元件的温度梯度	低	
灯芯效应	引脚温度高于电路板温度	降低焊料熔化前的升温速率，使电路板与元件达到温度平衡，适当进行底部加热	低	

续表 14.1

缺　陷	产生机理	回流焊温度曲线优化措施	升温速率	冷却速率
锡　球	锡膏飞溅	降低升温速率，减少锡膏溶剂挥发	低	
	焊料熔化前过度氧化	减少回流焊前的热量输入（降低升温速率且缩短浸润时间）	低	
锡膏塌陷	黏度随着温度的上升而降低	降低黏度大幅下降之前的升温速率，减少锡膏溶剂挥发	低	
桥　连	锡膏塌陷	降低黏度大幅下降之前的升温速率，减少锡膏溶剂挥发	低	
锡　珠	低元件下部释放气体过激	降低回流焊前的升温速率，降低锡膏气体释放速率	低	
虚　焊	灯芯效应	降低焊料熔化前的升温速率，使电路板与元件达到温度平衡，适当进行底部加热	低	
	不润湿	减少回流焊前的热量输入（缩短浸润时间，室温到熔化温度采取线性升温）	低	
润湿不良	过度氧化	减少回流焊前的热量输入（缩短浸润时间，室温到熔化温度采取线性升温）	低	
空　洞	过度氧化	减少回流焊前的热量输入（缩短浸润时间，室温到熔化温度采取线性升温）	低	
	助焊剂残留物黏度过高	降低回流焊温度，使助焊剂残留物含有较多溶剂	低	
碳　化	过　热	降低回流焊温度，缩短回流焊时间		高
浸　析	焊料熔点以上温度过高	降低焊料熔点以上的温度，缩短停留时间，减少热量输入		高
退润湿	焊料熔点以上温度过高	降低焊料熔点以上的温度，缩短停留时间，减少热量输入		高
冷　焊	焊料颗粒熔化时混合不足	适当提高峰值温度		
金属间化合物过多	焊料熔点以上的热量输入过多	降低峰值温度，较短停留时间		高
晶粒过大	冷却速率过低，产生退火效应	提高冷却速率		高
焊料、焊盘分离	热膨胀不匹配，产生很大的应力	降低冷却速率		高

在加热阶段出现的缺陷，多数可通过降低升温速率来改善。整体而言，缓慢升温到峰值温度后迅速冷却，对多数回流焊作业都有利。综上所述，优化后的回流焊温度曲线应如图 14.9 所示：在温度达到 180℃前，升温速率为 0.5 ~ 1℃ /s；之后在 30s 内逐渐上升到 186℃，再以较高的升温速率 2.5 ~ 3.5℃ /s 上升到 220℃，最后以不超过 4℃ /s 的冷却速率迅速降温。温度曲线上有一小段浸润恒温区，为了方便设定回流焊炉温度，可采取线性升温方式。因为这种温度曲线形似帐篷，所以也被称为“帐篷曲线”。

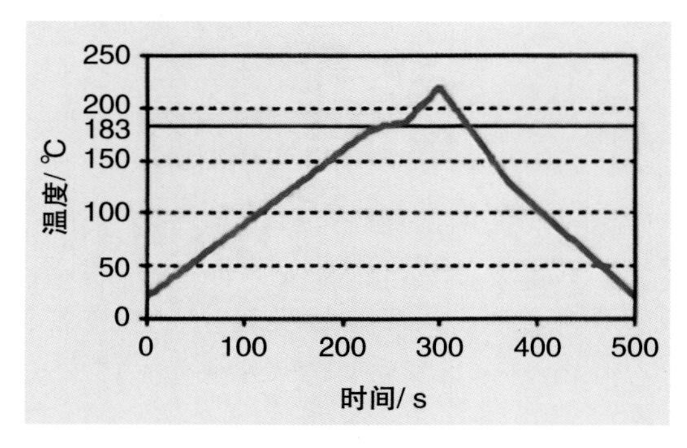

图 14.9 优化后的回流焊温度曲线（帐篷曲线）

14.6 回流焊温度曲线的沿革

优化前后的回流焊温度曲线对比如图 14.10 所示。典型的传统回流焊温度曲线，预热阶段快速升温到 150 ~ 160℃，然后浸润阶段保持几分钟恒温。紧接着是尖峰阶段，达到峰值温度后以较低的冷却速率冷却。传统回流焊温度曲线的缺点如下：

◎ 初期升温速率过高

◎ 在 150 ~ 160℃温度下的浸润时间太长，容易出现过度加热与氧化

◎ 经过熔点时的升温速率过高

◎ 冷却速率低，可能导致加热过度

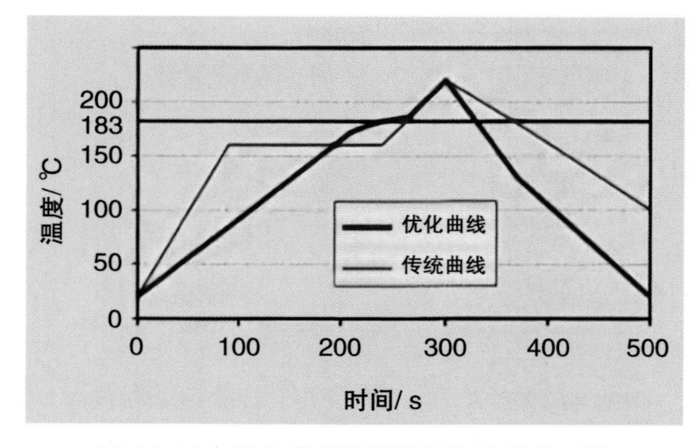

图 14.10 优化前后的回流焊温度曲线对比

在热风回流焊技术出现之前，红外线回流焊炉是主要的回流焊设备。虽然其可以提

供满意的焊接效果，但存在几个瓶颈，包括热分配不均，对电路板、元件、基材的类型与颜色较敏感，要减轻元件阴影效应等。这些都会导致电路板上很快形成温度梯度，如图 14.11 所示。若采用线性升温曲线，温度梯度的影响会更加明显：高温区的回流效果很好，但低温区有可能没有回流；又或者低温区的回流效果很好，但高温区已经被烧坏。

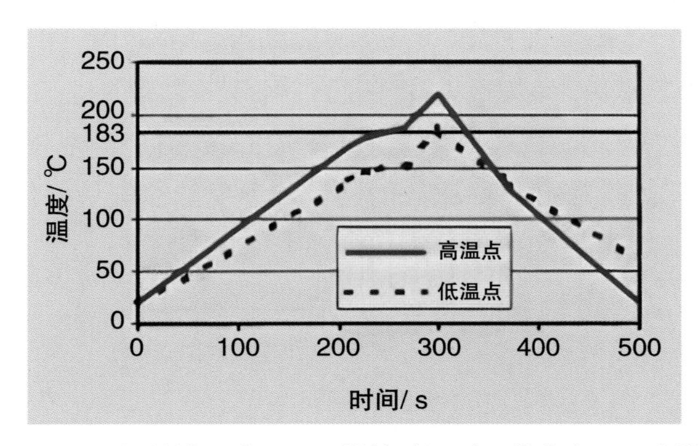

图 14.11 红外线回流焊采用线性升温时可能会出现温度梯度

为了减少温度梯度问题，可以在温度曲线中加入一段恒温区，如图 14.12 所示。这样，高温区的温度上升到接近焊料熔点后保持几分钟，等待低温区的温度追上。当所有元件都达到相似的温度后，再快速升温到峰值温度。此时，由于所有元件升温前已接近熔点，温度梯度会减小。

从室温开始快速升温，并构建一个恒温区并不是理想做法。但如果没有这个恒温区，那么除了温度梯度会增大，还可能会出现电路板碳化或回流不充分等问题。因此对传统回流焊设备而言，配置恒温区是明智之举。

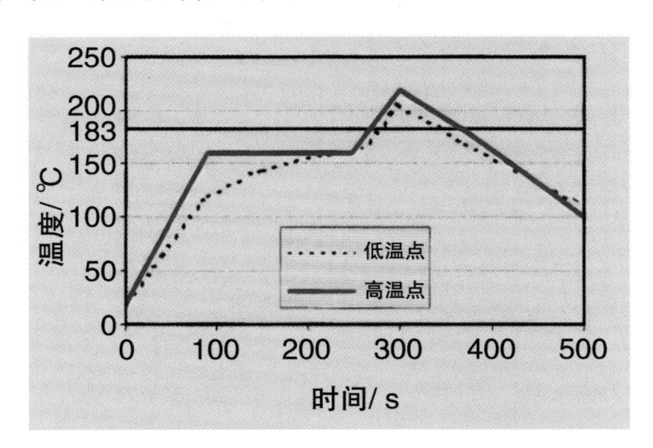

图 14.12 加入恒温区减少温度梯度问题

热风回流焊可以提供可控的升温速率。另外，其传热效率比红外线回流焊好，对元件与基材的类型、颜色等都不敏感。因此，电路板上的温度梯度较小，温度均匀，配置恒温区的必要性就不大了。

14.7 回流焊温度曲线优化说明

上文讨论的回流焊温度曲线优化，主要是针对典型助焊剂体系与共晶焊料。其他焊料合金或助焊剂体系的缺陷产生机理相似，但回流焊温度曲线优化的侧重点不同，下面举例说明。

低温锡膏

对于使用低温锡膏（如 $Sn_{42}Bi_{58}$，熔点约为 138℃）的低温回流焊，回流焊温度曲线的优化侧重点应该放在热能输入部分。在允许峰值温度范围内，温度越高、停留时间越长，得到的回流焊效果越好。主要原因在于较低的作业温度对金属氧化的贡献不大，多数锡膏助焊剂在较高温度下仍具有一定的活化作用，特别是免洗锡膏。此时，润湿不良和产生锡球是主要问题。鉴于此，优化后的回流焊温度曲线应呈梯形，如图 14.13 所示，当温度快速上升到峰值温度后，应尽可能停留更长的时间。

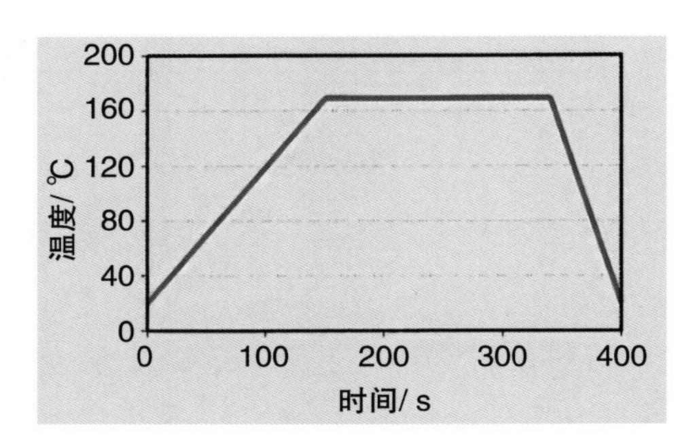

图 14.13 典型的低温锡膏回流焊的温度曲线

高温锡膏

对于使用高温锡膏（如 $Pb_{90}Sn_{10}$，熔点为 275 ~ 302℃）的回流焊，助焊剂残留物碳化是主要问题之一。为了降低助焊剂碳化风险，优化后的回流焊温度曲线的高温停留时间应尽量短，升温速率较高，如图 14.14 所示。

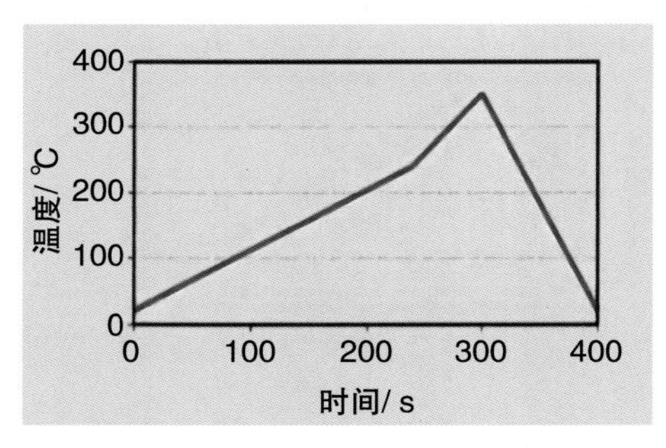

图 14.14 典型的高温锡膏回流焊温度曲线

焊料氧化

某些焊料对氧化程度有严格限制，多数低残留、免洗锡膏都有这方面的要求。若这种焊料暴露在空气中受热，熔化前就已经过度氧化，就有可能导致回流焊不良。对此，优化后的回流焊温度曲线的加热时间应该较短，且线性升温到峰值。具体改善措施是减少焊料熔化前的氧化，减缓回流焊阶段的升温速率，且在允许范围内尽量延长熔点温度以上的停留时间。

▌温度分布不均

在电路板安装热容量很大、温度分布不均匀的器件时，回流焊阶段要延长。此外，最好在电路板底部加热，以延长熔点以上的停留时间，使温度达到平衡。为了减少金属间化合物的形成和碳化问题，可适当降低峰值温度，如图 14.15 所示。

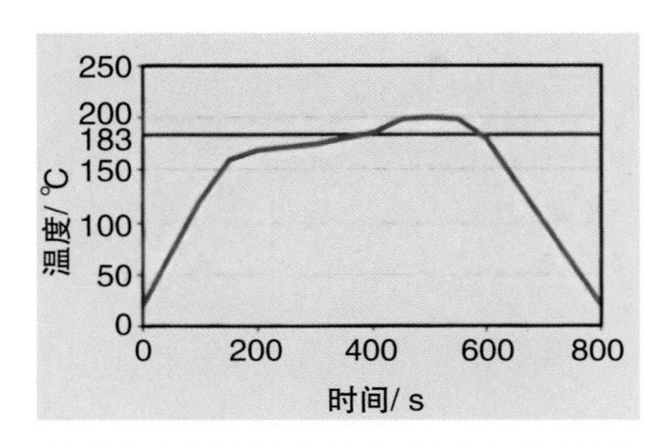

图 14.15 温度分布不均的高热容量电路板组件的回流焊曲线

▌氮气回流焊环境

出于氧化方面的考虑，必须延长浸润时间，但空气含氧会带来新的问题。一些热风回流焊炉采用高速气流来提升传热效率，常会出现氧化严重而导致润湿不良与锡球产生的问题。若气流量无法减小，则可通过缩短预热阶段的停留时间来减少问题。对于氮气环境下的回流焊，回流焊温度曲线优化就不必太在意氧化因素。

▌回流焊温度曲线的微调

回流焊温度曲线的参数特性，会随着回流焊工艺需求的变化而变化。当系统传热效率或升温速率控制需要不同的参数时，预热阶段、浸润阶段的停留时间及整体加热时间都要进行相应调整。对此，可根据既有的回流焊曲线，监控实际温度梯度与焊接缺陷，通过微调来提升回流焊温度曲线的适用性。

例如，出现很大的温度梯度时，说明回流焊炉的传热效率低下，此时需要延长浸润时间。又如，如果立碑效应缺陷率偏高且没有其他问题，则无论是元件、焊料合金类型，还是电路板设计方面的问题，都可通过修正回流焊温度曲线加以改善。如前所述，延长浸润段时间有助于电路板获得更好的热平衡，也有助于溶剂彻底蒸发，使得助焊剂在高温下更黏，减少立碑效应。

14.8 小 结

李宁成博士于 1998 年首次提出“以缺陷分析为基础的线性升温优化方式”，之后在业界被逐步推广。线性升温的回流焊温度曲线不仅适用于共晶焊料回流焊，也适用于无铅焊料回流焊。

根据回流缺陷的产生原因，可通过优化回流焊温度曲线来提升焊点特性。降低升温速率可减少塌陷、桥连、立碑效应、元件歪斜、灯芯效应、冷焊、锡珠、锡球、元件破裂等缺陷。缩短浸润时间可减少空洞、润湿不良、锡球、冷焊等缺陷。降低峰值温度可减少碳化、分层、金属间化合物过多、浸析、退润湿、空洞等缺陷。提高冷却速率可减少金属间化合物生成、碳化、浸析、退润湿、晶粒过小等缺陷，但降低冷却速率可降低焊料或焊盘分离的风险。

综上所述，优化后的共晶焊料回流焊温度曲线应该是这样的：在 180℃前缓慢升温，接着在 30s 内逐步上升到 186℃，然后迅速上升到 220℃，最后温度迅速下降。优化后的回流焊温度曲线，需要提高传热效率，并能完整控制升温速率。气相回流焊可提供快速加热，但升温速率较难控制。红外线回流焊可控制升温速率，但受元件特性的影响较大。热风回流焊，不但升温速率可控，且不易受元件特性的影响，适合采用优化后的回流焊温度曲线。

第 15 章

无铅组装的影响

由于具有良好机械特性，可满足商用、军用及汽车产品的可靠性要求，且具有相对较低的熔点，锡铅焊料在过去的电子制造中一直是主要互连材料。经过近百年的应用，相关数据及经验也有了丰富的积累。不过 2006 年以后，多数含铅焊料已逐步退出市场，取而代之的是无铅焊料。

已经发现的天然元素超过 90 种，但只有其中 11 种金属元素适合焊料应用，见表 15.1。其中，适合无铅焊料应用的金属元素只有铜、银、锌、锡、锑与铋，其他金属元素因为资源匮乏或者成本过高而很难得到应用。部分合金（如铟镓合金）的熔点较低，也不利于电子组装应用。无铅焊料尽管在首饰制作、配管、铜焊等方面已有多年应用经验，但对电子组装来说熔点过高，也不像锡铅合金那样有足够数据支撑。

表 15.1 适合焊料应用的 11 种金属元素

金属名称	元素符号	金属熔点 /℃	金属名称	元素符号	金属熔点 /℃
锑	Sb	630.5	铅	Pb	327.5
铋	Bi	271.5	钯	Pd	1552
铜	Cu	1084.5	银	Ag	960.15
镓	Ga	29.75	锡	Sn	231.89
金	Au	1064.6	锌	Zn	419.6
铟	In	156.3			

在转换为无铅组装的过程中，一般采用双轨模式作业，即同时生产含铅产品与无铅产品。此时，设备、工艺、管理都必须进行相应的改变。多数可用的无铅焊料，都比传统锡铅焊料需要更高的焊接温度，回流焊温度不得不提高 20 ~ 40℃，以确保无铅区域形成良好焊点。从宏观层面看，多数无铅焊料的熔点接近 220℃，因此回流焊峰值温度以 240 ~ 260℃为宜。部分传统焊接设备无法提供这样的无铅组装高温，必须淘汰。

15.1 对元件的影响

许多 IC、无源元件及连接器，都无法在高于共晶焊料熔点的温度下停留太久，只能经历简短的热循环。另外，塑料密封器件的吸湿风险较高，在回流焊温度下容易出现水分迅速汽化、膨胀，导致器件断裂的现象，就是众所周知的“爆米花”现象。鉴于此，塑料封装器件要避免吸湿，焊接前最好进行预干燥处理。导入无铅焊料后，组装温度更高，更容易出现“爆米花”现象。

许多便携式电子产品都有高密度双面组装需求，如何选用合适的表面处理来应对多次组装，是元件选型时的重要考虑因素。传统元件的引脚表面金属通常为锡铅合金，不适用于无铅组装。无铅元件的引脚表面金属通常为纯锡，因此不得不面对锡须问题。

在波峰焊过程中，表面贴装器件会在 260 ~ 265℃高温下暴露 4 ~ 6s，通孔元件顶部温度会比板面温度高出 10 ~ 25℃。图 15.1 所示为塑料封装及无源元件边缘破裂的范例。

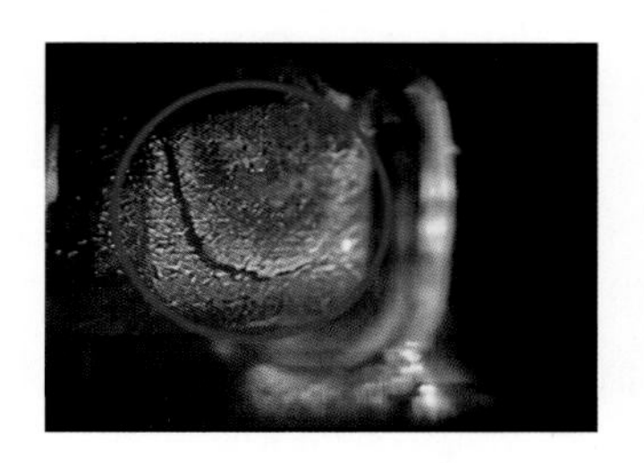

图 15.1 塑料封装与无源元件边缘破裂

15.2 对锡膏印刷的影响

根据经验，无铅锡膏与传统锡膏在焊接面的润湿性方面存在明显差异。图 15.2 所示为无铅锡膏印刷与回流焊后的情况。

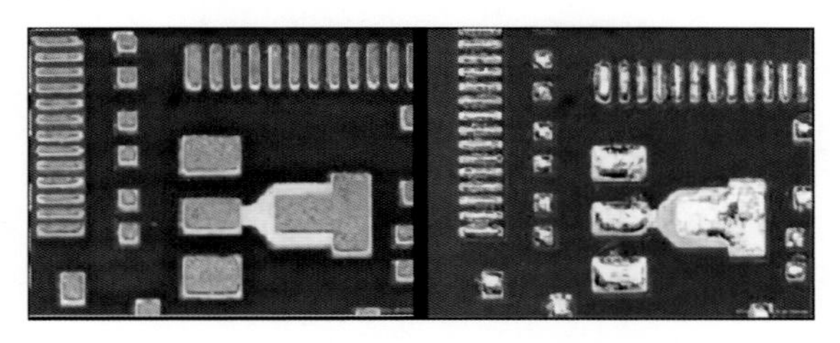

图 15.2 无铅锡膏印刷与回流焊后的情况

无铅焊料的接触角比传统锡铅焊料大，扩散性相对较差，容易产生覆盖不良的现象。电路板的尺寸会因为多次回流焊而变异，严重影响大尺寸板面的元件放置精准度，尤其是贴装 0402/0201 甚至 01005 元件时。图 15.3 所示为基于 0402 元件的无铅锡膏印刷效果。

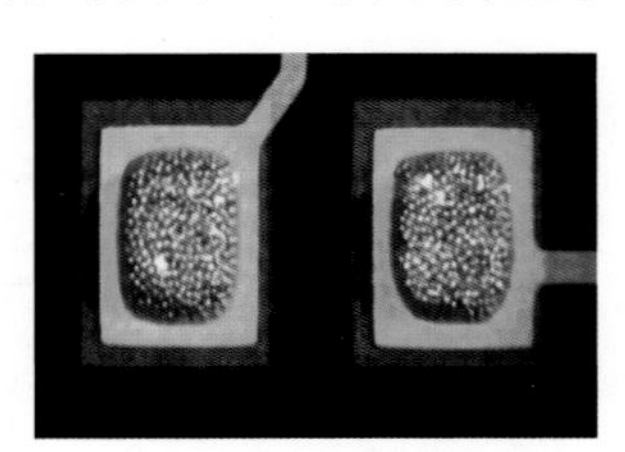

图 15.3 基于 0402 元件的无铅锡膏印刷效果

锡膏印刷管理非常重要，特别是采用不同成分的无铅焊料进行组装时，必须严格进行过程控制，以免印刷过程中出现工具及刮刀相互污染的情况，对回流焊效果产生不良影响。

15.3 对回流焊的影响

传统表面贴装设备用于无铅工艺时不需要做太多改变，但回流焊炉肯定要重新设置参数或升级，以满足更高的温度、升温速度和精度要求。对于低组装密度消费类产品，电路板、元件的热容量小，并不需要高于焊料熔点太多的温度。但对于大型高组装密度电子产品，高引脚数器件会阻碍对流循环，需要提高回流焊温度或延长回流焊时间来补偿。

因此，无铅回流焊温度一般比传统回流焊温度高 20 ~ 30℃。但是，受元件分布的影响，板面温差仍然可能高达 20 ~ 30℃，选择回流焊设备时要加以注意。部分设备商宣称气相回流焊设备可应对较大的热容量差异，这方面值得继续观察。另外，提高回流焊后的冷却速率也很重要：除了提高生产效率，也有利于焊点结构和可焊性及通孔焊料爬升控制等。图 15.4 所示为典型的无铅组装通孔焊料爬升现象。

图 15.4 典型的无铅组装通孔焊料爬升现象

随着操作温度的提高，设备表面温度也随之升高，对作业安全及环境有不利影响。同时，温度升高也会对设备保养产生影响，特别是链条维护频率、冷却系统及传动系统间隙的校正等。为了减少氮气耗用，提升炉温稳定性，回流焊炉的气体流动路径通常采用迷宫式设计。还要注意，温度升高也会导致助焊剂残留量增大。根据经验，较纯净的氮气环境有利于无铅组装，但要考虑氮气耗用导致的生产成本增加。

15.4 对波峰焊的影响

在传统共晶锡铅波峰焊中，典型的锡炉温度为 240 ~ 260℃。转换为无铅焊接后，需要锡炉温度达 280 ~ 300℃，会产生更多的锡渣。锡渣会漂浮在焊料波表面，导致焊料桥连（锡渣型短路）。同时，它也会阻碍焊料与通孔元件引脚接触，导致拒焊（漏焊或开路）。

部分无铅焊料成分，如铜、锌、铋，都是容易氧化的金属。使用氮气钝化波峰焊设备，可以得到良好的焊接效果，有利于维持焊料成分并抑制氧化。波峰焊受无铅工艺的影响极大，尽管不需要助焊剂处理及预热系统做太大的改变，但必须适当调整操作参数。另外，无铅焊料的润湿性都较差，用水溶性助焊剂体系取代多醇类助焊剂体系或许会有帮助。

无铅组装容易出现桥连已是业内共识，部分使用水溶性助焊剂的厂商尝试以回风式预热系统来减少缺陷，但这种做法不适用于采用醇类助焊剂的厂商。图 15.5 所示为典型的无铅波峰焊桥连缺陷。

波峰焊的作业成本在一定程度上取决于消耗的能源和焊料合金。随着焊料合金价格的提升，锡渣也具备一定的回收价值。锡炉设计受无铅化的影响较大，部分不锈钢零件易被高锡焊料侵蚀，必须更换。部分设备商为了提升无铅波峰焊效能，尝试在焊料波方

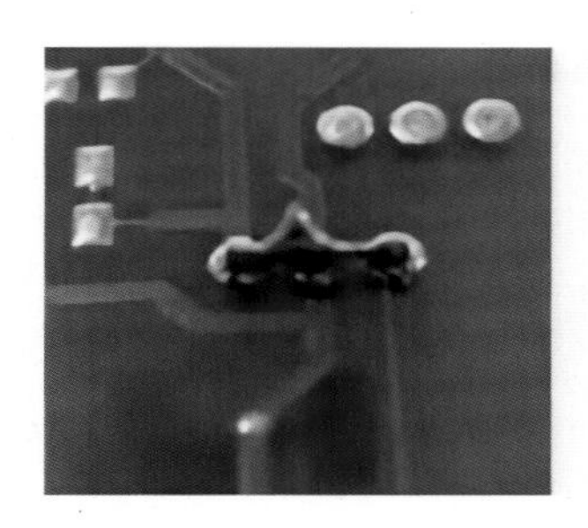

图 15.5 典型的无铅波峰焊桥连缺陷

面进行优化，如减少焊料波之间的温差、缩短焊料的接触时间，以减少电路板及端子的铜金属熔出量。

锡炉中的异物污染检测标准也要适当调整，不同污染对焊料流动性、填充性等的影响不同：铜污染在高温下会快速变化，铅污染则随着无铅化而不再存在。和传统波峰焊相比，无铅波峰焊的高温区温度会高出 15 ~ 20℃，预热区温度也会高出 10 ~ 20℃。因此，波峰焊后有必要进行冷却处理，日本的一些波峰焊设备采用了封闭氮气冷却的结构设计。当然，温度曲线控制仍然十分重要，必须防止已经安装的元件因温度过高而掉落。

15.5 对焊料的影响

部分无铅焊料合金，因为矿藏不足而无法满足全球电子产业的单一合金转换需要。目前，铟和银较受关注，而铋（铅纯化的副产品）勉强够用。铋、铜及锌等氧化得很快，不利于助焊剂完全发挥；铜和锌的润湿性较差。由此可知，铋、铜及锌的使用都会影响锡膏寿命。通常建议使用氮气来建立钝化环境，因为多数无铅合金都会包含铋、铜及锌的氧化物。

传统锡铅焊料的助焊剂都不耐高温，也就不适用于无铅组装，它可能会在完全发挥助焊作用之前就沸腾挥发或分解。对于无铅组装，高温助焊剂是关键物料，必须量身定制，以满足无铅合金成分及高温焊接的特性要求。许多无铅合金都包含容易氧化的元素，要求助焊剂具备更高的活性，这背离了业内采用环保免洗助焊剂的初衷，使得水溶性助焊剂配方又走向台前。

部分焊料合金由两种成分组成，因此被称为二元合金体系，如锡铅、锡铋。类似的还有三元合金体系（锡银铜）、四元合金体系（锡银铋铜）、五元合金体系（锡银铜铟锑）等。二元合金体系一般不会在焊接过程中出现元素间的交互影响，而多元合金体系可能会在焊接过程中出现难以预料的变化。

在波峰焊过程中，元件引脚及板面金属会熔入焊料，进而改变焊料合金成分，因此有必要监控焊料槽内的焊料合金成分。多数多元合金都较贵，并不适合批量波峰焊。虽然已经有代表性共晶或接近共晶的无铅焊料被大量使用，但并没有明确哪一种最佳，尤其是某些厂商还会特别添加微量金属元素来调整焊料合金特性。业内常使用的无铅焊料合金体系见表 15.2。

表 15.2 常用的无铅焊料合金体系

合金体系	熔点或熔距 /℃
$Sn_{93.6}Ag_{4.7}Cu_{1.7}$	216
$Sn_{95.5}Ag_{3.9}Cu_{0.6}$	217
$Sn_{96.5}Ag_{0.5}Cu_{3}$	225 ~ 296
$Sn_{96.2}Ag_{2.5}Cu_{0.8}Sb_{0.5}$	216 ~ 218
$Sn_{99.3}Cu_{0.7}$	227
$Sn_{42}Bi_{58}$	138
$Sn_{43}Ag_{1}Bi_{56}$	136.5
$Sn_{91.8}Ag_{3.4}Bi_{4.8}$	211
$Sn_{94}Ag_{2}Bi_{4}$	223 ~ 231
$Sn_{78}Zn_{6}Bi_{16}$	134 ~ 196
$Sn_{96.5}Ag_{3.5}$	221
$Sn_{95}Ag_{5}$	221 ~ 240
$Sn_{91}Zn_{9}$	199
$Sn_{93.3}Ag_{3.1}Bi_{3.1}Cu_{0.5}$	209 ~ 212
$Sn_{92}Ag_{3.3}Bi_{3}In_{1.7}$	210 ~ 214
$Sn_{95.5}Ag_{3.5}Zn_{1}$	217

含铋的三元合金凝固时会膨胀，产生所谓的“圆角浮离”现象。有业者用锡铜铋合金及锡银铋合金进行通孔波峰焊。含铋焊料适用于采用锡锑表面处理的元件引脚或焊盘的焊接。少量铅的存在可能会导致低熔点的三元合金（如锡铋铅合金，熔点为 96℃）出现共晶现象。在一些应用中，若操作温度偏高，焊料便会分离，形成低熔点的锡铋铅合金。三元合金固化膨胀导致的孔环焊盘断裂及浮离如图 15.6 所示。

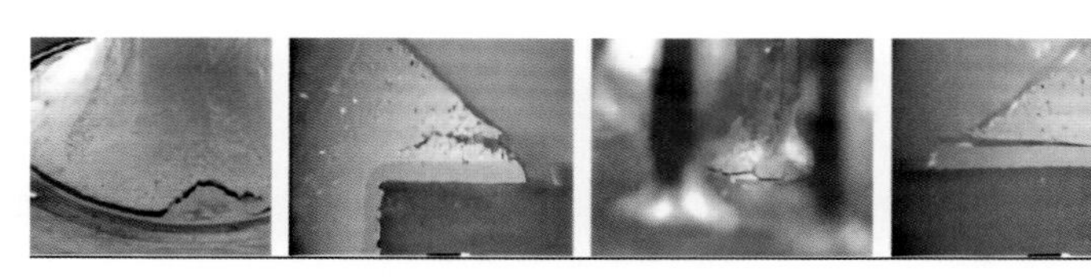

图 15.6 三元合金固化膨胀导致的孔环焊盘断裂及浮离

部分合金虽然具有较高的抗拉强度及耐热循环能力，但熔点（熔距）对于多数应用都显得过低，如锡铋共晶合金的熔点为 138℃，并不适合多数汽车应用和高端计算机应用。

15.6 对电气测试的影响

在无铅组装高温下，助焊剂残留更容易附着在板面，阻碍电气测试探针的接触。即使采用免洗工艺，电气测试探针接触也会受到限制。被残留物覆盖的测试点，常常需要经历多次测试循环，才能形成有效的探针接触。

15.7 对材料的影响

在无铅组装高温下，普遍使用的玻璃纤维 - 环氧树脂基材会发生软化，具体表现为回流焊过程中出现电路板下垂和分层，进而对组装及材料产生负面影响。鉴于此，无铅产品必须使用更贵的高 T_g 值基材。

相应的，表面贴装工艺的点胶、波峰焊托盘及治具材料、阻焊，都必须进行高温兼容性测试、优化，并针对高温助焊剂配方进行耐化学性测试，通过验证后再导入无铅组装。

15.8 对返工的影响

在无铅高温下，许多元件因为材料吸湿性较高而容易出现本体或引脚爆裂现象。在返工高温下，阵列封装器件极易受损，而传统大型引线架塑料封装（如 QFP）也容易产生“爆米花”现象。对此，有必要在返工前进行元件预干燥。同时，作业者必须注意返工时的温度控制，以免损伤邻近元件或电路板。

15.9 对质量与可靠性的影响

美国国家电子制造协会（NEMI）的研究成果显示，含铅与无铅元件的无铅焊料组装可靠性相似。图 15.7 所示为几种锡铅与无铅引脚 / 端子的焊接效果比较。

(a) 电镀锡铅端子

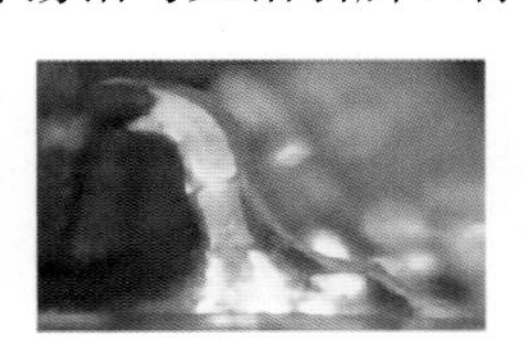
(b) 电镀锡铅QFP引脚

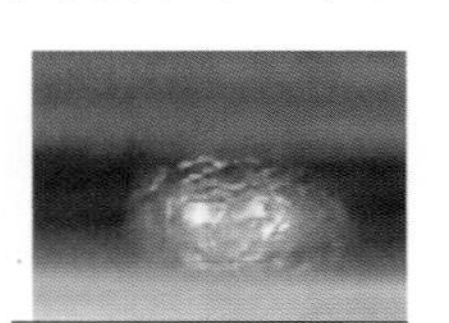
(c) 锡铅μBGA引脚

(d) 电镀锡端子

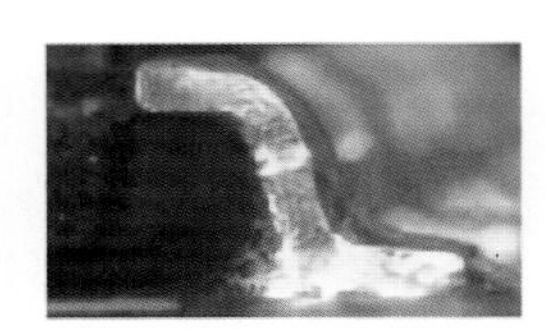
(e) 电镀锡QFP引脚

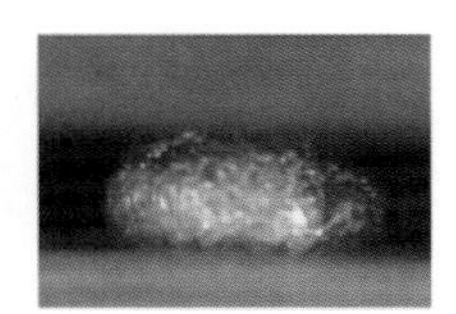
(f) 无铅μBGA引脚

图 15.7 几种锡铅与无铅引脚 / 端子的焊接效果比较

采用无铅焊料且有特殊要求时，应建立新的检验标准，如回流焊后的目视检验标准：纯锡焊点比锡铋焊点光亮。目前，虽然无铅相关的检验标准已经建立，但仍然要留意建立工程与检验经验，否则会导致标准过严而产生过大的生产成本损失。

有相关厂商提出了无铅焊料性能测试和可靠性测试的参考标准，不过目前还没有成为国际标准。不少国际厂商，如东芝、索尼、松下等，都发表过相关研究报告，可作为参考。东芝公司对焊接在 PCB 上的元件进行过焊点强度拉力测试，实际结果显示无铅焊点的抗拉强度与传统锡铅焊点可维持在同一个水平。

15.10 对电路板制造的影响

虽然无铅组装已有 10 年以上的历史，但是仍然频繁出现电路板方面的问题。过去常用的热风整平表面处理工艺，多数已转换为化学表面处理工艺，如沉金、沉银、沉锡、有机可焊性保护（OSP）等。这类工艺结合高 T_g 基材，可以满足组装可靠性需求。然而，不少业者出于成本考虑，仍然使用传统基材，难以承受无铅组装高温。图 15.8 所示为高温回流焊中出现的爆板问题。

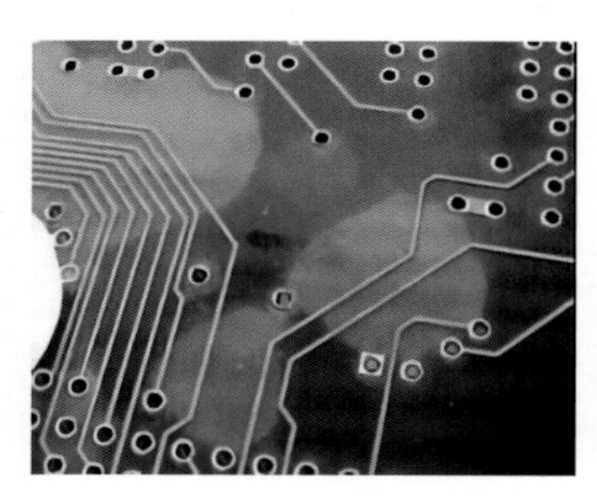
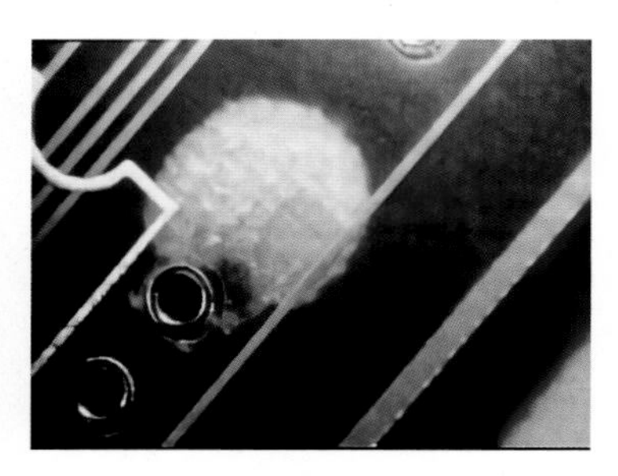

图 15.8 高温回流焊中出现的爆板问题

无铅焊料，如 $Sn_{96.5}Ag_{3.5}$ 的熔点为 221℃，比传统 $Sn_{63}Pb_{37}$ 的熔点高出许多。这样一来，转换为无铅回流焊后，一些大型器件（如 QFP）的表面温度可能需要由 240 ~ 245℃上升到 260 ~ 265℃，而小型元件（如电容）的表面温度可能需要由 240 ~ 245℃上升到 280 ~ 285℃。波峰焊的锡炉温度一般为 238 ~ 260℃，若采用 $Sn_{99.3}Cu_{0.7}$ 焊料，则必须提高到 260 ~ 282℃。

鉴于此，无铅基材的高 T_g 化趋势已经十分明显，但还是偶尔会出现爆板的问题。随着组装密度的提高，多次组装与返工必然是基材未来必须要面对的挑战。如何提升基材的耐热冲击性，是基材商必须直接面对的课题。

15.11 小 结

每种特殊合金的导入，都需要经过测试与验证。但对产品制造而言，更重要的是可靠性与成本。目前已经有不少合金被用于主流焊料，说明这类合金的设备兼容性、元件兼容性、焊点可靠性已经达到一定水平，也表明无铅化的努力有了一定的成效。

第 16 章

电路板组件的可接受性

电路板组件（PCBA）的可接受性是第一个也是最重要的可接受性确认项目，目的是明确使用怎样的可接受性标准来检验电路板组件（PCBA），并写入产品合同，如美国军用标准或其他指定标准。记住，一定要通过实际沟通来确定客户需求，至少要仔细讨论产品合同未明确的细节。

有些产品合同并不会明确可接受性标准，如基于零售目的的消费性电子产品。在这种情况下，供应商必须依据客户的公司文化、名声与预期，判定产品质量标准及使用寿命需求。供应商应该遵循国际标准、国家标准或行业标准，如 IPC-A-610，开发自己的电子组件可接受性标准，以确保产品质量在任何情况下都能满足客户产品要求。

16.1 部分参考标准

16.1.1 美国军用标准 MIL-STD-2000

MIL-STD-2000《钎焊电气和电子组件的标准要求》定义了必须返工、修补或报废的所有缺陷类型，以及焊料成分、助焊剂类型、清洁度、覆形涂层及阻焊要求等。对于通孔组装及表面贴装，分别定义了焊接表面处理、断裂、空洞、焊料填充及润湿等的可接受性。对于电路板组件，分别定义了导体与电路板分离、组件清洁度、基材露织物 / 分层 / 白斑、晕圈、板弯和板翘等可接受性。另外组装后的标记，必须保持可辨识。

此外，MIL-STD-2000 明确人员训练及后续认证相关的要求，即相关人员必须取得授权以从事 MIL-STD-2000 相关产品的生产。同时，该标准也详述了电路板组装过程控制及缺陷改善的方法。

16.1.2 通信标准 Bellcore TR-NWT-000078

贝尔通信研究中心发布的 TR-NWT-000078 是业内公认的通信产品标准，广泛用于地区性公司与供应商，可作为设计与制造的一般性参考。该标准的部分文件列举了操作相关的可接受性，但对电路板组件没有进行详细描述。近年来，随着网络化的加速及个人通信产品的普及，这类产品的制造很难再沿用传统标准，有待相关行业组织思考和制定新标准。

16.1.3 美国国家标准 ANSI/J-STD 及国际标准 IPC-A-610

美国国家标准协会（ANSI）以及 IPC 是许多国际公司认可的标准化组织，制定了许多电路板组件相关的标准。

ANSI/J-STD-001《软钎焊电气和电子组件的要求》

该标准由美国电子行业协会（EIA）及 IPC 共同制定，首次公布于 1992 年 4 月。它依据最终用途将电子产品分为以下三个等级，以反映不同的可生产性、复杂性、规格要求及检验频率。

第 1 级（一般电子产品）：消费性产品、部分计算机及其外设、相关应用硬件，主要需求是成品功能完整。

第 2 级（专门用途电子产品）：通信设备、精密机械及仪器，必须具备优异的性能及较长的使用寿命。期待但不严格要求其不间断工作，一般不会因使用环境而出现故障。

第 3 级（高性能电子产品）：商务及军事设备，必须持续工作或关键时刻能及时工作，不允许停机；使用环境可能较严苛，且设备必须在有需要时发挥作用，如生命维持系统及关键武器系统。

ANSI/J-STD-002《元件引脚、端子、焊片、接线柱和导线的可焊性测试》

ANSI/J-STD-002 发布于 1992 年 4 月，用来补充 ANSI/J-STD-001。该标准提供了相关测试方法、缺陷定义、可接受性，以及电子元件引脚、端子、硬线、绞线、接线柱、挠性板等的可焊性评估方法。建议在制造、收件或组装前进行可焊性评估，以验证部件储存是否影响焊料、元件与基材间的结合力。

ANSI/J-STD-003《印制板可焊性测试》

ANSI/J-STD-003 发布于 1992 年 4 月，用来补充 ANSI/J-STD-001。该标准提供了相关测试方法、缺陷定义及板面导体、焊盘及镀覆孔等的可焊性评估方法。可焊性评估依赖于样本测试，测试样本与电路板经历同样的制程。

IPC-A-610《电子组件的可接受性》

作为 ANSI/J-STD-001 的辅助标准，IPC-A-610 被许多公司作为独立标准使用。两份文件的关系是，ANSI/J-STD-001 建立了电路板组装的可接受性要求，IPC-A-610 针对具体操作描述了可接受性条件。IPC-A-610 可接受性条件如下所示。

（1）目标条件：组件近乎完美。然而，这是一种理想状态，并非一定能达成，因此不是在组装及使用环境中保持可靠性的必要条件。

（2）可接收条件：组件不完美，但在使用环境下可保持完整性和可靠性。

（3）缺陷条件：组件在使用环境下不足以确保外形和功能性，此时应根据设计、服务和客户要求进行处置（返工、修补或报废）。

（4）制程警示条件：材料、设计或操作人员、设备等因素导致组件的工艺指标异常，但不影响组件的外形和功能性，此时应检讨可接受性标准，应客户要求进行工艺分析，确认原因并采取改善对策。

16.2　电路板组装保护

组装前后的操作可能会导致电路板出现损伤、污染，对后续操作产生影响。在电路板组装过程中，要重点关注静电放电（ESD）保护、污染预防及物理损伤预防。

ESD 保护

部分电子元件对 ESD 十分敏感，极易在组装过程中被静电放电损伤。部分 ESD 敏感元件的损伤电压参见表 16.1。特定元件的 ESD 敏感性与其使用的制造技术直接相关。操作 ESD 敏感元件时，必须确实采取有效的保护性措施，以防止静电脉冲损伤。

表 16.1 部分 ESD 敏感元件的损伤电压

元件类型	ESD 损伤电压 /V
VMOSFET（V 形槽 MOS 场效应管）	30 ~ 1800
MOSFET（MOS 场效应管）	100 ~ 200
GaAsFET（砷化镓场效应管）	100 ~ 300
EPROM	100
JFET（结型场效应管）	140 ~ 7000
声表面波滤波器	150 ~ 500
运算放大器	190 ~ 2500
CMOS	250 ~ 3000
肖特基二极管	300 ~ 2500
薄 / 厚膜电阻器	300 ~ 3000
双极型晶体管	380 ~ 7800
射极耦合器	500 ~ 1500
可控硅	680 ~ 1000
肖特基晶体管	100 ~ 2500

来源：*Printed Circuit Handbook*，Ver.6。

物体的接触、分离、摩擦等相对运动都会产生静电。破坏性静电释放经常发生在接近导体的位置，并释放到组件的导体上，导致 ESD 敏感电子元件受损。因此，ESD 敏感元件及组件在使用前，除非有其他保护措施，否则必须封闭在防静电袋子、盒子或包裹中；使用时，只能从防静电工作站上取出。使用过程中，工作人员应佩戴防静电腕带或踝带实现皮肤接地。建议操作现场铺设防静电地板。

污染的预防

控制污染问题的关键在于防止污染发生。污染导致产品清洁或返工的后续操作成本，要远远高于防止污染发生所产生的相关费用。这些污染可能会导致焊接、阻焊或覆形涂层缺陷。组装环境中的灰尘、尘埃、机油和工艺残留物等，都可能会诱发污染。然而，很多情况下，污染都是由人体引起的，特别是皮肤上的盐分和油脂。因此在高度密集的组装区域，清洁工作台、扫地、除尘、清空垃圾桶等操作应成为常态，保持良好的环境，防止污染转移。

要防止人体污染，首先要确保每个人都意识到污染对电路板组件的危害性。在组装过程中，操作人员只能碰触电路板边缘。因机械组装而需要牢牢抓住板子时，必须佩戴满足防静电要求的手套或指套，直到覆形涂层（如果有的话）完成。

物理损伤的预防

与操作相关的典型物理损伤包括元件断裂、产生碎片、元件损伤、引脚折弯、板面划伤、线路或焊盘损伤、焊点断裂、元件缺失等。这些物理损伤可能会导致元件或组件报废，进而导致成本增加。因此，应该避免物理损伤，并保持高效率、高质量作业。

保持设备工作处于良好状态，是预防物理性损伤的关键。一个典型例子是，电路板组件可能会被困于传送系统中，出现超出返工或返修能力的损伤。而且除非受困区域有操作员，否则传送系统会在短时间内损坏许多组件。

16.3 机械连接的可接受性

螺纹紧固件

所有螺纹紧固件的材质、规格、安装方式都应在工程文件中详细说明，如图 16.1 所示。

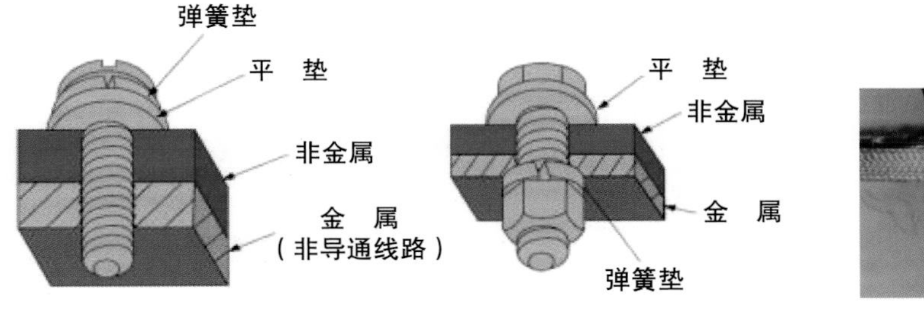

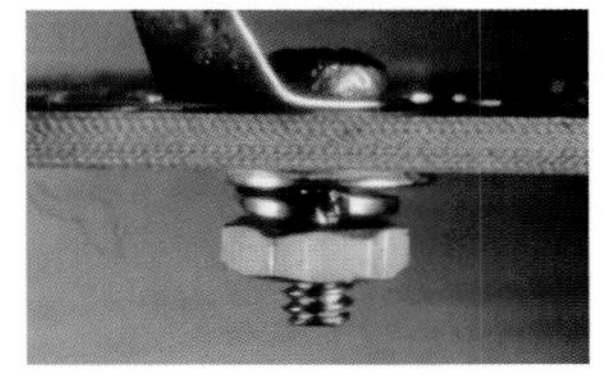

图 16.1 螺纹紧固件（来源：IPC）

任何涉及紧固件功能完整性的缺损，都会被认定为缺陷。例如，螺栓或螺母脱扣、螺纹磨损或损伤等，导致螺母脱落、无法锁紧或松开。除非会干扰其他零件，否则螺栓穿透电路板并被螺母锁紧后，至少保证有 1.5 圈螺纹露出。螺纹紧固件应以固定扭矩值锁紧，具体要求应在工程文件中说明。若工程文件中未指定具体的扭矩值，那么组装时应参考通用的扭矩表。

固定夹

未绝缘的金属零件，必须使用固定夹或支撑零件与底部电路绝缘。焊盘与未绝缘零件之间必须保持一定的距离，以满足最小电气间隙要求，如图 16.2 所示。

固定夹或支撑零件两端必须夹紧元件，并将元件的重心控制在其夹持范围之内，确保元件端子或引脚凸出到夹持范围之外，如图 16.3 所示。

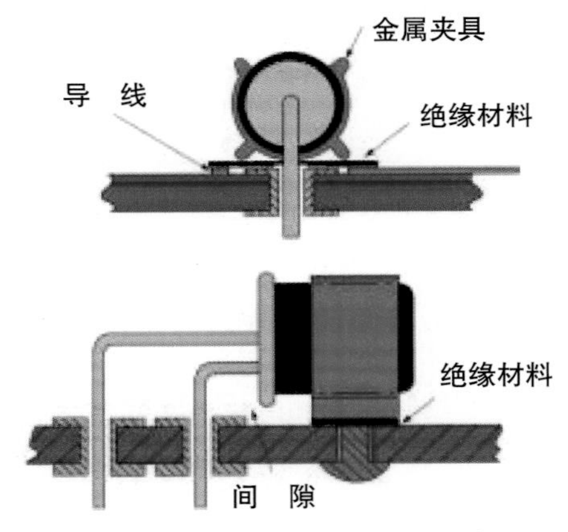

图 16.2 固定夹（来源：IPC）

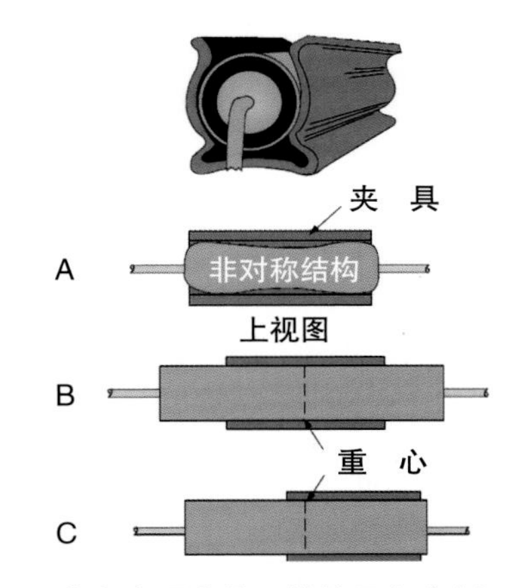

图 16.3 有方向要求的元件的固定（来源：IPC）

散热装置

散热装置必须与元件表面紧密接触，且接触面积达到散热装置安装面的3/4以上，如图16.4所示。散热装置安装位置错误、弯曲、断裂、鳍片缺损等，都不可接受。

接线柱

如图16.5所示，要焊接到焊盘上的接线柱，在焊接到焊盘之前可以转动，但垂直方向必须稳固。若没有边缘超越底板、机械损伤（如接线柱断裂或焊点破裂等）问题，端子是可以进行弯曲调整的。常用的接线柱类型有塔型、双叉型、钩型或穿孔型等。

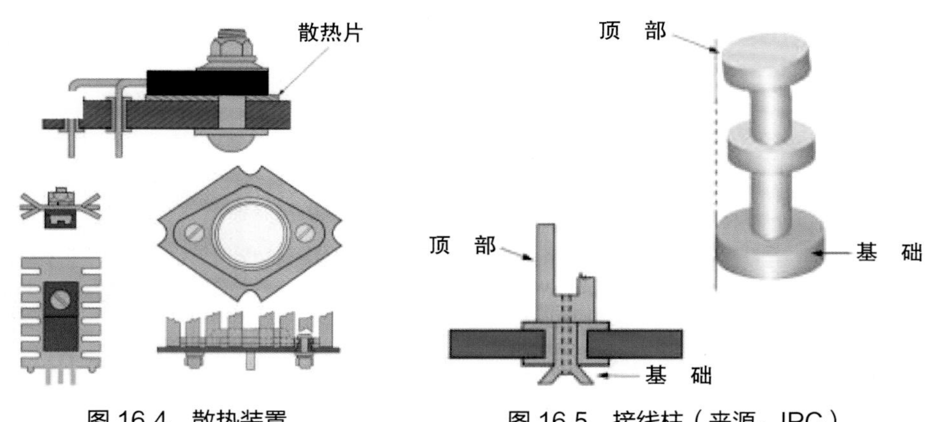

图16.4 散热装置　　图16.5 接线柱（来源：IPC）

铆钉及喇叭口紧固件

铆钉及喇叭口紧固件的柱身一般会高于基材，高出部分应该弯折或卷曲成反向锥体，围绕孔中心均匀地铺开，以形成牢固的机械连接。弯折或卷曲的凸缘不应该撕裂、断折或产生其他延伸性损伤，允许污染物黏附在铆钉或喇叭口紧固件内，如图16.6所示。

实际上允许凸缘出现最多三处放射状撕裂，但这些撕裂必须间隔90°以上且没有延伸到钉身，如图16.7所示。

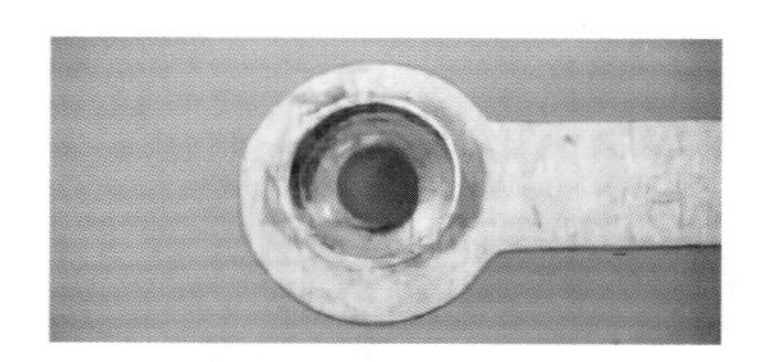

图16.6 铆 钉

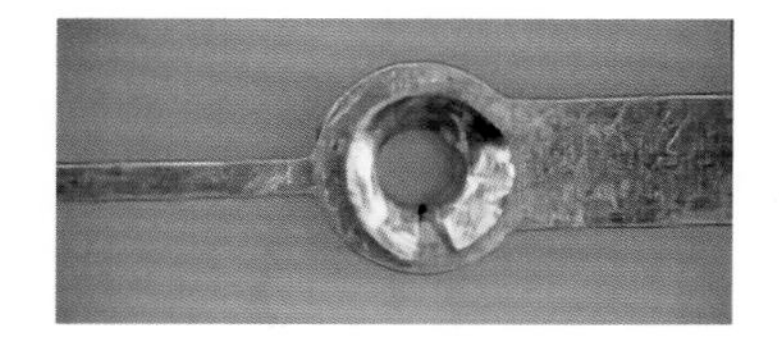

图16.7 凸缘撕裂延伸到钉身

压接连接器

压接连接器插针或顺应针引脚垂直方向的平直度（即偏离引脚中心线的距离）应在引脚厚度的50%以内。第1级和第2级电子产品允许电路板焊盘被拉高，但不得超过孔环宽度的75%，任何焊盘被拉高超过75%孔环宽度或孔环被折断都是不可接受的，如图16.8所示。对于第3级电子产品，任何焊盘被拉高或孔环被折断都是不可接受的。对所有等级的电子产品而言，肉眼可见的引脚弯折、损伤或高度超标等都不可接受。

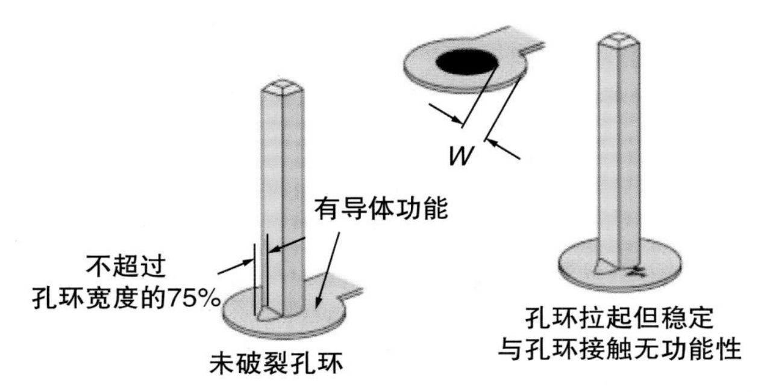

图 16.8 压接连接器引脚（来源：IPC）

补强材料

补强材料通常用于大尺寸电路板组件，以防止电路板在组装前、中、后的弯曲变形。补强材料的可接受性标准如下。

（1）任何标记或涂层都必须是永久性的，标记无法辨识或模糊、外部涂层掉色严重等，都是不可接受的。

（2）补强材料必须正确安装并固定，若需要焊接到电路板组件上，则补强材料应具备良好的润湿性。

（3）电路板组件补强材料松动是不可接受的。

16.4 元件安装或放置

通孔直插元件

电路板组件上的有极性通孔元件的安装方向必须正确，否则不可接受，如图 16.9 所示。引脚成形后，需要进行相应的应力释放处理。引脚本身的物理性损伤长度不得超过引脚直径的 10%。引脚变形导致基材金属暴露一般作为制程警示条件，不影响电路板组件的可接受性。

轴向引脚元件

轴向引脚元件的目标接收条件是整个元件本体长度方向上平行，发热功率小于 1W 的元件应与电路板表面接触，如图 16.10 所示。发热功率大于 1W 的元件，离板高度不得小于 1.5mm，以免板面被烧焦或变色。

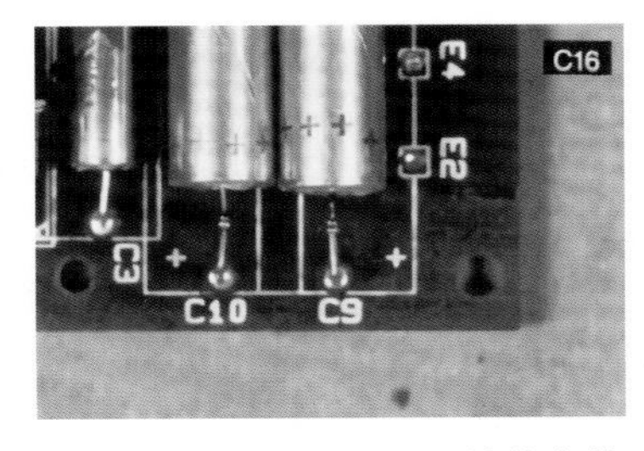

图 16.9 有极性通孔元件的安装（来源：IPC）

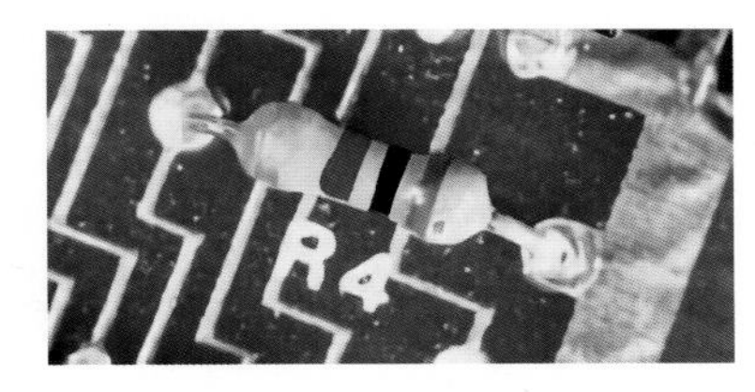

图 16.10 在电路板组件上的轴向引脚元件（IPC）

元件与板面间的最大间隙不应违反引脚伸出要求，引脚至少从元件本体伸出一个引脚直径或厚度，且从本体、焊料球或引脚熔接点延伸到引脚弯折处的长度不能小于 0.8mm，如图 16.11 所示。

元件本体不允许出现严重的物理性损伤，如轴向元件破裂或断裂，但轻微损伤是可以接受的。绝缘层破裂或断裂延伸到金属焊盘或导致元件变形是不可接受的，如图 16.12 所示。

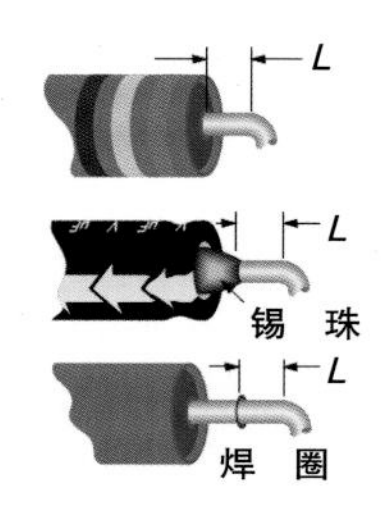

图 16.11 引脚伸出要求（来源：IPC）

图 16.12 轴向元件引脚损伤

径向引脚元件

径向引脚元件的目标接收条件是本体与电路板垂直，且元件基准面平行于电路板。元件在垂直方向的倾斜不大于 15° 是可接受的。同样，元件基准面的离板高度必须要保持在 0.25 ~ 2.0mm，如图 16.13 所示。

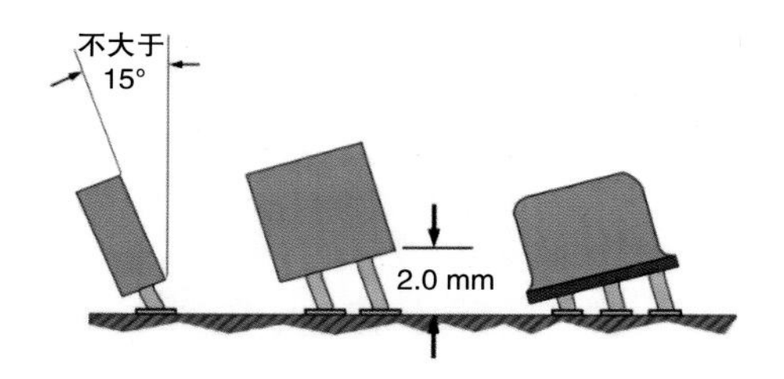

图 16.13 径向引脚元件的倾斜与离板高度（来源：IPC）

存在涂层凸面的元件存在凸面缺损与可见的焊料填充间隙是不可接受的，但对于第 1 级和第 2 级电子产品，在以下情况下可接收，如图 16.14 所示。

◎ 元件没有热损伤风险

◎ 元件质量小于 10g

◎ 电压没有超过 240V（直流或交流）

轻微的物理性损伤，如图 16.15 所示的划伤、小碎片或裂纹，只要没有暴露基材或有源元件都是可接受的。当然，前提是不影响整体结构功能。

表面贴装器件

表面贴装器件的引脚共面性非常重要。有时，为了满足机械贴片或手工安装的共面性需求，需要进行引脚预加工。多数情况下，这类器件采购时都是包装完整、引脚整齐的状态，适合自动化取放。对所有表面贴装器件而言，另一个关键参数是器件放置到电路板焊盘上的精度。

图 16.14 径向元件的弯月形涂层（来源：IPC）

图 16.15 损伤的径向引脚元件

颗粒式元件

如图 16.16 所示，颗粒式元件贴装的允许侧面偏移可达元件端子或焊盘宽度的 50%（第 3 级产品是 25%），但不接受元件末端偏移。可接收的端子焊点宽度，至少是元件端子或焊盘宽度的 50%（第 3 级产品是 75%），以较小者为准。侧面连接长度并非必要条件，但必须形成明显、合适的润湿圆角。焊料可能会伸出焊盘或延伸到元件金属端子上方，但不应该延伸到元件本体上。最小焊料填充高度必须达到元件端子厚度或高度的 25% 以上。元件端子必须与焊盘重叠适当的接触区域，但并没有最小接触长度要求。

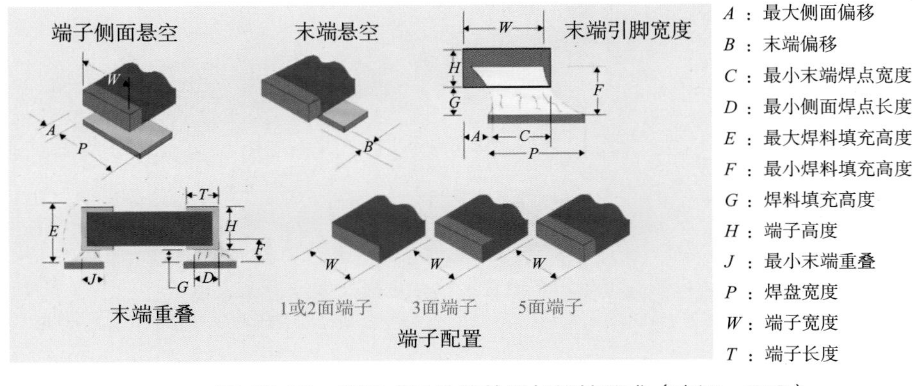

图 16.16 颗粒式元件的放置与焊接要求（来源：IPC）

金属电极无引脚端面（MELF）或圆柱体元件

如图 16.17 所示，这类元件的允许侧面偏移可达端子直径的 25%，但不接受元件末端偏移。可接受的最小端子焊点宽度为元件端子直径的 50%，最小侧面焊点长度为端子厚度的 50%（第 3 级产品为 75%）。焊料可能会凸出焊盘或延伸到端子上方，但不应该延伸到元件本体上。最小焊料填充高度必须达到元件厚度或高度的 25%，且焊料填充必须呈现明显的润湿状态。元件端子必须与焊盘重叠适当的接触区域，但并没有最小接触长度要求。

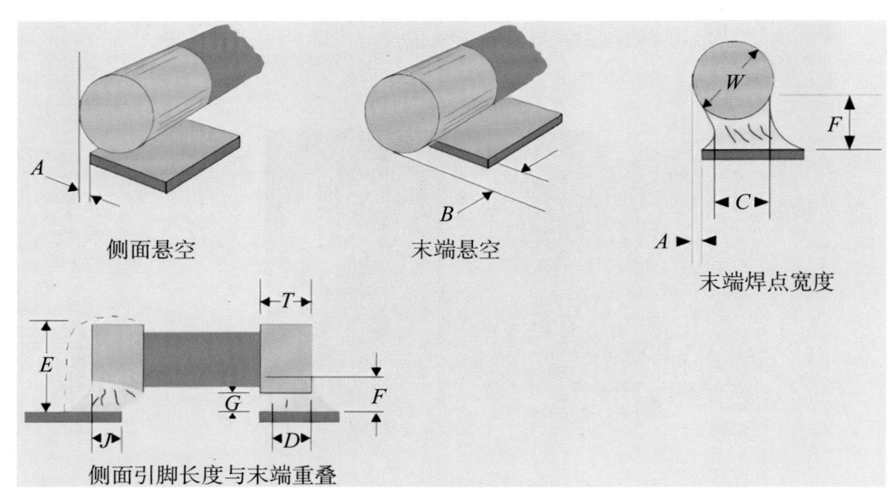

图 16.17 MELF 或圆柱体元件的放置与焊接要求（来源：IPC）

城堡形端子无引脚芯片载板器件

如图 16.18 所示，这类器件的允许侧面偏移可达端子宽度的 50%（第 3 级产品为 25%），但不接受末端偏移。城堡形端子的最小焊点宽度必须达到端子宽度的 50%（第 3 级产为 75%）。最小侧面焊点长度为城堡形端子焊料填充高度的 12.5%，最大焊料填充高度并未界定，最小焊料填充高度必须达到城堡形端子高度的 25% 以上。

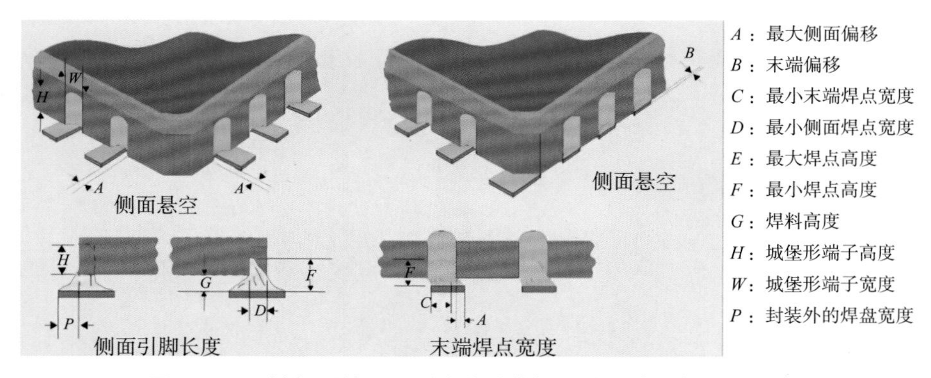

图 16.18 城堡形端子无引脚芯片载板器件的放置与焊接要求

鸥翼形引脚器件

如图 16.19 所示，该类器件的允许侧面偏移可达引脚宽度的 50%（第 3 级为 25%）

或 0.5mm，以较小者为准。最大趾部偏移只要不违反最小电气间隙要求即可，对所有等级的产品都一样。最小末端焊点宽度为引脚宽度的 50%（第 3 级产品为 75%）。最小引脚侧面焊点长度为引脚宽度的 50%（第 3 级产品为 75%）。高轮廓器件（如 QFP 及 SOL）的最大焊料填充高度，可以高到接近封装处，但焊料不得接触封装本体或封口。多数低轮廓器件（如 SOIC 及 SOT）的最大焊料填充高度，可以高到接近封装，但焊料不得接触封装底部。最小焊料填充高度为引脚厚度的 50%。对于圆形或钱币形引脚器件，可遵循与鸥翼形引脚器件同样的放置与焊接要求。

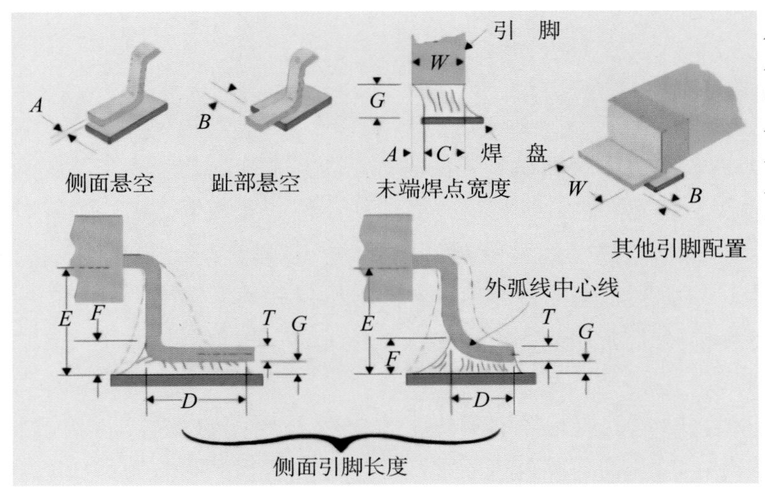

图 16.19 鸥翼形引脚器件的放置与焊接要求

J 形引脚器件

如图 16.20 所示，这类器件的允许侧面偏移可达引脚宽度的 50%（第 3 级产品为 25%）。最大趾部偏移没有一定之规，一般取决于设计，不违反最小电气间隙要求即可。最小末端焊点宽度为引脚宽度的 50%（第 3 级产品为 75%）。最小侧面焊点长度为引脚宽度的 1.5 倍。最大根部焊料填充高度没有规定，但焊料不能接触器件本体。最小根部

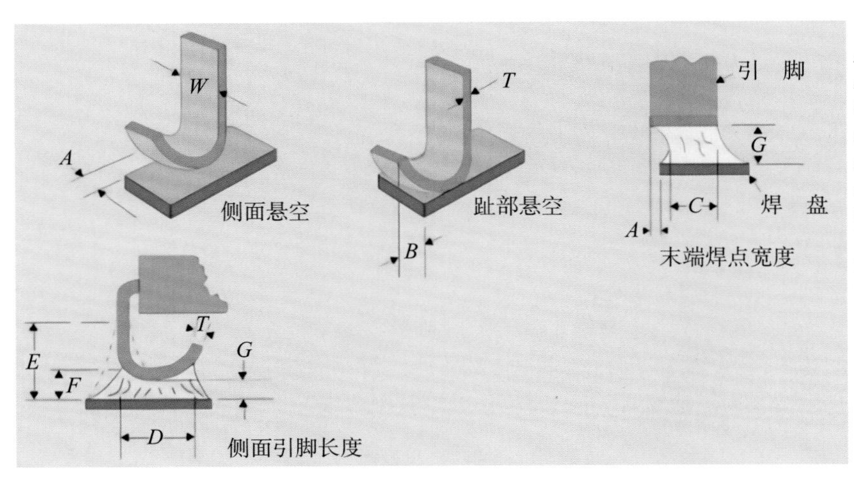

图 16.20 J 形引脚器件的放置与焊接要求

焊料填充高度为引脚厚度的 50%。从焊盘到引脚的最小焊料厚度没有明确规定，但要确保有足够的焊料，以产生合适的润湿填充。

球栅阵列封装器件

球栅阵列（BGA）封装器件的焊点无法直接进行目视检查，只能通过线路或功能性测试来检验其实际功能。若成本允许，基于量产与可靠性需求，如第 3 级产品，可采用 X 射线检测设备检验焊点质量及完整性。尽管增加 X 射线检测设备会导致整体投资明显增加，但这样的投资无疑会增加客户满意度。

16.5 黏合剂的使用

在许多组装工艺中，放置第二面表面贴装元件时都需要在相应的焊盘上点涂黏合剂，待黏合剂聚合并固定住表面贴装元件之后进行第一面通孔元件的波峰焊。在这种情况下，只要黏合剂没有污染焊点，那么电路板组件就是可接受的。若黏合剂污染元件焊接面、引脚或端子、电路板焊盘，就容易产生不良焊点，电路板组件就不可接受。

对于通孔元件的组装，黏合剂常用来固定大型或较重元件，以提升机械强度。这时，黏合剂的可接受性标准如下。

（1）黏合剂填充长度为轴向引脚元件单面长度的 75% 及周长的 25%，最小黏合剂填充高度为元件高度的 50%。黏合剂与黏合表面之间必须形成适当的附着力，如图 16.21 所示。

（2）固定多个元件时，最小黏合剂填充长度为轴向元件长度的 50% 及周长的 25%。黏合剂与黏合表面之间必须形成适当的附着力，如图 16.22 所示。

（3）对于单个引脚质量大于 7g 的板面浮空安装元件，至少应固定四处，且最小黏合剂填充高度为元件本体高度的 20%。黏合剂与黏合表面必须产生适当的附着力，如图 16.23 所示。

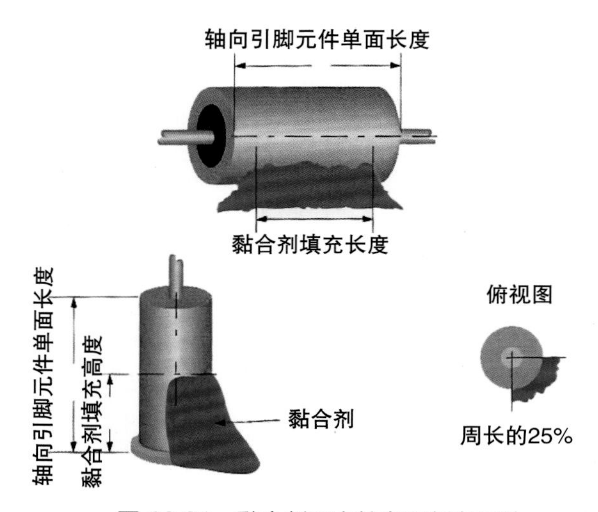

图 16.21 黏合剂固定轴向和径向元件

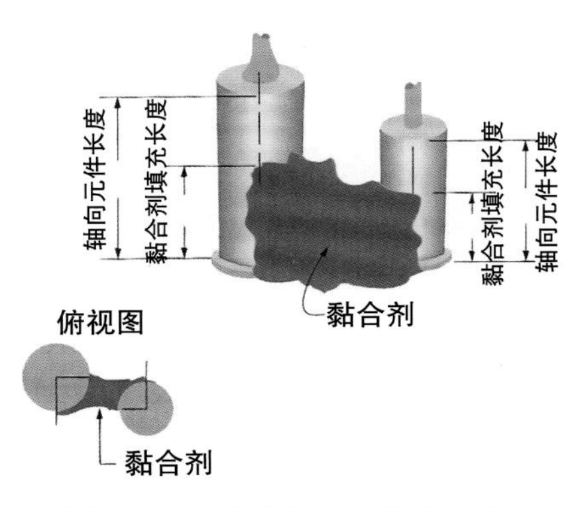

图 16.22 多个轴向元件的黏合

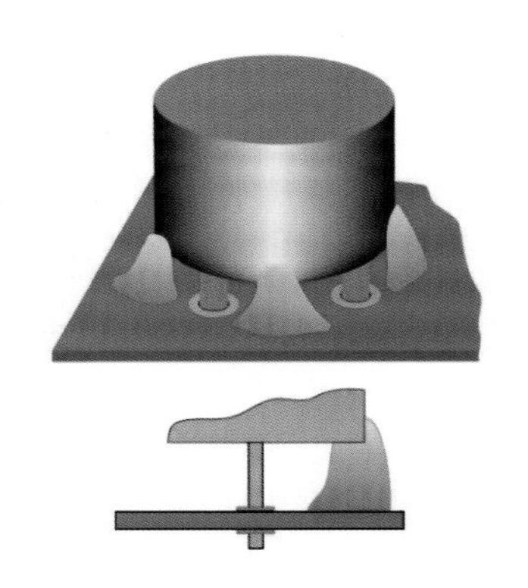

图 16.23 黏合剂固定板面浮空安装元件

16.6 常见的焊接相关缺陷

所有焊点都应该呈现明显润湿，而且元件引脚与板面之间的焊料呈凹月状。据此，很容易根据焊点外形来判定其可接受性。下面讨论常见的焊接相关缺陷。

锡球 / 锡溅

锡球 / 锡溅现象常会导致产品违反最小电气间隙要求，没有覆盖永久性涂层或直接黏附在金属面上都是不可接受的。锡球 / 锡溅出现在 0.13mm 宽的孔环或线路上，或者锡球直径超过 0.13mm，都被认定为是制程警示。同时，出现 5 个以上 0.13mm 直径的锡球或锡溅，且覆盖面积小于 600mm^2 的情况也建议认定为制程警示。以通孔焊点为例，焊料填充要求如图 16.24 所示，可接受性标准参见表 16.2。

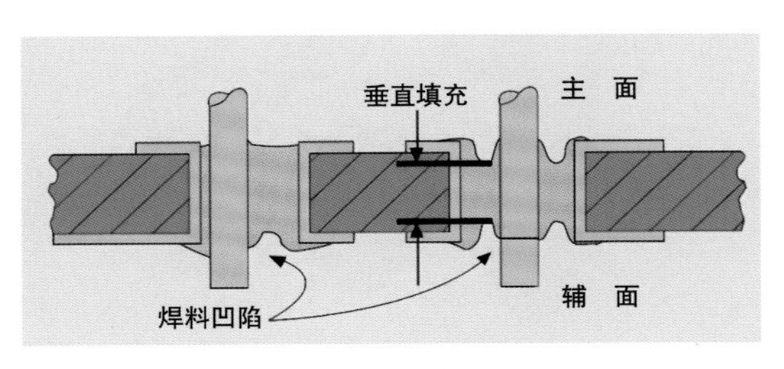

图 16.24 通孔焊点的焊料填充要求（IPC）

表 16.2 通孔焊点的可接受性标准

可接受性	第 1 级	第 2 级	第 3 级
主面（含引脚及孔壁）周围润湿，引脚包覆角 /（°）	未规定	180	270
辅面周围润湿，引脚包覆角 /（°）	270	270	330
主面焊盘区域的润湿，焊料覆盖率 /%	0	0	0
辅面焊盘区域的润湿，焊料覆盖率 /%	75	75	75

半润湿与不润湿

半润湿是指熔融焊料涂覆到金属面上之后产生退缩并留下不规则焊料堆的现象。半润湿区域是分离的，部分位置覆盖着薄焊料膜，基材金属并未暴露。不润湿则是指熔化的焊料不能与基底金属形成冶金结合，但基底金属仍然保持暴露状态。焊点半润湿与不润湿，一般是元件引脚或镀覆孔、焊盘上残留污染物所致。符合表 16.2 定义的可接受性标准的焊点半润湿是可接受的，润湿良好的区域不会出现拒焊现象。不润湿会产生严重的可焊性问题，是不可接受的。

■ 缺锡与焊料不足

焊点缺锡与焊料不足是明显缺陷，因为它会导致电气连接与机械连接不良。不论是表面贴装还是通孔组装，焊点缺锡与焊料不足都是不可接受的。

■ 网状残锡及桥连

焊料在不同导体间桥连会导致短路，属于严重质量问题。网状残锡焊接过程中产生的平行于板面但未形成连接的焊料网状膜，也是一种组装缺陷。对于有引脚的元件，焊料接触元件本体或端子密封区等都是不可接受的。

■ 引脚伸出长度

引脚伸出长度是指从焊盘到元件引脚末端的距离，包含任何从引脚上凸出的焊料。焊料凸出（锡尖）超出允许引脚伸出长度或违反电气间隙要求等，都是不可接受的。单面 PCBA 的最小引脚或引线伸出长度为 0.5mm。对于双面及混合 PCBA，最小引脚伸出长度的标准是，在焊料内要可以看到引脚末端。第 1 级产品的最大引脚伸出长度标准是 PCBA 时没有潜在的短路风险，第 2 级产品的最大引脚伸出长度是 2.5mm，第 3 级产品的最大引脚伸出长度是 1.5mm，如图 16.25 所示。

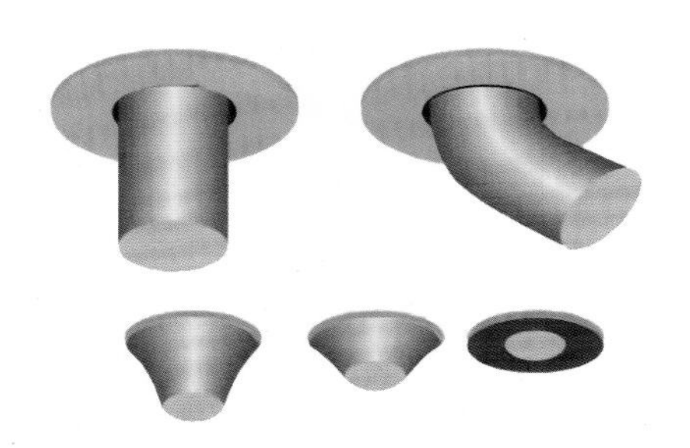

图 16.25 引脚伸出长度要求

值得注意的是特殊引脚伸出长度要求，如厚度大于 2.3mm 的电路板，其引脚伸出长度并不取决于组装后的引脚剪切，引脚伸出并不一定可见，然而电路板组件仍然被认定为可接受。可能出现这类情况的组装元件范例包括半导体封装器件（如 SIP、DIP）、插座、变压器 / 电感器、针栅阵列（PGA）封装器件及能量转换器等。

■ 空洞、凹陷、吹孔及针孔

若引脚及焊盘被完全润湿，且焊料填充也符合要求，则焊料空穴（包括空洞、坑洞、吹孔、针孔、拒焊）是可接受的。相邻的焊料凹陷区域必须正常润湿，焊料凹陷底部必须可见且没有基材金属暴露。

受扰或断裂的焊点

受扰焊点可能呈现粗糙、颗粒状或不平整的表面外观。焊点已经出现折断或断裂现象，对于任何等级的产品都是不可接受的。焊接完成后剪切引脚时，要防止焊点受物理性冲击而受损。剪切引脚后应对焊点进行回流焊处理或放大 10 倍进行目视检查，以确保焊点没有受损。如图 16.26 所示，引脚与焊料间出现折断或断裂是不可接受的。

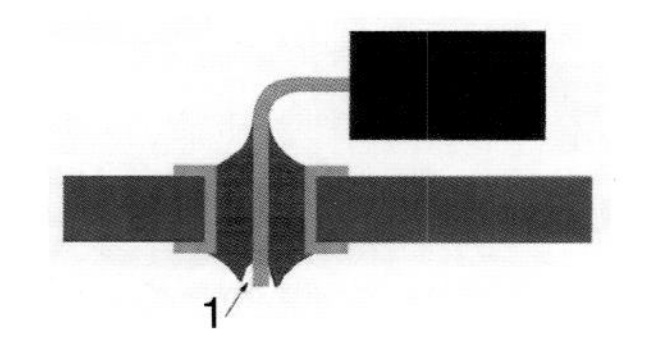

图 16.26 引脚与焊料间出现折断或断裂

焊料过多

焊料过多会导致焊点轻微凸起或呈球茎状，使得引脚不可见。如果这种状态只是焊料过多所致，不是元件偏移或引脚过短导致的引脚伸出长度过小，则是可接受的，如图 16.27 所示。

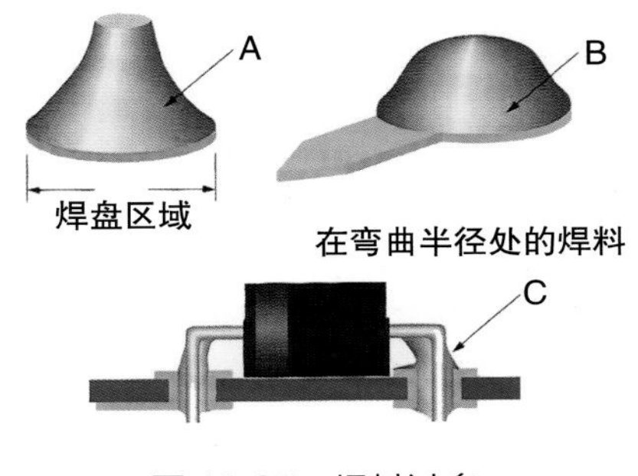

图 16.27 焊料过多

导通孔填孔缺陷

导通孔只用于层间连接，不会暴露于焊接环境下时，就需要填充焊料。这种导通需求可通过暂时或永久性的孔口覆盖实现。如图 16.28 所示，没有引脚的镀覆孔或导通孔，如需暴露在焊接环境下，则应满足以下可接受性要求：

◎ 目标可接受性条件是让镀覆孔完全被焊料填充，且焊盘上方呈现良好润湿

◎ 最低可接受性条件是镀覆孔边缘被焊料润湿

◎ 镀覆孔边缘没有被焊料润湿应认定为制程警示，但产品不会被拒收

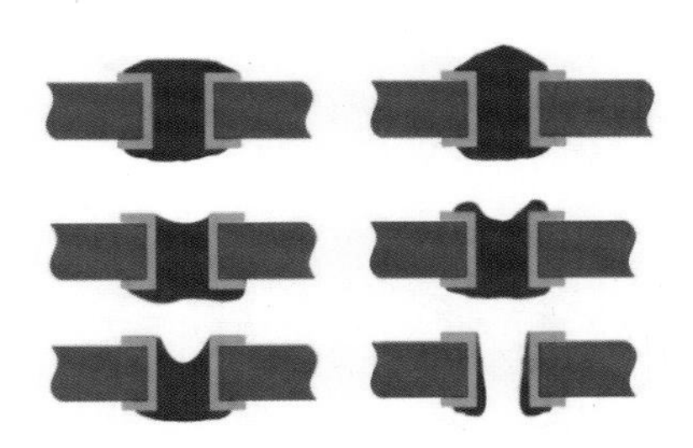

图 16.28 镀覆孔焊料填充要求

接线柱焊接缺陷

如图 16.29 所示，在接线柱上焊接导线后，外形上可见导线轮廓，且导线与接线柱

之间润湿良好，这是接收的必要条件。绝缘材料不应熔解到焊点内，导线绝缘部分到接线柱间的间隙几乎为零，且焊料覆盖完整。导线的绝缘材料轻微熔解是可接受的。绝缘间隙过大时存在潜在的短路风险，是不可接受的。若导线的绝缘材料严重烧焦，且熔解副产物进入焊点，则应判定为缺陷。

图 16.29 接线柱上焊接的导线

16.7 电路板组件的基材缺陷、清洁度及字符要求

16.7.1 基材缺陷

层压板缺陷通常来自层压材料本身、电路板制造商或电路板组装，常见缺陷包括白斑、微裂纹、起泡、分层、露织物、晕圈等。

白斑和微裂纹

白斑常发生在基材内部，是玻璃纤维在编织交叉处与树脂分离所致，表现为在基材表面下的分散白色斑点或十字纹，通常与热应力有关，如图 16.30 所示。微裂纹也发生在基材内部，同样是玻璃纤维在编织交叉处与树脂分离所致，但表现为在基材表面下的连续白色斑点或十字纹，通常与机械应力有关。

图 16.30 白 斑

出现白斑或微裂纹，意味着基材的固化特性变异，这是一种潜在缺陷。组装过程中出现的白斑或微裂纹，通常不会进一步延伸。当电路板进入组装流程后，即使作业人员观察到这种缺陷也无法判断问题的来源，一般会要求供应商提供更高质量的电路板。这种要求可通过加强来料检验、与供应商建立长期稳定的合作关系来达成。另外，也可根据电路板制造商的工艺参数，确认来料与实际要求的匹配性。有证据显示，即使电路板有严重白斑，也能够长期在恶劣环境下正常工作。实际上并没有明显证据表明有白斑但没有其他严重缺陷的电路板就一定会出故障。因此，这类缺陷的检验标准主要看组装后的功能和客户的主观感受。

▌起泡和分层

起泡是基材任何层与层之间，或树脂材料与铜箔间局部性膨胀或分离的现象。分层是基材任何层与层之间或树脂材料与铜箔间大面积分离的现象。起泡和分层都不能超过镀覆孔间距或内层导体间距的 50%（第 3 级产品为 25%）。

▌露织物

露织物是一种基材表面缺陷，虽然未断裂的编织玻璃布完全被树脂覆盖，但表面显现出玻璃布的编织花纹。露织物对某些厂商而言是可接受的，只要其不导致导体图形间距减小至最小电气间隙以下，且符合工程文件规格要求。对于第 3 级产品，任何露织物皆不可接受。

▌晕圈及板边分层

晕圈是一种基材内部缺陷，表现为孔周围或其他机械加工区附近的基材表面或表面下出现一圈亮白区域。若晕圈或分层没有导致板边到最近导体的距离减小 50% 或 2.5mm 以上（以较小者为准），则可接受。

16.7.2 清洁度

电路板组件的表面污染物可能会影响其功能性，甚至会导致短路或腐蚀。

任何可见的残留或需要清洗的活性助焊剂残留，都不可接受。对于第 1 级产品，只要清洁度测试证明电路板组件不需要清洁，那就不必清洗残留物。对于无覆形涂层电路板组件，残留免洗或低残留助焊剂是可接受的。对于有覆形涂层电路板组件，出现任何残留都不可接受，因为它们会对覆形涂层的附着力产生不利影响。

对于使用腐蚀性助焊剂的工艺，必须通过溶剂萃取电导率（SEC）测试来确认清洁度。电路板组件的 SEC 污染等级不应高于 1.5μg/cm^2 氯化钠，否则必须在组装任何元件之前完成对清洗工艺或消除残留物来源的即时整改。若助焊剂符合以下要求，则被认定为非腐蚀性：

◎ 铜镜测试显示助焊剂类型为 L，符合 IPC-SF-818“电子焊接用助焊剂导致腐蚀的测试要求”

◎ 卤素测试显示助焊剂类型为 L，符合 IPC-SF-818 第 3 级需求“一般性电子焊接助焊剂卤素含量测试要求”

◎ 表面绝缘电阻必须符合 IPC-B-25 要求的“最小（2×10^4MΩ）”

◎ 表面绝缘电阻必须符合离子扩散迁移要求，测试样本必须采用放大倍率为 10 的检查设备检测，不能有明显枝晶生长导致导体间距减小 20% 以上

特别地，如污物、棉絮、锡渣、引脚修剪物等，都不允许出现在电路板组件上。金属区域或安装硬件的电路板组装区域，不可出现任何白色结晶析出物、有色残留或锈斑表面。

16.7.3 标 记

标记为产品提供了可识别性和可追溯性，对产品的组装、过程控制以及现场维修都很有帮助。制作标记的方法及材料，必须能满足应用要求的可读性与耐久性，且与制造工艺及最终使用环境兼容。制造及组装的工程图是确认电路板组件上标记与位置的指示文件。组件和零件上的标记应该在经受所有测试、清洗及组装工艺后，仍能保持可读性（清晰可辨）。

16.8 电路板组件的涂层

覆形涂层

覆形涂层是一种绝缘保护性覆盖层，均匀、透明、无色，用来保护电路板组件，正常聚合后不具备黏性。覆形涂层相关缺陷的可接受性标准见表 16.3。

对于常用的三类覆形涂层，厚度要求如下：

◎ ER（环氧树脂）、UR（氨基甲酸酯）、AR（丙烯酸）型，0.05 ~ 0.08mm

◎ SR（硅树脂）型，0.08 ~ 0.13mm

◎ XY（对二甲苯）型，0.01 ~ 0.05mm

涂层厚度可利用与组件同时制作的样本来测量，引脚端点不需要以覆形涂层保护。

表 16.3 覆形涂层缺陷的可接受性（单一焊接表面的面积百分比）

缺陷类型	等级 1/%	等级 2/%	等级 3/%
空洞与气泡	10	10	5
附着缺失	10	5	5
异 物	5	5	2
退润湿	10	5	5
波 纹	15	10	5
鱼 眼	15	10	5
剥 落	15	10	5

阻 焊

阻焊是一种耐热型薄膜涂层，用于电气绝缘及焊接过程中的机械性遮蔽。阻焊材料可以是液态的，也可以是干膜。焊接与清洗后出现阻焊裂纹，对于第 1 级和第 2 产品是

可接受的，但对于第 3 级产品是不可接受的。经过焊接及清洗后，只要阻焊没有浮起、裂纹、剥离或掉落，在锡铅电镀线路上出现皱褶是可接受的。电路板组件出现阻焊碎裂、剥离或掉落，组装后裸铜板线路上的阻焊出现皱褶，都是不可接受的。

16.9 无焊绕接

许多设备设计仍采用绕接结构，其可接受性可参考 IPC-A-610 及 Bellcore TR-NWT-000078 标准。

绕接接线柱

绕接接线柱在绕线之前不可出现任何弯曲，绕接后垂直方向的偏斜不得大于接线柱直径。这方面不需要进行测量，目视合格即可。绕接后，接线柱的弯曲不得超过 15°。

要注意的是，绕接接线柱有时被独立作为接头或测试点使用，此时的可接受性指标以翘起或弯曲为主。不过，这类应用对翘起的宽容度较大，除非实际工程文件有明确要求。翘起或弯曲不应导致垂直方向的偏斜大于接线柱直径或厚度两倍。

绕接连接

绕接是利用自动或半自动绕线装置完成的，绝缘线与裸线的缠绕匝数要求见表 16.4。匝数的计算，以第一个紧密接触点到最后一个接触点之间的缠绕圈数为准，如图 16.31 所示。

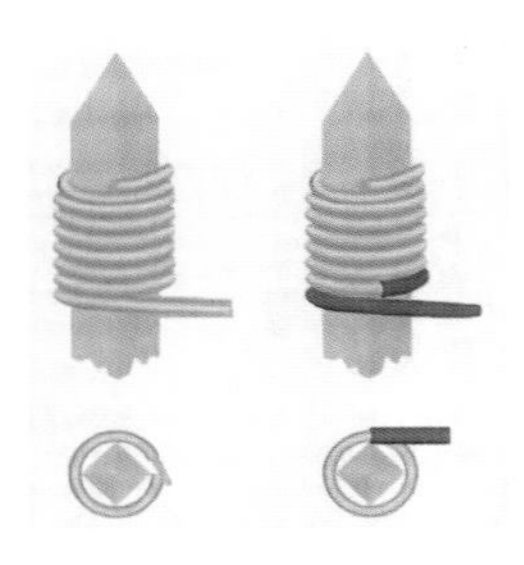

图 16.31 绕接连接（来源：IPC）

裸线和绝缘线的最大缠绕匝数，取决于所用绕接工具的结构与接线柱的可用空间。

剥除焊料后的绕接接线柱不得再次利用。在满足电气间距要求的前提下，应尽量减少线尾端伸出。对于多数产品，线尾端伸出长度不应该超过接线柱边缘 0.125in（第 3 级产品为导线直径）。

表 16.4 绕接连接的匝数要求

美国线规（AWG）	接线柱截面积 /in^2	最小匝数	等级 3
		裸线	绝缘线
20、22	0.025 ~ 0.045	5	—
24	0.025 ~ 0.045	6	—
26	0.025	6	—

续表 16.4

美国线规（AWG）	接线柱截面积 /in^2	最小匝数	等级 3
		裸线	绝缘线
26	0.045	7	—
28、30	0.025	7	3⁄4

单线缠绕间隙

绕接裸线之间应该没有间隙（匝与匝紧密接触），但是不能发生重叠。缠绕在接线柱上的第一匝绝缘线，距接线柱表面底部不得大于 50mil。第一匝与最后一匝可以与前一匝存在间隙，但最后一匝裸线与前一匝的间隙不应该超过裸线直径。其他所有匝之间允许出现一处间隙，但间隙不应大于裸线直径的一半，如图 16.32 所示。

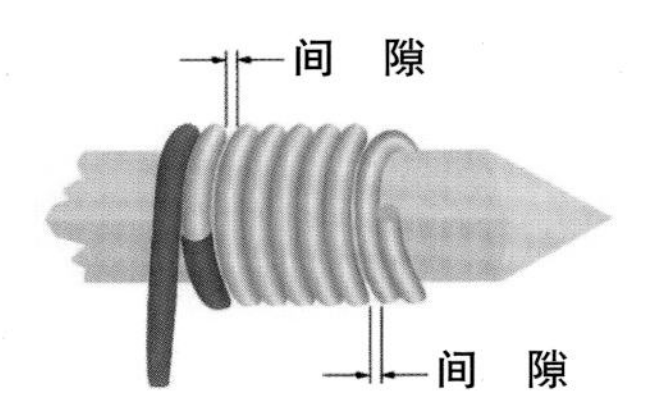

图 16.32 单线缠绕间隙（来源：IPC）

多重绕接间隙

单一接线柱上的绕接线一般不会超过三条。两层裸线圈的最大间隙是两倍裸线直径，一般希望保持在裸线直径的一半以内。接线柱上的最后一匝线距离端点缩小区至少一个裸线直径。高层第一匝绝缘线与低层最后一匝裸线最多只能重叠一匝，如图 16.33 所示。

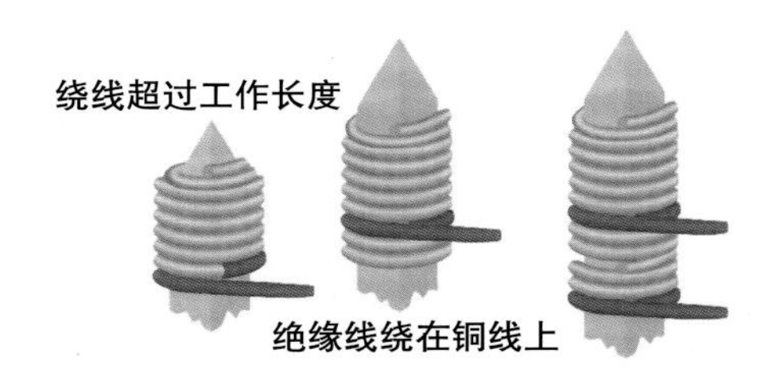

图 16.33 多重绕接（来源：IPC）

16.10 电路板组件的修改

所有电路板组件的修改，都应在批准的工程和方法文件中进行明确规定。跳线通常也被认定为元件，其布线、收尾、黏合固定和导线类型应在工程文件中说明。

切割导线

最小切割宽度为 30mil，掉落的材料要彻底去除。切割后的导线应该使用验证过的密封材料进行密封，防止吸湿。从电路板上移除导线时要小心，以免损伤基材。

引脚浮离填充

浮离的引脚应切割至足够短，以防止其折返时与原先位置的焊盘形成短路。如果引脚浮离的元件孔位置不包含跳线，则应该用焊料进行填充。

跳　线

跳线可以终结于镀覆孔、接线柱、焊盘或元件引脚处。值得注意的是，Bell core TR-NWT-000078 标准要求，跳线只能终结在镀覆孔处；对于第 3 级产品，跳线不能与元件引脚放置在同一个镀覆孔内。建议的跳线材料是带绝缘层的硬铜线，且绝缘层可承受焊接温度。绝缘层必须耐磨，且绝缘电阻不低于基材绝缘阻抗。跳线长度大于 1in，就需要做绝缘处理，否则可能会导致焊盘或元件引脚短路。跳线的布线原则是走 *X-Y* 方向的路径最短，并确保同型号组件上的跳线布局相同，如图 16.34 所示。

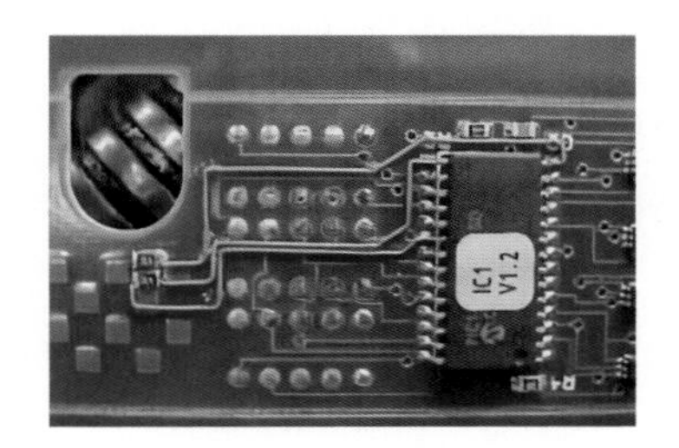

图 16.34　*X*−*Y* 方向布线的跳线（来源：IPC）

当跳线被用于电路板组件的主面时，不应该穿越任何元件的上下方，但可以越过焊盘；要避免跳线接近散热片，以免受热而损伤，如图 16.35 所示。当跳线被用在电路板组件的辅面时，除非妨碍了其他区域布线，否则跳线都应该避免通过元件引脚区。跳线通过元件引脚区一般被认定为制程警示，但安装在板边的连接器例外。此外，还应该避免跳线跨越作为测试点的图形或导通孔。

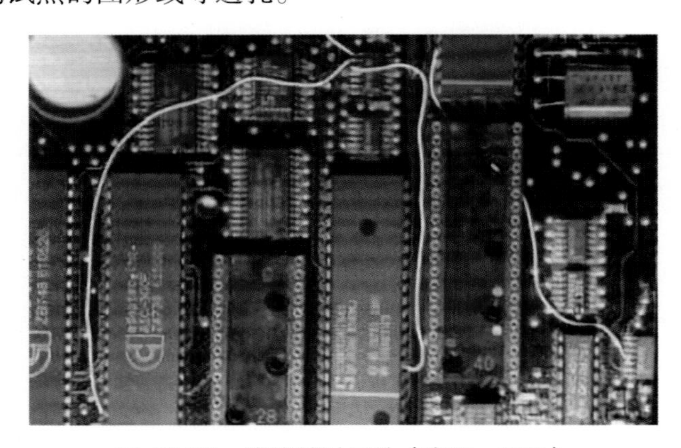

图 16.35　跳线越过元件（来源：IPC）

跳线应该用经过认证的黏合剂固定在基材上。电路板上出现未聚合的黏合剂是不可接受的。跳线不应该靠在焊盘或元件上，而应该按照工程文件指定的间隔沿线黏合固定，且所有改变方向的位置都要固定。同一布线路径上，不应该黏合两条以上跳线，如图 16.36 所示。

图 16.36 跳线的固定（来源：IPC）

当跳线连接到辅面的引脚或主面的轴向元件时，必须在元件引脚上缠绕 180° ~ 360° 并加以焊接。当该跳线还需要连接到其他元件时，可以搭焊到元件引脚上。

对于第 1 级和第 2 级产品，跳线可以焊接在其他部件引脚的镀覆孔上，但是第 3 级产品不接受这种做法。跳线也可以焊接在导通孔上，如图 16.37 所示。

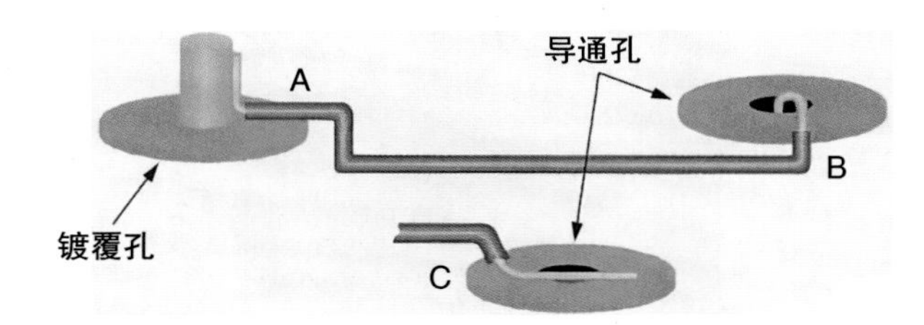

图 16.37 跳线的安装（来源：IPC）

对于表面贴装元件，跳线的连接要求如图 16.38 与图 16.39 所示。

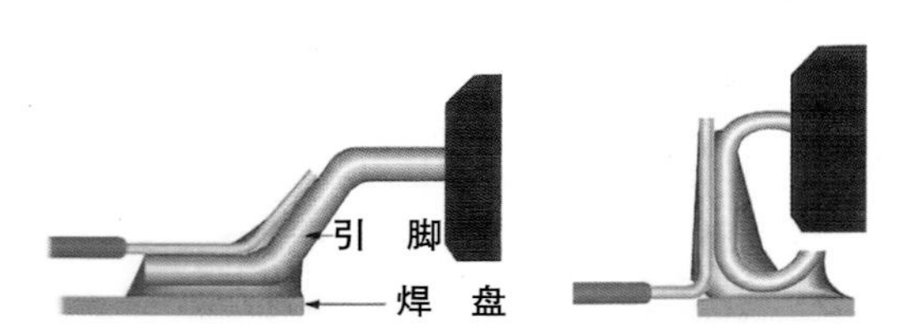

图 16.38 跳线连接——表面贴装器件引脚

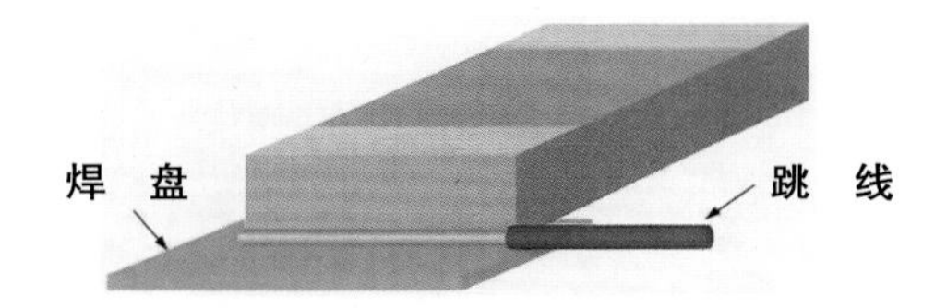

图 16.39 跳线连接——颗粒式元件端子

第 17 章

电路板组件的可靠性

本章探讨环境应力以及设计、材料与制造对电路板及其组件可靠性的影响。在组件的工作环境中可能会出现各种应力，包括来自组件周边环境的热应力、电路板上高功率器件能量散失产生的热应力、组装返工过程中产生的热应力等。而组装过程中的弯曲、挠曲等操作，运送与使用过程中的机械冲击与机械振动，如冷却风扇的振动等，都有可能产生明显的机械应力。空气中的湿气、腐蚀性气体（如烟雾或生产过程中的气体）及组装过程中的活性化学残留污染物（如助焊剂残留）等产生环境应力，可能会导致电路板组件出现各种潜在电气故障。

依据定义，可靠性是电路板组件对环境应力的功能反应。因此，本章内容排除了大多数生产后测试程序检测到的缺陷，以及导致产品无法发挥功能的组装问题，而是专注于制造缺陷所产生的延迟影响及正常的成品损耗。

17.1 可靠性的基本理论

可靠性是指具备一定功能的产品在预期的工作环境中，从启用开始能发挥正常功能的特定时长的概率。不清楚这个定义，是无法回答“产品可靠吗？”这类问题的。根据定义，可靠性与累计的失效次数有关。在数学上，一个对象在时间 t 上的可靠性可表示为

$$R(t)=1-F(t) \tag{17.1}$$

式中，$R(t)$ 是经历时间 t 后的可靠性（如仍然正常工作的组件的比例）；$F(t)$ 是经历时间 t 后元件或系统出现故障的比例。

时间可以是历法单位，也可以是开关循环数、热循环数、机械循环数等，具体应视失效模式而定。存在多个失效模式时，采用几种不同的时间单位有助于可靠性分析。典型的产品失效率与时间的函数图形会呈浴缸状，如图 17.1 所示。

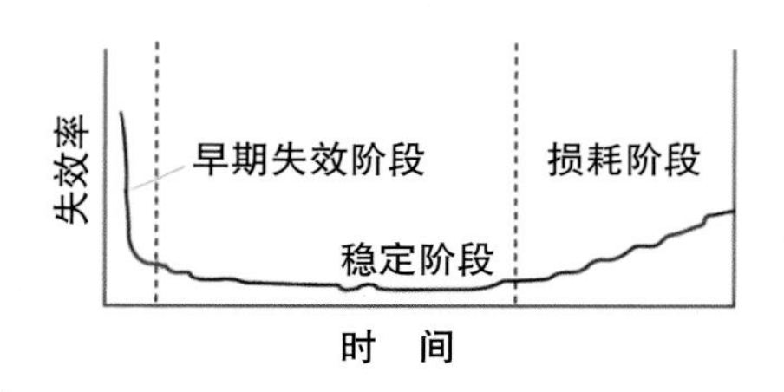

图 17.1 典型的浴缸曲线

从可靠性的角度看，产品生命周期可分为三个阶段：早期失效阶段、稳定阶段、损耗阶段。在早期失效阶段，失效率一开始颇高，但随即会快速下降。早期失效多数来自制造缺陷，这些缺陷在检验及测试时没有被检测出来，从而导致产品快速失效。出货前的老化试验可筛选出这些问题。在稳定阶段，失效随机发生，且失效率 r 随着时间的推移基本保持恒定，其简易数学式如下。

$$r=(N_t/N_o)(1/\Delta t) \tag{17.2}$$

$$R(t)=e^{-rt}\cdot e^{(-t/\mathrm{MTBF})} \tag{17.3}$$

式中，N_t 为时域 Δt 内的失效数；N_0 为时域起点的样本数；MTBF 为平均故障时间间隔。

在损耗阶段，故障率逐渐升高，直到 100% 的产品都失效。对某些系统而言，稳定阶段可能并不存在，损耗阶段可能会覆盖组件的大部分生命周期。多数损耗破坏现象都可用累积分布描述，如韦伯分布或对数正态分布。韦伯分布已经被成功用来描述焊点与镀覆孔的疲劳分布，而对数正态分布主要与电化学失效模式相关。

可靠性测试

几乎每个可靠性测试规划都必须面对的问题是，在比预期工作时间短得多的时间内，判定这个对象是否可靠。很明显，我们不能耗费三五年测试一台个人计算机，又或者是用 20 年时间测试一个军用系统。

依据失效模式，可采用两种测试方式：加速失效的发生，并测试产品能够承受发生预期事件数的能力；提高测试条件的严苛程度，以减少失效发生的次数。

跌落测试是模拟输送中冲击的测试方法之一，因为每次跌落花费的时间不影响损伤数，所以跌落寿命的测试可以快速连续地进行。然而，温度与湿度对产品寿命的影响，就只能通过提高温度、湿度、污染物浓度来测试。困难在于，要确认这些测试能否重现产品工作中的失效模式或与它们产生关联性。采用这种方法进行实际的可靠性评估时，必须持续测试足够的试样失效数，才能预测其寿命分布。不幸的是，这个过程十分耗时，且合格性测试时常会被其替代。

合格性测试明确了指定时间、指定样本数允许的最大失效数。但在只有少数失效甚至没有失效发生的情况下，合格性测试就无法提供有关失效分布的信息，如在下一个时间段内可能的失效是未知的。已知正常制作的样本的寿命分布时，合格性测试的局限性就可以被最小化，也可以依据经验进行预测。许多可靠性测试和合格性测试并不遵循这些规则，而是在极端严苛条件下以较短时间或较少次暴露，测试产品的承受能力。只要产品类型及使用环境有长期经验支持，那么这类测试就可能是合适的。

然而，这种测试还是存在风险，因为它并不是依据确认的失效模式进行的，测试情况可能并不会发生在产品生命周期中。引入新的技术或模式后，就不应该一直使用传统的测试方法。同样，在严苛的测试条件下引入的不相关的失效模式也不会出现在产品生命周期中。

17.2 电路板及其互连的失效机理

本节讨论电路板与元件接点间的主要失效模式。不论环境应力或材料反应如何，失效最终都会经由组件的功能性得以呈现，首先是接点间的电阻改变，之后是电气短路或开路。

电路板的失效模式基本可分为三类：

◎ 热致失效，以镀覆孔失效为典型

◎ 机械致失效

◎ 化学致失效，以枝晶生长为典型

17.2.1 热致失效

电路板会面临各种热应力，可能是长期的高温暴露或者重复的热循环所致。热应力的主要来源如下。

（1）电路板制造中的热冲击与热循环，如阻焊固化及热风整平。

（2）电路板组装中的热冲击与热循环，如黏合剂聚合、回流焊、波峰焊及返工等。

（3）工作环境中的热循环，如室内到室外的温差、地面到大气层的温差，以及产品内部高功率电子器件的热辐射。

这些热应力会加速电路板失效，出现镀覆孔破裂、基材分层等故障。

热冲击或热循环导致的镀覆孔故障

镀覆孔是电路板经受热循环时最容易受伤的部位，也是电路板失效的常见部位。镀覆孔包含安装通孔元件的引脚孔，及实现层间电气连接的导通孔。图 17.2 显示了常见的镀覆孔失效位置。

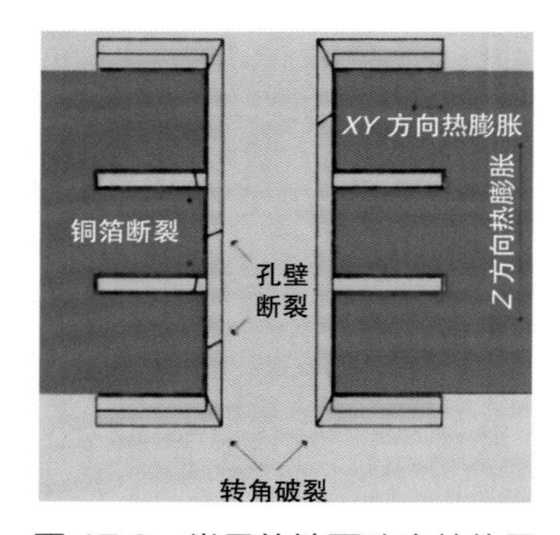

图 17.2 常见的镀覆孔失效位置

多数有机树脂基材都是各向异性的，在高于玻璃化转变温度 T_g 下产生较大的热膨胀差异，导致镀覆孔（PTH）厚度方向（Z 轴）产生较大的应力，进而拉裂孔壁铜层，导致电气失效。如图 17.3 所示，随着温度剧增，孔内产生的应变会增大。失效可能发生于单一循环或一定循环数内疲劳裂纹的萌生与扩展过程中。

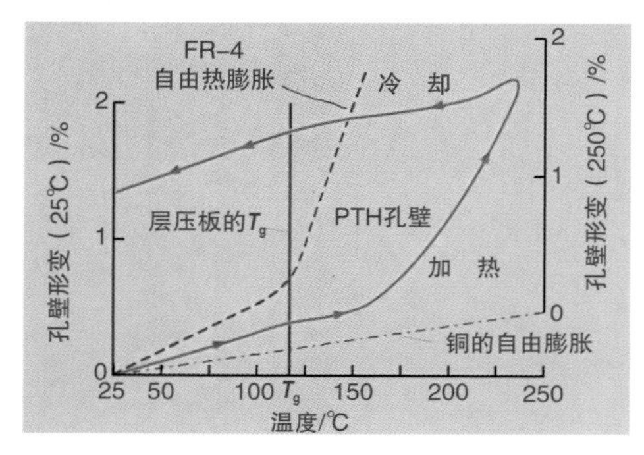

图 17.3 FR-4 电路板 PTH 孔壁一次热循环从 25℃到 250℃再到 25℃的形变与温度关系

高厚径比镀覆孔在电路板制造（如热风整平）、组装（回流焊、波峰焊、返工）过程中，通常会受到室温到焊料回流温度（220 ~ 250℃）的反复冲击，经过 10 次甚至更少次数的热循环后便会失效。从物理方面看，引起失效的热循环数会受每个循环施加于铜上的应变及铜的疲劳强度的影响，而这些因素受环境、材料及制造参数的约束。低循环数金属疲劳测试中的多数应变都是塑性应变，可用科芬－曼森（Coffin-Manson）方程来描述。

$$N_f \infty \frac{1}{2}\left(\frac{\varepsilon_f}{\Delta\varepsilon}\right)^m \tag{17.4}$$

式中，N_f 为失效循环数；$\Delta\varepsilon$ 为形变；ε_f 为形变延展性系数，与拉伸延展性密切相关；m 为接近 2 的常数。

在高循环数疲劳测试中，科芬－曼森方程会明显低估产品在工作中的重复热循环寿命。形变 $\Delta\varepsilon$ 可利用有限元仿真分析推算，若没有其他可用数据，电镀铜的 ε_f 可近似取 0.3。引起失效的循环数可以靠增大 $\varepsilon_f/\Delta\varepsilon$ 来增加，主要方法是减小 $\Delta\varepsilon$，相应的方法如下。

（1）在热风整平、波峰焊、返工等之前预热电路板，减少或消除热冲击。

（2）减少热循环次数是增加镀覆孔寿命的最有效方法，特别是当热循环温度超过 T_g 时。

（3）减少热循环中基材的自由热膨胀，如选择更高 T_g 的基材、T_g 以下热膨胀系数较低的基材（如 Aramid 纤维）。

（4）通过减小电路板厚度或加大孔径来减小镀覆孔的厚径比。厚径比与热循环的关系如图 17.4 所示。由于板厚度及孔密度的原因，8 层或更高层数电路板的厚径比往往更大。厚径比高于 6 ∶ 1 时就需要高质量的电镀。一般电路板并不建议使用厚径比高于 10 ∶ 1 的设计，部分原因是孔中心的铜厚很难保证。

（5）加大镀铜厚度，加速镀层疲劳，导致电气失效时的多裂纹生长，如图 17.5 所示。

（6）在铜镀层上电镀镍。

（7）提升铜的延展性（加大 ε_f），降低铜的屈服强度（减小 ε）。铜的强度与延展性通常负相关，因此需要彼此平衡。另外，强度与延展性可通过选择电镀槽及电镀条件来改变。

引起失效的循环数，会因为孔壁镀层缺陷、镀覆孔拐角成为应力集中点（增大局部应力与应变）等因素而明显减少，这会引发起始破裂。鉴于该失效模式的重要性，它已经被广泛实验研究，已有很多可用的量化模型。

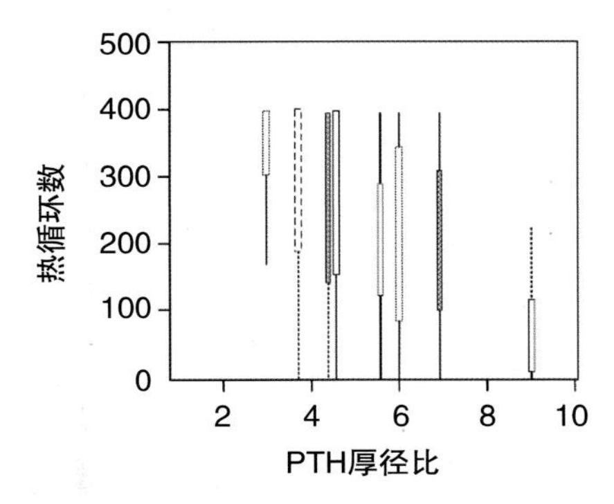

图 17.4 −65 ~ 125℃热循环下，失效所需热循环数与镀覆孔厚径比的关系

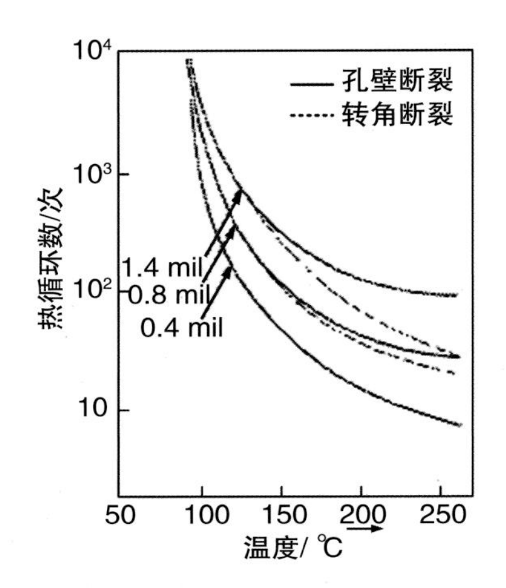

图 17.5 特定峰值温度下，镀覆孔铜厚对失效热循环数的影响
（基于硫酸铜电镀及 FR-4 电路板，其他孔参数与图 17.4 相同）

基材与铜层的结合力 / 基材抗弯强度减弱

当电路板长时间暴露在高温环境下时，铜层与基材间的结合力及基材本身的抗弯强度都会逐步减弱，早期呈现的特征通常是变色。有几种标准测试方法，可用来比较不同基材的耐热能力。可以通过剥离强度测试高温下或是暴露在高温下一段时间后的结合力，以深入了解材料承受返工及其他高温工艺的能力。抗弯强度的稳定性，可通过在 200℃下测试抗弯强度减小到初始值 50% 所耗用的时间来比较。树脂与增强材料间的结合力，可通过 290℃漂锡测试铜箔与基材产生气泡所需的时间来比较。

焊点的热疲劳

理论上，只要通孔内填满焊料，通孔焊点基本上不会出现焊点疲劳失效。焊点的热疲劳是电路板与元件的热膨胀系数（CTE）不匹配引起的。施加的热循环 ΔT 对焊点强加了循环应变 $\Delta\varepsilon$，而焊点通常是系统中最脆弱的部分。假设元件与基材都是刚性的，焊点也相对较小，整体热膨胀差异主导了均匀的剪切力变形，则

$$\Delta\varepsilon=[(\Delta T)(\Delta\alpha)L]/H \tag{17.5}$$

式中，$\Delta\alpha$ 为元件与基材的热膨胀系数差异；L 为元件中心与焊点的距离；H 为焊点高度。

若元件有引脚或基材是挠性的，则系统会呈现一定的顺应性，会减小强加在焊点上的应变。焊料与元件引脚、焊盘或基板上金属化镀覆孔的局部不匹配等，都会影响强加在焊料上的应变。低循环数疲劳测试产生的镀覆孔、焊点故障，可粗略地用科芬 – 曼森方程来表达：

$$N_f=1/2(\varepsilon_f/\Delta\varepsilon)^m \tag{17.6}$$

式中，N_f 为失效循环数；ε_f 为疲劳延展性系数；m 为接近 2 的经验常数。

与镀覆孔失效不同的是，焊点热疲劳的失效循环数也与施加热循环的频率及每个极值温度处的停留时间有关。究其原因，对焊料而言，引起热疲劳失效的主要变形机制是蠕变。蠕变现象及其与疲劳的关系，是了解焊点热疲劳的基础。蠕变是一种与时间相关

的形变，是施加的固定应力或位移逐渐发生反应的过程。蠕变由各种热过程激发所引起。这些过程只有在温度超过材料熔点（开氏温度）的一半时，才会起重要作用。此时，形变会随着温度的升高而剧烈增大。对于电子焊料，室温已经高出焊料熔点的一半，因此蠕变是焊料的主要变形机制。首次发生强制位移时，应变是弹性应变与塑性应变的结合。弹性变形是可逆的，对微结构的损伤相对较小；而塑性变形是永久性的，会更显著地引发并恶化焊料的疲劳开裂，如图 17.6 所示。

随着时间的推移，蠕变过程会经由进一步永久变形以释放部分或所有弹性应力。这个额外的变形会进一步损伤焊点的微结构，且塑性应变随热循环次数的增加而增加。因为蠕变发生的时间较短，快速热循环比慢速热循环或在极值温度有长停留时间的热循环造成的损伤小，这在设计加速可靠性测试以模拟工作条件时显得十分重要。

总体而言，热循环温度曲线对焊点热疲劳寿命的影响如下。

（1）极值温度：减少热循环峰值温度是有效增加焊点寿命的方法，因为蠕变在较高温度下发生得更快。降低热循环峰值温度，并进一步缩短高温停留的时间，都会减小

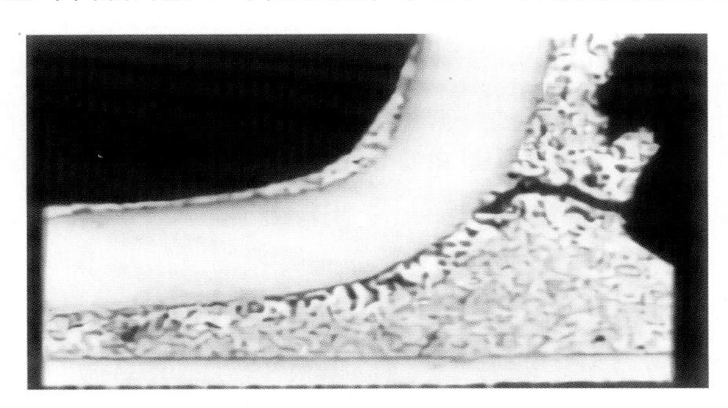

图 17.6　TSOP 器件共晶锡铅焊点的疲劳失效

蠕变的变形量。

（2）频率：在低循环频率下，每个循环的热疲劳损伤都更严重，因为有更多的时间可以让蠕变发生，增大永久变形量（多数损伤都来自循环中的塑性变形，而不是焊点的循环应力）。

（3）停留时间：只要焊点上的应力不为零，如果停留时间增长，每个循环的热疲劳损伤就会增多，同样是因为有更多时间可以让蠕变发生。一旦应力释放完成，就不会发生更进一步的损伤，即便进一步延长停留时间也没有影响。

（4）热冲击：如果热循环非常迅速，电路板组件的元件将会呈现不同的温度，因此施加的应变可能比低速循环时更大或更小。

尽管设计者可通过调整冷却结构来影响峰值温度，但产品工作中的热循环温度曲线及热循环频率一般取决于应用。焊点疲劳寿命可通过后续减小焊点应变而得以增加，调整方法如下。

（1）选择一种顺应连接的封装结构。这时，部分应变被挠性引脚吸收，减小了焊料内的应变量。对于这类封装，焊点寿命会因为引脚硬度降低及焊接面积增大而进一步增加。

（2）选择热膨胀系数匹配的封装与基材，以减小封装与基材的膨胀差异 $\Delta\alpha$。

（3）减小封装尺寸 L。

（4）加大焊点高度 H。

焊点疲劳寿命可通过以下调整来增加。

（1）减小焊料、元件引脚与基材金属的局部热膨胀差异。基材金属一般为铜，与焊料热膨胀系数相近（17×10^{-6}/℃与 25×10^{-6}/℃）。而引脚为低膨胀金属，如 42 合金（约 5×10^{-6}/℃）或可伐合金，热膨胀系数与铜相近。

（2）减小施加于焊点上的应力（如组装后的残留应力）

（3）增大 ε_f，或通过控制焊点微观结构、选择可替代焊料以减少焊点蠕变。利用较高的回流焊冷却速率产生细致的焊点微观结构，可明显延长疲劳寿命，因为这种做法能阻止起始疲劳开裂及扩散。可惜的是，焊点微观结构经历更长的时间后还是会变粗，即便在室温下。部分焊料可明显改善疲劳寿命，但需要较高的回流焊温度，与基材不一定兼容。

■ 热冲击

热冲击（30℃ /s 以上）会引起失效，因为不同的加热或冷却循环速率，会大幅度增大组装应力。在热循环条件下，可以假设所有元件都在几乎相同的温度下（高功率器件例外）。然而，在热冲击状态下，组件的不同部分短时间内会处在不同温度下，原因在于它们的加热或冷却速率并不相同。这些瞬间温差来自组件的热容量及导热能力差异，与元件选择、放置及组装材料的物理特性等都有关系。

组装温差及任何可能导致变形的因素，通常会因为组件温度差异与膨胀系数差异而导致施加的应力增大。热冲击可能会引发可靠性问题，如负荷过度时的焊点失效及覆形涂层破裂导致的腐蚀失效，及一系列元件的失效。因为引入热应力的差异，一定条件的热冲击可以引起的失效，在相同的温度极值间较慢一些的热循环中并不会发生。换言之，快速热循环实际导致的焊点失效率较低，因为只有轻微蠕变发生，经历多次热循环后才会出现焊点疲劳失效。

17.2.2 机械致失效

电路板组件在组装过程中被移入板架或治具时，或在使用过程中，都会经历机械冲击与振动，这些都可能是机械应力的来源。一旦电路板经过组装，元件连接强度会因为机械负荷减小而降低，或者说并非只受电路板组件本身的影响。这类失效可分为两类：过载失效及机械疲劳失效，分别由机械冲击和振动引起。

电路板组件的机械致失效与其结构设计及外壳相关。设计决定了电路板的共振频率，也就决定了其对机械应力的响应。具有低固有频率的悬臂结构，如边缘连接电路板中心有未固定的较重元件，就特别容易产生故障。依据连接器的设计与安装结构，表面贴装连接器焊点很容易失效，特别是有许多连接器循环插接时。

■ 焊点过载与机械冲击失效

电路板组件处于弯曲、摇晃或其他承受应力的状态时，就可能发生焊点失效。焊料是组装中最薄弱的材料，其连接到挠性结构，如元件引脚时，由于引脚可以变形，焊点不会承受太多应力。无引脚元件的焊点就会承受较大应力，因为电路板会弯曲，而元件本身通常是刚性的。这些应力在组件受到机械冲击时便会释放，如产品跌落或进一步组装时出现明显弯曲。

减少这种失效的主要方法是选择合适的封装。当然，其他因素也扮演着重要角色，如电路板的设计、制造与组装过程控制，以及焊料的剪切强度、剥离强度、延展性等。焊点存在张力时特别容易失效，因为焊料与基板界面间存在脆性金属间化合物，具有较厚金属间化合物层的焊点更易受到影响。

机械振动疲劳

振动（元件固定不当导致，如风扇）可能会导致焊点疲劳，原因在于振动会产生重复性应力并施加在焊点上。即便是这些应力远低于产生永久形变（屈服强度）的水平，金属疲劳也会逐步出现。引发机械振动疲劳的失效循环数，可用科芬 – 曼森方程来表示。与热疲劳不同，失效通常会出现在大量的小而高频率的循环之后。多数焊料应变都是弹性可恢复的，因此蠕变在振动疲劳中并未扮演重要角色。因为每个循环的损伤都很小，所以引发失效的循环次数可能非常高。测试频率通常为 50Hz 或 60Hz，经过一段时间后可能会出现裂缝，并在后续循环中开始蔓延。较大无引脚元件的焊点有较大风险，因为此处没有顺应结构。焊点损伤程度取决于每个循环产生的应变，主要是看振动频率是否接近电路板的固有频率。元件质量（包含任何形式的散热片）在这方面也扮演着重要角色。

17.2.3　电化学致失效

电路板的主要功能是提供期望的、稳定的、低线路电阻和高表面绝缘电阻的电气连接。高表面绝缘电阻（SIR），通常是电路设计者的基本假设。电路板组件暴露在湿空气中，或者存在离子污染物时，其表面绝缘电阻往往会下降异常，且会在高温及偏压的作用下加速下降。电路板组件经历长时间使用后，其表面绝缘电阻会缓慢下降，低于设计标准时本应绝缘的线路上就会出现噪声，电路板无法正常工作。

表面绝缘电阻低下对模拟信号测量电路特别不利。对于低电压、高阻抗电源的测量，线路电阻变化可能会导致测量仪器功能受损。普通应用通常要求表面绝缘电阻大于 $10^8\Omega/\square$，高端应用的要求更严。温度、湿度及外加偏压通常都会加速电化学失效。

高湿度环境是可靠性问题的重要肇因。用于电路板的高分子材料都有一定的吸湿性，容易从环境中吸湿。吸湿量及达到平衡的时间，因基材类型和厚度、阻焊类型或其他表面涂层、线路分布而异。电路板吸湿及表面或内部的离子污染物，都是失效的罪魁祸首。

导入免洗组装工艺后，SIR 测量就显得更重要了，因为污染物会残留在组装后的板面。工业污染物也是加速腐蚀的离子来源，如 NO_2 及 SO_2，会损伤许多电路板组装材料，特别是弹性体与高分子材料。表面绝缘电阻降低而引起失效的主要机制，包括枝晶生长、金属离子迁移、电化学腐蚀及导电阳极丝（CAF）生长等。枝晶可能会直接导致电气短路，该失效模式不依赖偏压和吸湿。

导电性污染物桥连

如果电镀、蚀刻过程中有残留物，或助焊剂残留物等附着在板面上。这些残留物在湿环境下是良导体，它们会在两个导体间产生离子迁移，进而在绝缘体表面形成桥连短路。腐蚀的副产物，如氯及硫的盐类，都有可能导致短路。这种类型的典型的导电性污染物桥连失效如图 17.7 所示。

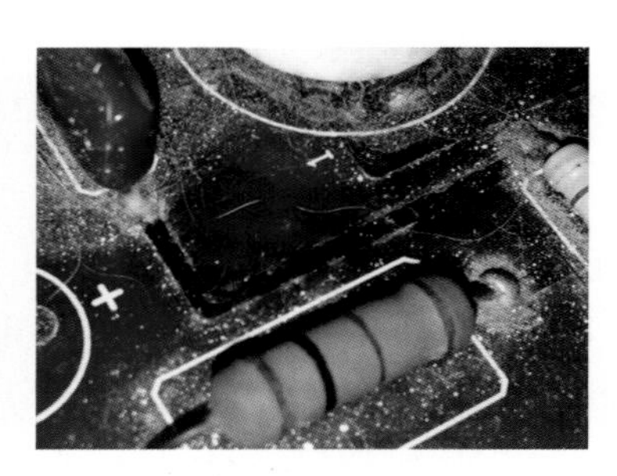

图 17.7 典型的导电性污染物桥连失效

枝晶的生长

枝晶生长是发生在两个导体间的金属离子迁移，如图 17.8 所示。

图 17.8 透射光显微镜下观察到的阻焊和 FR-4 界面处的枝晶

满足如下条件的表面（包含空洞的内表面）都有可能产生枝晶：

◎ 存在厚度为几个分子的连续液体水膜

◎ 裸露的金属，特别是锡、铅、银或铜等在阳极被氧化

◎ 低电流的直流偏压

可水解离子污染物（如助焊剂残留或高分子有机物分解出的卤素及酸类）的存在，会明显加速枝晶生长。分层或空洞会导致湿气或污染物的累积，进而促进枝晶的生长。导电阳极丝的生长是一个特别的枝晶生长过程，后面会进一步讨论。

枝晶通常由阴极向阳极生长。阳极溶解产生金属离子，沿着导电路径向阴极迁移，之后还原并沉积在阴极上。这类沉积物形似树枝，并带有蔓延的分枝。当枝晶接触另一个导体时，就会产生一个意外电流，有时会熔断枝晶，有时会导致电路暂时故障或损伤元件。

电化学腐蚀

电化学腐蚀一般发生在不同金属之间，因为它们具有不同的还原电位。常见金属与合金的还原电位见表 17.1。

表 17.1 上半部的金属（贵金属）比较稳定，一般不会被腐蚀，而下部分的金属很容易被腐蚀。当这些金属彼此接近时，电势相对较高的金属端会出现阴极行为，另一端则会出现阳极行为。高湿度是两种金属发生电化学反应的必要条件，施加极性正确的偏压会加速该反应。当阳极相对于阴极非常小时，腐蚀反应可能会非常快速。相反，当阳极比阴极大很多时，腐蚀就不那么剧烈，特别是负电位差很小的时候。

表 17.1　电子组件中常见元素的标准电势（还原电位）

反　应		标准电势（相对于标准氢电极）/V
惰性的	$Au^{3+} + 3e^- \longrightarrow Au$	+1.498
	$Cl_2 + 2e^- \longrightarrow 2Cl^-$	+1.358
	$O_2 + 4H^+ 4e^- \longrightarrow 2H_2O$(pH 0)	+1.229
	$Pt^{3+} + 3e^- \longrightarrow Pt$	+1.2
	$Ag^+ + e^- \longrightarrow Ag$	+0.799
	$Fe^{3+} + e^- \longrightarrow Fe^{2+}$	+0.771
	$O_2 + 2H_2O \longrightarrow 4e^- + 4OH^-$(pH 14)	+0.401
	$Cu^{+2} + 2e^- \longrightarrow Cu$	+0.337
	$Sn^{4+} + 2e^- \longrightarrow Sn^{2+}$	+0.15
	$2H^+ + 2e^- \longrightarrow H_2$	0.000
	$Pb^{2+} + 2e^- \longrightarrow Pb$	−0.126
	$Sn^{2+} + \longrightarrow 2e^- + Sn$	−0.136
	$Ni^+ + 2e^- \longrightarrow Ni$	−0.250
	$Fe^{2+} + 2e^- \longrightarrow Fe$	−0.440
	$Cr^{3+} + 3e^- \longrightarrow Cr$	−0.744
	$2H_2O + 2e^- \longrightarrow H_2 + 2OH^-$	−0.828
活性的	$N^{a+} + e^- \longrightarrow Na$	−2.714
	$K^+ + e^- \longrightarrow K$	−2.925

来源：*Printed Circuits Handbook*

导电阳极丝生长

导电阳极丝生长会导致电气短路。阳极溶解的金属，会再度沉积在电路板玻璃纤维与树脂界面。

导电阳极丝生长会因为玻璃纤维与树脂分层而加速，也可能在各种环境应力的作用下加速，如高温及热循环。导电阳极丝短路似乎更容易发生在单一纤维丝连接两个焊盘的情况下。一旦发生分层，导电阳极丝生长导致短路的风险便会随着温度、相对湿度及外加偏压的提高而增大。

较小间距的导体因导电阳极丝生长而失效的时间明显较短。对多层板而言，表层的失效发生得比内层快，因为表层吸湿相对较快。同样，阻焊及覆形涂层都可在一定程度上延缓失效的发生。

■ 锡 须

锡须自发生长在电镀金属表面，可能会导致相邻导体短路，如图 17.9 所示。锡须与其他短路模式有所不同（如枝晶），因为它既不需要电场，也不需要湿度条件。锡须是纯锡镀层存在的特定问题。锡须生长与内部应力、电镀状态或外部负载有关。锡须一般长约 50μm，直径为 1 ~ 2μm。

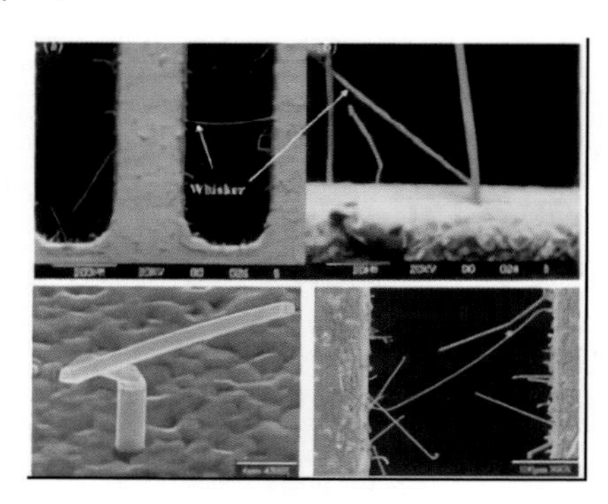

图 17.9 镀锡表面的锡须生长

锡须一旦形成，每个月可生长 1mm。锡须生长会受各种因素的影响，包含电镀状态及基材特性等。锡镀层下的铜或镍层有阻挡锡须生长的作用。铅似乎可以抑制锡须生长，共晶锡铅焊料几乎没有锡须生长风险。

锡须不会导致锡镀层耐腐蚀性或可焊性的恶化，因此锡金属可用于临时表面处理。为了避免锡须生长、在后续运行中出现短路，纯锡电镀不应用在近距离导体的表面处理，如连接器端子、元件引脚。

17.2.4 元件失效

对于工作于高温下或暴露在严苛环境中的元件，要进行仔细评估。例如，塑料封装可能会在回流焊或波峰焊作业中开裂等。这些与组装相关的失效模式简要介绍如下。

■ 热冲击

多层陶瓷电容器暴露在温度变化速率超过 4℃ /s 的环境下，就有可能开裂。这些开裂通常肉眼不可见，但暴露在湿气中并被施加偏压时，就可能诱发枝晶生长。体积较大和较厚的电容器，通常较脆弱。如果能适当降低后续组装作业中的最高温度及温度变化速率，这类失效是可避免的。

■ 过 热

许多元件，如连接器、电感、电容及晶体，尽管多数都可通过波峰焊制程的考验，但往往不能用于回流焊，典型问题包括内部焊点的熔化、高分子电容或介质熔化与软化、弹性材料膨胀等。如果能适当降低后续组装作业的最高温度，这类失效也是可避免的。

■ 塑料载板封装器件分层

塑料载板封装一般使用填充环氧树脂的化合物转移成型。塑料载板容易吸湿，而且水分倾向于累积在封装界面处，如安装芯片的金属连接焊盘。后续组装高温会使水分蒸发，造成界面处鼓胀、爆裂，最后导致封装故障。这种鼓胀、爆裂现象，也被称为“爆米花”现象。较新的薄型表面贴装器件，如 TSOP（薄型小尺寸封装）器件和 TQFP（薄型塑封四方扁平封装）器件更易出现“爆米花”现象，因为水分扩散通过塑料本体到达内部界面的距离变短了。这些元件在高温中分层，可通过干燥来改善。

17.3 设计对可靠性的影响

对任何产品而言，设计本身就是可靠性的主要影响因素，涉及产品应用需求及期待工作环境等，因此在设计初期就要充分考虑空间配置、封装与基材的选择（导入特定的设计规则及电气特性）、元件布局、外壳设计、散热片与冷却模式等。IPC-D-279 标准文件提供了表面贴装电路板的装配设计指南。

在电路板组件中，开关循环施加的热循环，对整体线路可靠性具有不可低估的影响。特别是焊点、镀覆孔，在工作环境并不是特别严苛的情况下，良好的热设计对于可靠性至关重要。

施加在组件上的热循环，可能来自大功率器件散热及周围环境的热辐射。高可靠性集成电路一般要保持结温较低的状态，通常为 85 ~ 110℃。在持续操作中，焊点温度应该保持在 90℃以下，避免大量金属间化合物的生长及晶粒变粗。

元件间距、方向、风速及散热设计（如散热增强型封装、散热片与风扇等），都可能对组件经历的热循环产生重大影响。为了提升和改善散热性能，电路板可采用金属芯板设计。

特定失效模式、封装类型及镀覆孔规格都对可靠性有重大影响。从设计的角度看，小孔设计可能是业者较期待的，但应该减少较小孔（厚径比为 10 ∶ 1 或更高）设计，以降低镀覆孔失效风险。这对含有大通孔元件且常需返工的设计尤为重要。另外，部分封装类型对焊点疲劳较敏感。从另一个角度看，大型封装与基材的热膨胀系数差异通常较大，也会降低组件的可靠性。

外部施加的机械冲击及振动对电路板组件可靠性的影响，多数都取决于设计因素（尽管基材与封装类型也是影响因素）。元件布局与机箱内的电路板组件固定状态，决定了电路板可承受的固有频率，进而决定了电路板变形的程度。大质量封装通常有较大的散热片，特别容易受机械冲击与振动的影响。

17.4 制造与组装对可靠性的影响

17.4.1 电路板制造工艺的影响

▌基　材

基材缺陷可能会导致基材间或基材与铜箔间分层，如树脂与纤维界面间存在空洞。过高的压板压力或温度、界面污染、铜面过度氧化、氧化处理不良导致内层铜箔与粘结片结合不良等也会导致分层。不良结合增大了导电阳极丝生长风险，还会导致镀覆孔在热循环中产生较大应力。

基材空洞与树脂填充不足，使基材从铜导体上分离，可能发生在多层电路板压合工艺中。多数可接受性标准禁止空洞直径大于0.076mm（3mil），一般不认为较小的空洞对可靠性有害。基材层压产生空洞的原因包括压板时藏有空气（真空度不足）、树脂流动性差、树脂聚合不良、压板压力或温度异常、升温速率不当或粘结片树脂含量不足等。

▌铜　箔

内层铜箔开裂的主要原因是铜箔延展性较差。对于镀覆孔可靠性，铜箔延展性不良的影响，比通常的电镀厚度不足、过度凹蚀等缺陷的影响更明显。要消除开裂问题，1oz铜箔延展性高于12%是必要条件。铜箔延展性与金属结晶的微结构有关，可通过金相切片进行观察。

▌钻　孔

钻孔及去钻污（凹蚀）会使应力集中，导致镀覆孔疲劳开裂，空洞与电镀铜层界面处开裂，使得电镀铜层中包藏化学品，之后导致导电阳极丝（CAF）的生长。去钻污不良与部分钻孔缺陷还会导致后续电镀不良，如树脂钻污残留、孔壁粗糙、纤维松散、毛刺铜瘤等。

树脂钻污残留可能会导致镀覆孔与内层铜层间结合不良，在环境应力的影响下失效。钻孔过程中难免会出现树脂钻污，业者会通过去钻污（凹蚀）工艺予以去除。若去钻污效果不佳，或树脂去钻污残留过多，就会导致内层铜结合不良。钻污残留过度的可能原因包括钻头钝化、进刀或钻孔速度错误等，这些原因可能会导致钻孔热量增大，进而产生更多钻污。

类似的，钻孔参数错误也会产生孔壁粗糙、纤维松散或毛刺等缺陷。这些缺陷本身可能并不严重，但会导致电镀粗糙或结瘤，产生应力集中问题。孔壁粗糙与进刀速度、钻孔速度、材料聚合度等因素有关。松散的纤维可能源自钻孔参数不当或清洁处理不良。毛刺通常源自进刀速度过快或钻头钝化。

钻孔对位不良也会降低内层铜连接的可靠性，或者是通孔元件焊接的可靠性。对位不良还会导致内层焊盘破盘，增大镀覆孔失效风险；外层破盘，通孔元件的焊料填充出现局部偏离，致使关键元件的可靠性降低。

不论是否受到树脂钻污的影响，不当凹蚀都会造成电镀铜与内层铜结合不良。凹蚀会去除孔内基材树脂及部分玻璃纤维，导致内层铜轻微凸出到孔中，实现电镀铜与内层铜的三面接触。这种三面接触对防止热冲击致界面开裂十分重要，通过分析化学铜、孔铜、内层铜间的开裂，发现电镀铜深入基材的负向凹蚀比较有利。内层铜与孔壁齐平时呈零凹蚀，这种状态比较危险，因为铜箔与电镀铜间的结合落在应力最大的点上。欠凹蚀的原因包括压合与固化不良、环氧树脂钻污硬化残留、除胶渣槽药液能力不足，以及槽内温度、搅拌与停留时间不当等制程控制问题。

电　镀

电镀缺陷可能会引发各种镀覆孔可靠性问题。另外，电镀缺陷可能源自钻孔和去钻污不良。通孔被化学铜、电镀铜均匀覆盖，是产生通孔强度和形成基材金属化连接的关键，电镀前内层铜氧化是电镀结合力不良的主要原因。槽液成分控制不当也有同样的影响。电镀铜与化学沉铜的结合力及电镀铜的延展性，都会强烈影响镀覆孔的可靠性。如果层间结合不良，那么当镀覆孔面对热应力时，结合界面就会是失效的起始点。结合不良的原因包括微蚀不足、化学沉铜表面污渍、过大电流使化学沉铜表面电镀烧焦、电镀铜槽污染等。

内层分层或空洞、破裂，可通过观察漂锡测试后的微切片予以判定。铜镀层的疲劳寿命与延展性直接相关，电镀参数及电镀添加剂对电镀铜层的延展性有重大影响。电镀药液专家研究发现，酸性电镀铜的耐热冲击性取决于适当浓度的以下 3 种添加剂：

◎ 整平剂，平整化表面，去除表面缺陷（若无该添加剂，缺陷会在沉积过程中被复制）

◎ 延展性促进剂，产生等轴晶粒结构

◎ 承载剂，引导其他两种成分形成等轴结构（承载剂不足时电镀铜表面会出现条纹）

孔铜电镀厚度不足也会直接导致镀覆孔可靠性下降，这是因为孔铜区的应力与应变增大了。整体电镀厚度不足可能是因为槽液成分异常或电镀时间不足。个别孔电镀厚度不足，可能是因为电镀电流不均匀，而电流不均匀可能是导体图形分布不均所致。在高厚径比镀覆孔中心难以获得足够的电镀厚度，良好的工艺控制对厚径比高于 6 ： 1 的结构尤为重要，而厚径比高于 10 ： 1 时就更难获得足够的电镀厚度了。

何为“足够”的电镀厚度是个有争议的话题。孔铜厚度从 0.5 到 1mil（12 ~ 25μm）不等，主要有两个原因。首先是不同应用场合产生热应力不同，需要不同等级的可靠性。其次是设计方面的原因，镀覆孔的厚径比决定了其热疲劳敏感性。IPC 建议，消费类电子产品（第 1 级）的最小电镀厚度为 0.5mil，工业级及高可靠性电子产品（第 2 级和第 3 级）的最小电镀厚度为 1.0mil。孔口拐角覆盖不良会明显加速镀覆孔失效，因为这意味着高应力点的电镀厚度偏小，可能是槽液中的有机整平剂浓度过高所致。

阻　焊

阻焊可以保护基材免受湿气及污染物伤害，否则可能会在偏压下出现短路。阻焊性能取决于覆盖效果及阻焊与清洁干燥基材的结合力。若阻焊覆盖或结合力不良，湿气及其他污染物就有可能累积在裂缝或阻焊与基材分层的间隙中。

基材清洁不良除了会导致阻焊附着不良，也提供了离子快速迁移所需的环境。基材容易吸湿（如聚酰亚胺等），在回流焊前烘烤是防止阻焊分层或起泡的必要工作。

其他导致结合力与覆盖不良的原因，包括涂覆阻焊时电路板吸湿、阻焊印刷或涂覆参数不当、阻焊固化参数不当等。阻焊固化不全可能会产生局部软凹陷，而这些区域通常是容易剥离或聚集污染物的位置。

17.4.2 回流焊组装工艺的影响

钢网印刷及贴片

钢网印刷及贴片通常不会引发可靠性问题。然而不良的钢网设计、印刷或贴片过程控制，则有可能导致焊料体积控制不良与元件开裂。焊料不足的焊点，在出现热疲劳或过载时会快速失效。某些情况下，焊料过多也会加速焊点的疲劳失效，因为引脚的顺应性也下降了。

如果钢网设计与制造没有问题，那么焊料不足通常是钢网开口堵塞或者钢网印刷参数错误所致。锡膏桥连会导致部分焊点的焊料较少，而其他焊点上的焊料较多，这是因为一个焊点可能会从其他焊点上争夺焊料。锡膏桥连可能是钢网设计或印刷参数不当、贴片压力过大等所致。贴片压力过大可能会导致元件开裂，特别是小型无引脚陶瓷元件。

元件开裂

回流焊工艺导致元件失效的主要原因包括塑料封装吸湿、鼓胀及爆裂（“爆米花”现象），以及过热、升降温速率过高等，这些问题都可经由良好的工艺控制予以避免。

选用未开封的干燥元件，或者烘烤长时间暴露而吸湿的元件，都可以防止开裂。根据制造商建议的烘烤条件及回流焊前允许暴露时间，一般原则是如果元件暴露在空气中超过 8h，使用前就要进行烘烤除湿，水分的质量分数应小于 0.1%。如以 125℃烘烤 24h，安全性就会相当高。虽然更短的时间也可以接受，但有待实际测试确认。同样的做法也适用于返工及双面板的第二面回流焊，如果电路板在回流焊期间停留了几天，第二次回流焊前就有必要进行烘烤处理。

过热或热冲击导致的元件失效，可通过监控电路板上特定位置的回流焊温度曲线，确保温度不超过元件的耐高温能力。电路板上的实际温度会与回流焊炉控制面板显示的温度存在差异，也与每个温区的环境温度存在差异，因此测量电路板的温度曲线十分重要。如果电路板上安装有热容量较大的元件或元件密度较高，组件的温度分布就会非常不均。元件密度较低的组装区对过度加热特别敏感，容易出现基材与小元件损伤。

焊点不良

焊点良好意味着元件引脚与焊接表面润湿良好，没有较大或较多的空洞，界面上也没有过厚的金属间化合物层。良好润湿的条件有利于材料的可焊性，且回流焊温度曲线适当，提供足够的助焊剂反应时间。另外，采用的温度曲线应该确保电路板所有区域都能至少高于焊料熔点 15℃并持续几秒。如果焊料没有完全熔化或被氧化，就会产生冷焊或不良焊点。不良焊点也可能源自温度曲线不当或回流焊气体异常。

空洞一般源自回流焊过程中焊料熔化前没有足够时间让助焊剂沸腾挥发，对此可遵循制造商建议确认回流焊温度曲线与参数（如氧含量）。过长的回流焊时间（焊料液相线以上温度的停留时间）可能导致在焊料与元件端子、基板等界面间产生较厚的金属间化合物层。焊料界面处产生金属间化合物层表明冶金结合良好，但金属间化合物层过厚却并不是期待的状态，因为金属间化合物较脆、易断裂，特别是焊点应力呈张力而非剪切力时。焊点疲劳一般集中在金属间化合物层或焊料与合金金属间化合物的界面上，因此应该避免较长回流焊时间产生过厚金属间化合物层。

可以利用切片判断金属间化合物层的生长程度，当金属间化合物层厚度相对于焊料厚度较小时，不会影响可靠性。值得注意的是，保持最短回流焊时间对电路板上的所有元件而言都有利，而高温与长时间回流焊对可靠性都有负面影响。遗憾的是，采用一种回流焊温度曲线时，通常要权衡回流焊时间与峰值温度。

清洁度问题

不当回流焊温度曲线也可能会导致锡珠及回流焊后板面助焊剂残留增多。产生锡珠的原因，也可能是操作没有遵循制造商要求，锡膏储存或操作不当，助焊剂、回流焊气体、回流焊温度曲线等之间不兼容等。

17.4.3 波峰焊组装工艺的影响

波峰焊作业不当也会导致可靠性问题，原因通常是热冲击、电路板正面过热或焊料槽被污染。

元件破裂

陶瓷元件（如电阻、电容等）位于电路板底部时，可能因为快速接触焊料波而受热，在热冲击下出现本体开裂。预防方法相对简单，就是在组件接触焊料波之前进行预热。建议将元件与焊料波的温差保持在100℃内，典型的预热温度是150℃或略高。

热裂化

热裂化或局部熔化可能会导致波峰焊前的焊点失效。在典型的混合组装工艺中，先在电路板上组装表面贴装元件，接着插入通孔元件，然后在电路板底面进行波峰焊。波峰焊工艺的第一个步骤通常是预热整个电路板，电路板上方的表面贴装焊点因此被又一次加热，有熔化的可能。如果焊点完全熔化，组装可能会在焊接后完好无缺；如果是部分熔化，则固态焊料可能会因为表面张力不足而开裂。这类问题通常表现为间歇性失效，因为电路测试治具可能会使开裂为两半的焊点产生机械接触，焊点有时会呈现良好的电性连接。

焊料槽污染

许多元件端子金属都会熔入熔融焊料，因此要定期监控焊料槽污染物并及时清除，具体做法可参考IPC-S-815标准。焊料槽的铜含量过高是常见现象，这会造成焊料表面粗糙及可焊性不良，而金含量过高则会导致焊点脆性增大。

清洗与清洁度问题

锡膏、波峰焊助焊剂选择和清洗不当，都会造成离子残留，导致电路板表面绝缘电阻（SIR）下降，长期可靠性风险增大。表面绝缘电阻过低会导致敏感电路失效，有时还会产生腐蚀并导致短路。钠、钾离子及卤素都是这类失效的主要影响因素，其中钠、钾离子主要源于操作，如手指印，而卤素主要源于助焊剂残留。

在免洗组装工艺中，表面贴装或通孔组装后并没有清洗步骤，最终组件上会残留来料电路板与元件本身自带的污染物，以及组装过程中增加的污染物。污染物通常是助焊剂残留，主要源于锡膏及波峰焊所用的助焊剂。当然，黏合剂及手指印也是潜在的污染物来源。

使用含卤素助焊剂进行焊接，最终会得到较低的表面绝缘电阻，也可能出现腐蚀短路，在潮湿环境下组装时问题会更严重。同时，要确保来料元件与电路板都是洁净的，在组装前不受卤化物污染。

回流焊过程中焊料熔化成小球，或者波峰焊过程中的焊料飞溅都有可能产生锡珠。这些锡珠通常可通过溶剂或水洗去除，但在免洗工艺中会留下来。锡珠可能导致小电容、电阻焊盘或细节距 QFP 器件引脚桥连短路。

水洗过程中喷淋去离子水和皂化水溶液来清洗组件只对溶解性良好的助焊剂残留物及其他污染物有效。清洗后的彻底干燥也十分重要，因为水是优异的电化学腐蚀媒介。通常情况下，靠大量空气流动实现适当干燥并不容易，因为水具有比氯氟烃更低的蒸气压与更高的挥发潜热。同时，元件与电路板的间隙较小时，水还会滞留在间隙内。当在回流焊或波峰焊之前执行水洗时，塑料元件会吸湿，这时必须对电路板进行烘烤处理，以免后续高温导致封装开裂。

返工时更不应该忽视助焊剂与清洁规划，因为相比自动化流程，返工会使用活性更强、更多的助焊剂。使用无卤素助焊剂或返工后进行清洁，是防范可靠性问题的较好方法。要注意的是，清洁工艺本身也会损伤电路板组件，如超声波清洗可能会损伤键合线或芯片接合；若所用的工艺能量密度较高，当有端子元件的固有频率接近超声波频率时便会发生共振，导致元件焊点疲劳开裂。此外，清洁溶剂也可能会攻击阻焊、电路板、覆形涂层及元件中的聚合物等。使用右旋柠檬烯（萜烯）基溶剂时，应该小心测试其与暴露塑料、金属的兼容性。

电气测试与分板问题

电气测试与分板可能会带给电路板及元件较大的机械应力。对组装后的产品进行电气测试时，探针必须以一定压力与焊盘或测试点接触，以产生良好的电气连接。如果电路板没有进行适当的支撑，或者在对应夹具内没有支撑平衡，则可能导致焊点或元件开裂。分板过程中出现的任何机械变形或振动，都可能导致元件开裂或焊点疲劳损伤。

17.4.4 返工的影响

不论是修补短路、开路，还是更换缺陷元件，返工都对元件可靠性有明显的负面影响。

部分返工工艺对可靠性的负面影响如下。

■ 热冲击

返工时的加热和冷却速率受陶瓷电容等元件的限制，通常不应该超过 4℃ /s。返工大型通孔元件（如 PGA 封装器件及大连接器）时，操作不当可能会导致镀覆孔失效。热循环损伤会持续累积，因此同一指定点的返工次数应限制在安全范围内。返工会引起孔铜疲劳开裂的萌生和扩展，以致失效。返工次数取决于镀覆孔的厚径比、孔铜电镀类型和厚度、基板材料等。

返工时，由于大量焊点需要同时熔化，且质量很大，因此大型通孔元件的返工通常使用焊料槽。电路板接触熔融焊料，受到热冲击后会产生 Z 轴膨胀，可能会导致镀覆孔开裂。预热（对 FR-4 而言大约是 100℃）可有效减少这类损伤。此外，电路板接触焊料的时间也要控制得尽量短，因为镀覆孔内的电镀铜层在此时会熔解。减小镀覆孔内的铜层厚度，就会增大铜层在热循环中的张力，进一步加速失效。如果元件移除与更换时间不超过 25s，那么只有少量铜熔解会被检测到。对于 PGA 封装器件的返工，孔内铜层熔解会导致镀覆孔强度减弱，采用镍金电镀可以避免这种问题。尽管薄金保护层几乎在焊接瞬间就会熔解到焊料中，但镍的熔解速率非常低，可有效防止镀覆孔金属变薄。

■ 损伤相邻元件

返工也可能会损伤相邻元件。如果返工温度达到焊料的熔点，那么附近的焊点就会出现热裂化现象。在略低的温度下，金属间化合物会快速生长，对温度敏感的元件也可能受损。为了防止这类问题的发生，返工时应进行局部加热并采取遮蔽措施，同时监控相邻元件的温度（建议的最高温度是 150℃）。

■ 其他返工问题

返工也会引起许多与水分相关的问题，包含基材白斑与封装开裂等。这些问题可通过预干燥，或者适当调整峰值温度与高温停留时间予以解决。另外，返工高温也会弱化电路板铜导体及基材的结合，在焊料未完全熔化时就施力去除元件，会导致焊盘从电路板上剥离，这在使用烙铁返工时非常突出。

17.5　材料对可靠性的影响

17.5.1　电路板

■ 基　材

双官能团与四官能团 FR-4 是高可靠性电路板的主要材料，因为其 Z 轴膨胀率及吸湿率在低成本下相对较低。基材的热性能与热膨胀系数对电路板及焊点可靠性有明显影响，吸湿率也会影响可靠性。

镀覆孔的可靠性，可通过选择低 Z 轴 CTE 或高 T_g 特性的基材加以改善。热循环导致的损伤，主要源于整体温度变化产生的 Z 轴膨胀。因为 T_g 以下的 CTE 比 T_g 以上的

CTE 小得多，所以提高材料的 T_g 值，可以使整体或部分热循环保持在较低热膨胀下进行。T_g 以下的 CTE 较小，作用于镀覆孔的应力也较小，对整体 Z 轴方向的影响也较小。

部分基材的物理特性见表 17.2。

表 17.2 部分基材的物理特性

材 料	X-Y 平面 CTE/($\times 10^{-6}$/℃)	Z 轴 CTE/($\times 10^{-6}$/℃)	T_g/℃
环氧树脂 – 玻璃布 (FR-4,G-10)	14 ~ 18	180	125 ~ 135
改性环氧树脂 – 玻璃布 (多官能团 FR-4)	14 ~ 16	170	140 ~ 150
环氧树脂 –Aramid 纤维	6 ~ 8	66	125
聚酰亚胺树脂 – 石英	6 ~ 12	35	188 ~ 250

来源：IPC-D-279。

改性 FR-4 具有较高的性价比，在相对较低的价格下可以提供相对较高的 T_g。想进一步提高 T_g 或改善其他特性，可采用以 BT、GETEK、氰酸酯、聚酰亚胺等制作的基材，但价格更高。对于焊点热疲劳导致的互连失效，可通过降低 X-Y 平面上元件与基材的 CTE 差异来改善，这对高风险元件（如大型无引脚陶瓷元件）特别有效。可能的改善对策包括改良基材增强材料、加入限制热膨胀的金属芯板或转换为陶瓷基材。

以 E 玻璃布增强的基材，其 X-Y 平面的 CET 较低。减少二氧化硅并提高石英含量可降低 CTE，即形成 E、S、D 三个等级的玻璃布，而石英的 CTE 则约只有 E 玻璃布的 1/10。Aramid（Kevlar）材料的 CTE 实际上为负值，但它只适用于少数玻璃布类型，其缺点是 Z 轴 CTE 较高，吸湿率较高。这种材料通常被制成不织布，具有较低的弹性模量；同时因为没有编织交叉点，表面较平滑。

采用低 CET 金属芯也可以降低整体基材的 CTE，因为其可以限制高分子材料的膨胀。因瓦合金 – 铜（CIC）是用得最多的金属芯，其次是铜钼铜（CMC）材料。

遗憾的是，限制 X-Y 平面膨胀的同时，Z 轴膨胀会增大，这显然会降低镀覆孔的可靠性，特别是加速热循环测试时。因此，建议采用聚酰亚胺搭配 CIC 芯板，因为其具有比其他材料更低的 CTE，热循环对镀覆孔的影响也较小。

阻 焊

阻焊可大致分为三类，分别是液态印刷型、干膜型、液态感光成像（LPI）型。对于有盖孔需求，要防止焊料、湿气或助焊剂进入元件底部的应用，干膜型阻焊比较适合。然而，过厚的干膜型阻焊，特别是紧密间隔的线路上的干膜型阻焊容易出现裂缝。同时，相邻线路之间的间隙未被阻焊填满，也可能会卡住污染物（如助焊剂），这可能会加速腐蚀。LPI 型阻焊具备优异的覆盖性、分辨率、对位能力等，但一般无法用于盖孔设计。IPC-SM-840 规定了阻焊的相关功能与验证要求，有兴趣的读者可自行参考。

表面处理工艺

裸铜覆阻焊（SMOBC）电路板的表面处理工艺，一般有热风整平（HASL）、有机可焊性保护（OSP）、化学镍金、电镀铜镍金、电镀铜镍锡、沉银、沉锡等。

其中，热风整平是唯一会直接降低电路板可靠性的表面处理工艺。在典型的热风整平工艺中，电路板浸入熔融焊料中时便会受到严重热冲击。镀覆孔只能承受特定的热循环数，热风整平相当于在电路板交货前就耗用了一次热循环寿命。

有机可焊性保护膜可以提供一个平整可焊接的表面。对于热风整平电路板，组装后底面露铜存在长期可靠性风险，容易出现可焊性问题，这可能源于污染物在热风整平前未去除干净。但是，OSP 电路板不存在底面露铜问题。表面绝缘电阻（SIR）测试结果显示，在高温高湿环境下，OSP 电路板比热风整平电路板具有更高的可靠性。

化学镍金电路板的 PTH 可靠性较高，原因在于镍增强了镀覆孔铆钉结构，并阻挡了铜受焊料热冲击时的熔解。对高厚径比孔而言，化学镍还能提供较高的孔壁电镀均匀性。

电路板承受热膨胀的能力，也受孔铜厚度的影响。可惜的是，对于 SMOBC 电路板，图形电镀或全板电镀后的步骤基本上都有减铜作用。电镀镍阻挡层可阻挡这种影响，尤其是热风整平与返工大通孔连接器时，铜层会快速熔解到熔融焊料中，导致镀覆孔拐角处厚度不足。

电镀金层常用于保护镍层的可焊性、减小连接端子的接触电阻、提供引线键合焊盘等。这类表面处理工艺可能会因为金的熔解度较高，而产生可靠性问题。多数情况下，电路板或元件端子上的金会完全熔解到焊料中。在波峰焊工艺中，金会熔解到焊料槽中，因此需要定期监控槽内金浓度。而在回流焊工艺中，金会熔入最终焊点，导致焊点脆性增大。为了避免焊料受金属间化合物 $AuSn_4$ 与 $AuSn_2$ 的脆化影响，多数文献显示金浓度的上限为 3% ~ 5% 质量分数。

目前使用的大多数元件，金厚保持在 0.1μm 以下，一般不影响表面处理的可焊性。然而，当元件引脚节距小于 0.5mm 或元件引脚 / 端子也为电镀金表面时，应注意金浓度仍要满足 3% ~ 5% 质量分数的上限。对于一些无法避免的厚金应用，可使用 In_{50} Pb_{50} 焊料来防止金熔解。

17.5.2　互连材料

共晶锡铅焊料

共晶锡铅焊料（如 $Sn_{63}Pb_{37}$）及近共晶锡铅焊料（如 $Sn_{60}Pb_{40}$、$Sn_{62}Pb_{36}Ag_2$），都是过去电子组装的主要焊料。从可靠性的角度看，这类焊料的重要特征是对蠕变和疲劳敏感，因为环境温度非常接近焊料熔点，它们能快速熔解大量引脚金属，形成厚金属间化合物层。

许多端子金属会快速熔解到焊料中，如银、金、铜等，这会改变焊料特性。若基材金属完全融入焊料，可靠性必然会受到冲击，特别要注意的是陶瓷电阻、电容端子表面的银或银钯合金。若整个端子表面镀层都被熔解，就会出现表面退润湿、局部熔解与结合力弱化的现象。有证据显示，加入约 2% 银可降低端子表面银的熔解速率。

无铅焊料

目前的无铅焊料以 SAC305 与 SAC405 为主，它们都是锡银铜合金类焊料。某些锡球应用为了强化机械特性，还会添加微量的镍金属。这类焊料常用于表面贴装工艺，但迄今为止所累积的冶金特性数据还相对较少，且面对不同表面处理工艺也会产生完全不同的界面问题。对于便携式电子产品的微小焊点，这些界面问题可能会产生可靠性影响。一些研究报告显示，基于化学沉积方式处理的金属表面，焊接后容易因为化学镀层共析有机物而产生微小的界面空洞。

导电胶

导电胶由导电颗粒（如银粉或石墨）和高分子材料（如环氧树脂）调配而成，一般用于 LCD 显示器连接及小电阻和小电容安装等特殊应用。由于其与电路板的长期接触电阻并不稳定，因此并不适合需要稳定低接触电阻的应用。这类材料的主要失效机制是，水分扩散通过环氧树脂后到达界面，导致接触金属界面氧化，最终出现可靠性问题。

17.5.3 元 件

塑料封装与陶瓷封装

多数陶瓷封装的 CTE 为（4 ~ 10）$\times 10^{-6}$/℃，而电路板在 T_g 以下的 X-Y 平面 CTE 为（14 ~ 18）$\times 10^{-6}$/℃，与塑料封装（20 ~ 25）$\times 10^{-6}$/℃的平均 CTE 更匹配。若芯片尺寸相对于封装尺寸占比较大，则塑料封装的整体 CTE 可明显降低，如 TSOP 器件的平均 CTE 约为 5.5×10^{-6}/℃。值得注意的是，塑料封装比陶瓷封装更容易吸湿。

有引脚器件与无引脚器件

无引脚器件，如 LCCC（无引脚陶瓷封装载板）器件，焊点失效风险较高，原因在于其承受的热应力与机械应力比有引脚器件大，且不具备系统顺应性。有引脚结构具备顺应性，可吸收器件偏移产生的机械应力或热应力。从这个角度看，避免使用大型无引脚器件，可降低失效风险。如果必须使用大型无引脚器件，则要确保基材有相近的 CTE，且要考虑使用覆形涂层避免机械应力的影响。

球栅阵列（BGA）封装器件是目前常用的无引脚面阵列器件。其中，塑料 BGA 封装器件的焊点疲劳失效风险高于陶瓷 BGA 封装器件，因为塑料封装与基材、电路板的 CTE 差异较小。这时，为确保焊点可靠性，需对封装的尺寸与功率加以限制。

引脚顺应性

如前所述，无引脚器件的可靠性问题多于有引脚器件，因为有引脚器件的引脚顺应性在很大程度上可以吸收应力。元件本体高度决定了顺应性区的长度，引脚形状（如 J 形引脚与鸥翼形引脚）与引脚厚度也对元件顺应性有重大影响。相对于引脚结构，引脚材料对顺应性的影响并不大，但对焊点寿命有决定性影响。一般引脚材料是铜与 42 合金，与芯片的 CTE 差异较小（但与焊料的 CET 差异较大），但硬度比铜大，参见表 17.3。

TSOP 主流的内存封装类型，也是焊点可靠性风险较高的封装。该封装会用较硬的 42 合金导线架，封装的离板高度也非常小，结果是非常硬的引脚会传递大部分组装应力到焊点上，进而对焊点可靠性造成冲击。实际上，TSOP 封装的整体 CTE 是比较低的，因此多数情况下可以得到适当的焊点可靠性。一些供应商会在焊点上封填环氧树脂，以获得较好的应力分布。

表 17.3 室温下部分封装材料的 CTE 以及弹性模量

	铜	42 合金	$Sn_{63}Pb_{37}$ 焊料	硅
CTE/($\times 10^{-6}$/℃)	17	5	25	3.5
弹性模量 /GPa	130	145	–35	113

17.6 加速可靠性测试

加速可靠性测试的目的是引发可能会发生的失效，从而得到组件的使用寿命，并为预测组件的寿命分布提供数据。预测寿命分布需要持续性测试，直到大部分组件失效。

17.6.1 加速可靠性测试设计

加速可靠性测试设计通常有如下 7 个步骤。

（1）确认使用环境及在特定生命周期下可接受的失效率。

（2）确认电路板组件的实际工作环境（调整后的工作环境）。加速测试的环境应该转换为电路板组件的实际工作环境，如电路板组件实际温度会受到功耗与散热的影响，机械环境会受到减震材料、共振等的影响。

（3）确认可能的失效模式（如焊点疲劳、CAF 生长）。加速测试是基于假设增大环境下的暴露频率和（或）严苛性能加速失效，根据测试数据预测组件在使用环境下的寿命分布。合理假设的前提是，测试发生的失效模式同样会在实际生命周期中发生。因此，加速测试必须围绕实际失效模式来设计。实际失效模式可通过以往的工作经验、文献或初步测试分析来确定。

（4）为每种失效模式构建一个加速模型。理想的加速模型应该在实施之前就设计出来，可以依据预期的使用环境解读测试数据，且能预测使用寿命分布。加速模型的适用性限制与模型本身同样重要。过度提高或降低温度会增多实际使用过程中不会发生的新失效，不利于定量加速关系。例如，将温度提升到 T_g 以上时，Z 轴 CTE 会明显增大，加速镀覆孔失效。有限元建模（FEM）对于开发和（或）使用热循环测试、机械测试的加速模型是非常有用的。为了获得有意义的结果，有必要进行二维非线性建模，以预测工作条件下和测试条件下的材料应力与应变（如镀覆孔的孔铜、表面贴装或通孔焊点内的焊料）。

（5）基于加速模型和抽样程序进行测试设计，以便在较短时间内模拟产品使用寿命内的工作条件及时间。抽样数必须足够大，以便确定能否达成可靠性目标（使用寿命内可接受的失效数）。理想情况下，加速测试后应该可以确定使用寿命分布，即便是测试时间需要延长。

（6）分析失效并确认失效模式。加速测试是基于某种特定失效模式设计的，其假设加速测试过程中会发生与实际使用过程中相同的状况。因此，利用失效分析确认假设成立十分重要。如果加速测试的失效模式与预期不同，应考虑以下几种可能性。

第一，加速测试导入了不同于实际使用过程中会发生的新失效模式，这通常意味其中一个加速参数（如频率、温度、湿度）过于严苛。

第二，最初确定的主要失效模式不正确，这时要了解测试结果的含义并重新开发新的加速测试模型以解读这个失效。

第三，几种失效模式共存，此时应该分开考虑，这样寿命预测才有意义。困难的是，确定保持前述哪一方案才能够更准确地呈现真实的失效模式。这种情况下，一般希望同时进行平行且不严苛的加速测试，以便比较。

（7）通过加速测试数据确定寿命分布。寿命分布可依靠适当的统计工具分析分布数据取得，如对数正态分布。据此，可以解读加速模型下得到的使用寿命分布图的时间轴，进而预测特定使用寿命下的失效数。

17.6.2 电路板的可靠性测试

▌热循环测试

镀覆孔失效是电路板使用过程中的主要故障来源，预测其可靠性是进行电路板热循环测试的主要目的。镀覆孔的可靠性测试，应该模拟其整个使用寿命中的热偏移。通常，电路板经受的热循环主要源自组装与返工。热循环测试一般有两种基本类型：热应力或漂锡测试、热循环测试。要注意的是，热应力测试会严重降低基材的可靠性。

行业较认可的热应力测试方法是 MIL-P-55110，也可在 IPC-TM-650 中查到。测试前先进行烘烤，温度一般为 120 ~ 150℃。然后，将样品浸泡到 RMA 型助焊剂中，接着在 288℃（某些研究者使用 260℃）的共晶（或近共晶）焊料槽中漂 10s。最后，对漂锡后的测试样品进行切片，以检查通孔是否开裂。这是个严苛的测试，要确认样品能经过一次波峰焊或焊料槽返工后没有失效。

图 17.10 所示为典型的测试样品，它包含 3000 个按顺序连接的镀覆孔，以及几种尺寸的镀覆孔及不同的孔环。

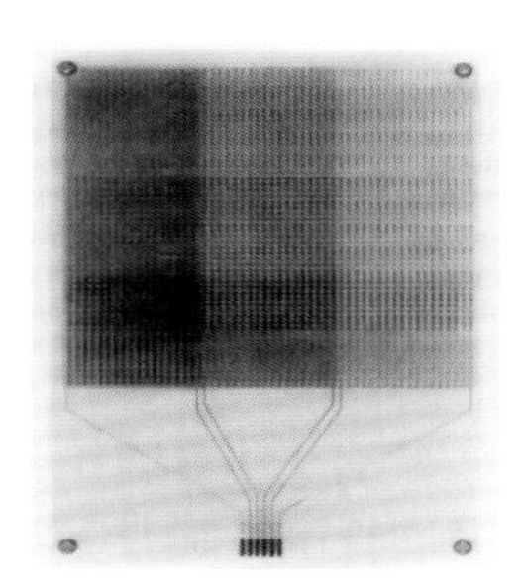

图 17.10 镀覆孔可靠性测试样品

▌机械测试

电路板很少会进行可能导致电气失效的机械测试。铜箔、阻焊与基材的结合力非常关键，要经常测试。局部阻焊结合力异常，就会提供腐蚀与湿气累积的地方。当电路板暴露在热湿环境中时，就可能出现电气失效。结合力测试一般采用 IPC-TM-650-2.4.28 描述的“剥离强度测试”。最简单的测试方法是将铜箔、阻焊等附着物分割成小方块，若小方块能被测试胶带拉起，就说明结合力不能满足要求。相对的，定量测试的目的是检测实际的剥离强度，主要由基材及阻焊供应商执行。

■ 湿热绝缘电阻测试

这类测试设计的目的是加速电路板表面的腐蚀和导电阳极丝的生长，两者都会导致绝缘电阻故障。表面电阻绝缘测试使用两组相互交叉的梳状线路，并在两者之间施加一个直流偏压。这些梳状线路可设计到正常电路板或附连测试板上，或如图 17.11 所示的 IPC-B-25 附连测试板。用测得的梳状线路电阻值（Ω），乘以图形面积，即可转化为表面电阻（Ω/□）。用所有阴阳极间并行线路的几何长度除以间距，即可得到图形面积。特别要提醒的是，阻值高于 $10^{12}\Omega$ 的绝缘电阻测量非常困难。

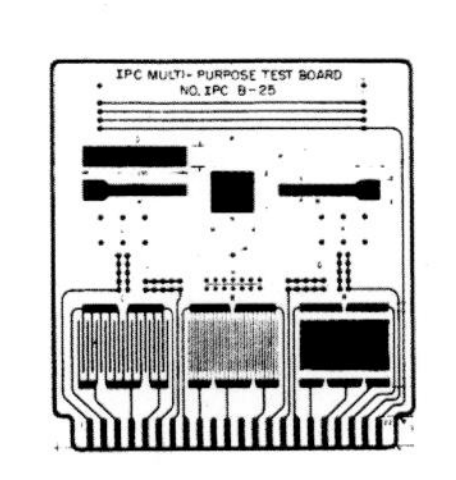

(a) IPC-B-25测试板，用于工艺鉴定

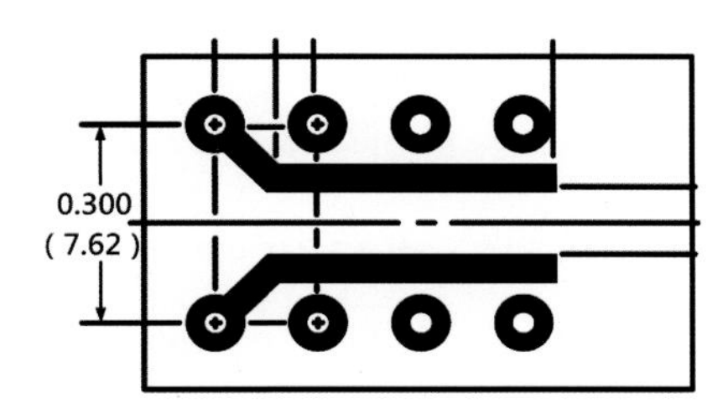

(b) Y形测试板，用于过程控制

图 17.11 用于湿热绝缘电阻测试的附连测试板（来源：IPC-SM-840）

实际测试通常在高温高湿环境下进行，并施加一个直流偏压。IPC-SM-840A 提供了裸板的湿热绝缘电阻测试方法，测试条件视预期的产品使用环境而定。对于典型的商业化产品（第 2 级），测试条件是 50℃、90% 相对湿度、100V 直流偏压，测试时间为 7 天，最小绝缘电阻要求是 $10^8\Omega$。

17.6.3 电路板组件的可靠性测试

■ 热循环测试

多数电路板组件的热循环测试，都倾向于加速焊点热疲劳失效。除了现有的 IPC 测试标准，目前尚没有适用于所有元件、基材类型及使用环境的标准测试方法。既有文献中提出了几个加速模型，似乎每个都可在某种状况下与其数据拟合良好。

所有模型依据的都是经验参数与试验观察的结合，但通常都会在简化假设中产生一定争议。也有业者提出用机械循环取代热循环，在较短时间内完成测试，然而这些测试离标准化还很远。此外，对于某些会明显释放能量（常高于 1W）的器件，与功率循环（热来自内部）相比，采用环境温度进行热循环（热来自外部）可能会带来非常不同的结果。例如，失效位置可能会从焊点拐角处（此处可看到最大位移）转移到接近芯片的焊点处（因为这里温度较高）。因此，热循环较适合多数 ASIC、存储器芯片等，但微处理器及功耗超过几瓦的器件应该考虑功率循环。

热冲击测试常用于器件测试，但它并不能替代热循环测试。因为温度变化非常迅速，极值温度的停留时间也短，实际上发生蠕变的时间很短，因此失效数会随着循环次数增加而增加。进一步说，快速的温度变化可能产生不同的热应力，诱发早期失效。

有些加速焊料疲劳的热循环测试设计，似乎被多数人所接受。其一般适用于温度曲线较缓和的热循环，因为周围环境会受到单元内部加热（源自于能量散失）的影响。如果产品在使用中会面对极值温度或热冲击，这些做法就不再适用了。图 17.12 所示为一个样品的热循环温度曲线，热循环测试的要点如下。

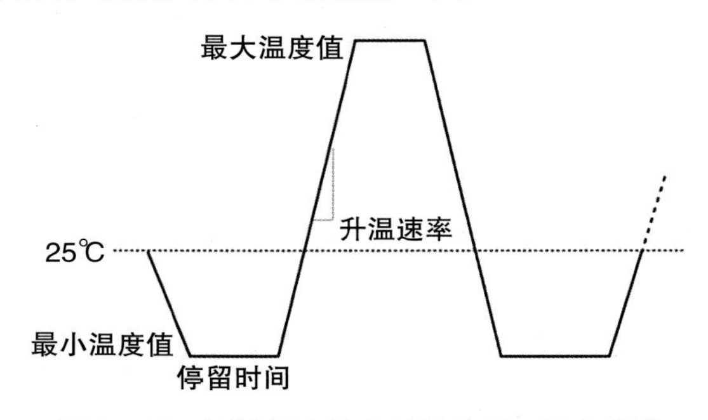

图 17.12 测试焊点热疲劳的热循环温度曲线

（1）最高测试温度要低于电路板 T_g 值，对 FR-4 而言通常要低于 110℃。在 T_g 值附近时，电路板的 CTE 会迅速增大，许多其他特性也会发生变化，如弹性模量会减小。同时，为了避免到达焊料熔点及改变焊料的蠕变模式，最高温度应该也要保持 $0.9T_m$。此处，T_m 是焊料熔点（开尔文温度）。对于共晶焊料，T_m 值转换为摄氏温度便是 137℃，已经超过 T_g。但对高 T_g 电路板材料或低熔点焊料，峰值温度高于这些限制会产生不可预知的失效加速。

（2）最低测试温度也要足够高，因为蠕变仍然是焊料的主要变形机制，对共晶焊料而言至少要达到 $0.5T_m$ 或 –45℃。许多研究者倾向于使用较高的最低测试温度（20℃或 0℃），以加速蠕变的发生，减小施加的剪切应力。最小测试温度过低可能会增大加速因子（ΔT），实际上是会减小应变（$\Delta\varepsilon$），结果造成过度乐观的寿命预测。

（3）热循环速率应控制在 20℃ /min 以内，极值温度停留时间应该在 5min 以上。控制循环速率的目的是将热冲击与温度差异产生的应力降到最低。极值温度停留时间是确保蠕变发生所需的最短时间。推荐采用更长的停留时间，尤其是最低极值温度停留时间。

机械测试

机械振动与冲击会导致焊点疲劳失效，对于大而硬或附有散热片的元件更是如此。机械冲击测试通常以跌落模式进行，模仿运输或使用过程中的掉落。跌落测试的条件十分严苛，但一般次数很少，因为系统并不期待产品在使用过程中重复掉落。一般测试使用的最大加速度约为 600g，最大速度约 300in/s，而冲击约持续 2.5ms。耐机械振动和冲击测试装置如图 17.13 所示。

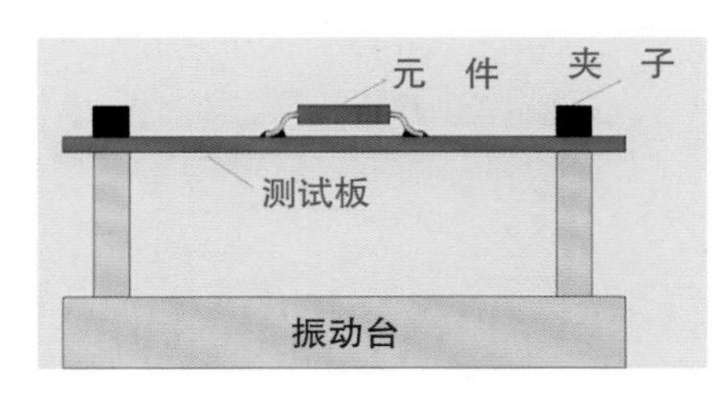

图 17.13 耐平面内机械振动和冲击测试装置

换言之，电路板组件在其生命周期中可能会经历百万次机械振动循环。依据应用不同，平面内与平面外的振动都可能产生损伤，损伤程度与循环频率是否接近电路板的固有频率有关。平面内振动、宽激发频率范围的随机振动，会产生固定能量密度，由于多数表面贴装部件都有高的固有频率，因而很少看到焊点故障。对于平面外的振动，测试要点如下：

◎ 设计并夹紧测试电路板，让每个样品都被两边夹持，确保中心有一个元件（参考图 17.13）

◎ 用正弦激发的振动台施加振动

◎ 利用频率变化找出样本的自然破坏频率（注意避免测试前损伤）

◎ 以变化的窄频率范围逐步逼近材料的破坏频率，振幅可对应适当的能量密度，以达到期待的电路板偏移量

湿热表面绝缘电阻测试

这类测试的主要目的是确认表面绝缘电阻（SIR），因为组装过程会残留腐蚀性材料在电路板上，导致 SIR 下降。一般测试程序使用电路板上的 SIR 梳状线路，将完成组装的产品暴露在 85℃、85% 相对湿度下，施加 20V 直流偏压，持续测试 1000h。发生故障的时间与离子污染物浓度有关。详细的离子污染限制，可参考 MIL-STD-28809A 的规定，大约为 3.1g/cm^2 氯化钠当量。

17.7 小 结

电子组装可靠性问题实际上非常复杂，本章只是简要讨论了电路板、电路板间互连、表面贴装元件的主要失效模式，分析了设计、材料选择、电路板制造和组装等对可靠性的影响，明确了加速测试设计的基础。希望这些内容可以帮助读者分析和解决问题，尤其是文献中没有记载的新问题。